大型水利枢纽工程
生态效益评估关键技术

王煜　彭少明　尚文绣　樊思林　葛雷　方洪斌　著

中国水利水电出版社
www.waterpub.com.cn
·北京·

内 容 提 要

本书面向新时代生态文明理念和幸福河建设目标，剖析了大型水利枢纽工程对生态环境的影响机制，融合了新时期江河治理理念与生态水利工程理论，建立了大型水利枢纽生态效益综合评估方法，并以小浪底水利枢纽为例开展了量化评估。本书的主要创新包括：建立了新时期生态水利工程判定标准；构建了全口径、多要素的大型水利枢纽工程生态效益综合评估指标体系与定量分析技术；构建了黄河干流及河口近海水生生物长系列基础数据库；全面评估了小浪底水利枢纽的生态效益，可为大型水利枢纽工程及其他水利工程生态效益评估提供方法和借鉴。

本书可供从事水利水电工程规划、设计工作的工程技术人员阅读，也可供大专院校相关专业师生参考。

图书在版编目（CIP）数据

大型水利枢纽工程生态效益评估关键技术 / 王煜等著. -- 北京：中国水利水电出版社，2021.4
ISBN 978-7-5170-9558-3

Ⅰ. ①大… Ⅱ. ①王… Ⅲ. ①水利枢纽－水利工程－生态效应－效益评价－研究 Ⅳ. ①TV512

中国版本图书馆CIP数据核字（2021）第080792号

书　　名	**大型水利枢纽工程生态效益评估关键技术** DAXING SHUILI SHUNIU GONGCHENG SHENGTAI XIAOYI PINGGU GUANJIAN JISHU
作　　者	王煜　彭少明　尚文绣　樊思林　葛雷　方洪斌　著
出版发行	中国水利水电出版社 （北京市海淀区玉渊潭南路 1 号 D 座　100038） 网址：www. waterpub. com. cn E-mail：sales@waterpub. com. cn 电话：（010）68367658（营销中心）
经　　售	北京科水图书销售中心（零售） 电话：（010）88383994、63202643、68545874 全国各地新华书店和相关出版物销售网点
排　　版	中国水利水电出版社微机排版中心
印　　刷	北京印匠彩色印刷有限公司
规　　格	184mm×260mm　16 开本　15 印张　365 千字
版　　次	2021 年 4 月第 1 版　2021 年 4 月第 1 次印刷
印　　数	001—800 册
定　　价	**100.00 元**

大型水利枢纽工程对河流开发和生态保护产生重要作用和影响。水是基础性自然资源和战略性经济资源，是生态环境的控制性要素，通过水利工程保护生态环境是当前我国生态文明建设的重要组成部分。2019 年 9 月 18 日召开的黄河流域生态保护和高质量发展座谈会提出了"让黄河成为造福人民的幸福河"的伟大号召，阐明了实现"幸福河"目标是贯穿新时代江河治理保护的一条主线。"幸福河"要做到防洪保安全、优质水资源、健康水生态、宜居水环境、先进水文化。面向新时代生态文明理念和幸福河建设目标，不仅需要充分发挥水利工程的水资源开发、利用、配置功能，也需要充分发挥其生态保护作用，着力打造生态水利工程。

大型水利枢纽工程生态效益的发挥和提升是建立在定量评估的基础上的。大型水利枢纽工程规模庞大，工程建设和调度运行都会对生态环境造成复杂的影响。目前大型水利枢纽工程生态效益评估工作开展较少，多数大型水利枢纽工程缺少对其自身生态效益的清晰认知，导致大众普遍认为大型水利枢纽工程产生了大量负面生态影响。准确评估大型水利枢纽工程的生态效益对于明晰工程生态定位、挖掘生态保护潜力、带动流域绿色发展、提供生态水利借鉴、支撑生态文明建设等具有重要意义。

本书剖析了大型水利枢纽工程对生态环境的影响机制，融合了新时期江河治理理念与生态水利工程理论，建立了大型水利枢纽生态效益综合评估方法，并以小浪底水利枢纽为例开展了量化评估，提供了一套完整的理论技术体系。本书主要包括 4 个方面的创新成果：一是结合新时期生态文明思想和江河治理理念，发展了新时期生态水利工程的概念，建立了生态水利工程判定标准；二是构建了全口径、多要素的大型水利枢纽工程生态效益综合评估指标体系，建立了大型水利枢纽工程对生态变化影响贡献的定量分析技术；三是综合运用现场调查、实地采样和实验室分析等多种方法，首次构建了黄河干流及河口近海水生生物长系列基础数据库；四是全面评估了小浪底水利枢纽的生态效益，提出了小浪底水利枢纽生态保护功能的综合提升策略。本书提出的评估方法可广泛应用于大型水利枢纽工程生态效益评估中，并为其他水利工程的生态效益评估提供方法借鉴。

本书由黄河勘测规划设计研究院有限公司、水利部小浪底水利枢纽管理中心和黄河水资源保护科学研究院的相关人员共同编写。本书编写工作得到了"十三五"国家重点研发计划课题"黄河梯级水库群水沙电生态多维协同调度与应用示范"（2017YFC0404406）、国家自然科学基金资助面上项目"复杂梯级水库群水沙电生态多维协同调控原理与模型仿真"（51879240）、国家重点实验室开发基金"梯级水库群水－沙－电－生态多维协同调度模型研究"（IWHR－SKL－201713）、中国博士后科学基金面上项目"面向河流生态完整性的黄河下游生态需水过程研究"（2019M652552）以及黄河水利水电开发总公司项目"小浪底水利枢纽生态作用评估"（KFSJ－WT－2019－03）等项目的资助，在此一并感谢。

受作者水平所限，书中难免有错误和不足之处，恳请读者批评指正。

作者

2021 年 1 月

CONTENTS **目录**

第1章

绪　论

1.1　水利枢纽的概念与内涵

水与人类社会和自然环境息息相关，是人类生活和生产中不可或缺的资源，也是河流、湖泊、湿地、森林等生态系统存续的支撑要素[1]。河流是陆地表面宣泄水流的通道，是溪、江、河、川的总称[2]。在任意时刻，所有河流中的水体总量仅占地表全部水量的百万分之一，但由于河流中水流速度较快，每年从河流中流过的水量非常巨大，大部分陆地降水通过河流回到海洋[3]。河流在维持全球水资源、粮食和能源安全上发挥着至关重要的作用[4]。

水利枢纽（hydro project）是开发、利用和保护河流的重要水利工程。根据《中国水利百科全书》定义，水利枢纽是为了实现除害兴利的目标，由若干座不同类型的水工建筑物构成的建筑物综合体[2]。一个水利枢纽工程的功能可以是单一的，但多数水利枢纽工程兼具数种功能，通过调节天然河道的径流过程，产生防洪、发电、航运、供水、生态等综合效益[5]。

水利枢纽主要由挡水建筑物、泄水建筑物、取水建筑物和专门性建筑物组成。其中，挡水建筑物是为拦截水流、抬高水位和调蓄水量而设置的跨河道建筑物，分为溢流坝（闸）和非溢流坝两类；泄水建筑物是为下泄水库中的蓄水或下泄洪水而设置的建筑物，包括岸边溢洪道、溢流坝（闸）、泄水隧洞、坝身泄水孔和坝下涵管等；取水建筑物是为灌溉、发电、供水和专门用途的取水而设置的建筑物，其形式有进水闸、引水隧洞和引水涵管等；专门性建筑物是为了特定功能而设置的建筑物，例如为发电而设置的厂房、调压室，为扬水而设置的泵房、流道，为通行、过鱼、过木等设置的船闸、升船机、鱼道、筏道等。水利枢纽工程等级划分由库容、装机容量、水工建筑物级别等共同决定。水库是多数水利枢纽工程最重要的组成部分，根据我国相关行业标准[6]，大型水利枢纽工程水库总库容不低于 1 亿 m^3。

按照工程特征和可承受的水头大小，水利枢纽主要包括：修建在河道上用以拦截水流、抬高水位、形成自流引水条件的低水头取水枢纽，以及形成具有较大库容的水库、能对河流来水起调蓄作用的中高水头蓄水枢纽；修建在河道上用于防洪治河的或修建在渠道上用于节制和分配流量的水闸枢纽。按其所在地区的地貌形态，水利枢纽分为平原地区水利枢纽和山区水利枢纽。

　　水利枢纽工程常见的命名方式是地名加"水利枢纽",例如三峡水利枢纽、龙羊峡水利枢纽等;一些水利枢纽工程以其主体工程(坝或水电站)或形成的水库名称来命名,例如阿斯旺大坝、伊泰普水电站、官厅水库等[7]。

　　水利枢纽对生态和社会环境的影响较大。因此,在水利枢纽的规划、布置及其水工建筑物的设计、施工和运行管理过程中,都必须重视生态环境保护,采取必要的措施,力求在充分发挥效益的同时,减少对生态环境的不利影响。

1.2　大型水利枢纽工程建设概况

　　在河流上修建水库大坝已经有几千年的历史。自公元前 2900 年人类在埃及帝国修建第一座大坝以来,修建水库大坝在河流开发利用中得到了越来越广泛的应用,全球水库大坝数量持续增长。20 世纪 60—70 年代,水库大坝建设进入了第一个快速发展阶段,这一阶段水库大坝主要位于北美洲和西欧。进入 21 世纪水库大坝建设迎来了第二个快速发展阶段,仅 2012 年 8 月至 2014 年 2 月期间,全球就有超过 3700 座装机容量不低于 1MW 的水电站在建设和规划中,主要分布在南美洲、亚洲和欧洲巴尔干半岛。截至 2015 年年底,水库提供了全球 30%～40% 的农业灌溉用水,并生产了全球 16.6% 的电力[8]。

　　《中国水利统计年鉴 2018》显示,截至 2017 年年底,我国已修建水库 98795 座,总库容 9035 亿 m^3,其中大型水库 732 座,仅占水库总数的 0.74%,但大型水库总库容 7210 亿 m^3,占所有水库总库容的 79.80%[9]。从我国已建成大型水库总库容变化历程可知(见图 1.2-1),进入 21 世纪以来,随着经济社会发展需求的增长和科学技术的提升,我国大型水利枢纽工程总库容增速明显加快。

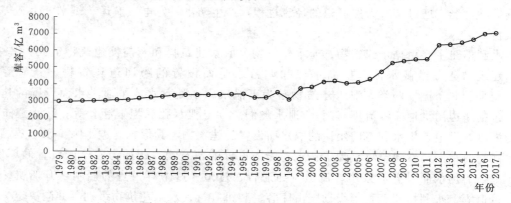

图 1.2-1　我国已建成大型水库总库容变化

　　从水资源分区上来看,我国大型水利枢纽工程主要分布在地表水资源量丰富的区域,例如长江区和西南诸河区大型水库库容远超其他水资源分区(见表 1.2-1)。但 2017 年各水资源分区的大型水库库容与地表水资源量的比值显示,我国北部水资源供需矛盾突出的辽河区、海河区和黄河区比值较大,说明大型水利枢纽工程对区域地表水资源的调控能力较强;而水资源丰富的长江区、东南诸河区、珠江区和西南诸河区大型水库库容远低于地表水资源量;西北诸河区大型水库库容与地表水资源量的比值较小的原因在于该区域面积广阔，单位面积地表水资源量较小，修建大型水利枢纽工程条件较差。

表 1.2－1　　　　　　　2017 年水资源分区地表水资源量与大型水库库容

水资源分区	地表水资源量/亿 m³	大型水库库容/亿 m³	占比①/%
松花江区	1086.0	519	47.79
辽河区	220.4	375	170.15
海河区	128.3	273	212.78
黄河区	552.9	726	131.31
淮河区	699.8	373	53.30
长江区	10488.7	2711	25.85
东南诸河区	1799.3	456	25.34
珠江区	5250.5	1113	21.20
西南诸河区	6025.9	513	8.51
西北诸河区	1494.5	151	10.10

① 大型水库库容与地表水资源量的比值，反映大型水利枢纽对区域地表水资源的调控能力。

相关链接：典型的大型水利枢纽工程

➤ **伊泰普水电站**

　　伊泰普水电站位于南美洲巴西与巴拉圭两国边界的巴拉那河中游河段，水电站由巴西和巴拉圭两国共建、共管，所发电力由两国平分。工程于 1991 年建成，是 20 世纪建成的世界上最大的水电站。坝址以上巴拉那河流域面积 82 万 km²，多年平均流量 9070m³/s。

　　除水力发电外，伊泰普水电站还兼具防洪、航运、渔业、旅游及生态改善等综合效益[10]。工程主要建筑物包括：主坝（翼弧线形大头支墩坝）、溢洪道、右岸土坝、左岸堆石坝和左岸土坝。水库正常蓄水位为 220m，相应库容为 290 亿 m³，调节库容为 190 亿 m³。发电厂房为坝后式，总装机容量达 14000MW。

➤ **三峡水利枢纽**

　　三峡水利枢纽工程位于湖北省宜昌市三斗坪、长江干流西陵峡中，距三峡出口南津关 38km，下游 40km 处为葛洲坝水利枢纽，坝址控制流域面积 100 万 km²。工程具有防洪、发电、航运等综合效益，是当今世界上最大的水利枢纽工程。

　　枢纽主要建筑物包括：大坝、水电站、泄洪建筑物和通航建筑物（五级船闸及升船机）。水库总库容 393 亿 m³。枢纽主要建筑物设计洪水标准为 1000 年一遇，校核洪水标准为 10000 年一遇加 10%。水电站总装机容量为 18200MW，多年平均年发电量 846.8 亿 kW·h，是世界上最大的电站。

　　三峡水利枢纽工程计划全部工期 17 年，分 3 个阶段完成。第 1 阶段（1993—1997 年）为施工准备及 1 期工程，以实现大江截流为标志；第 2 阶段（1998—2003 年）为 2 期工程，以实现水库初期蓄水、第一批机组发电和永久船闸通航为标志；第 3 阶段（2004—2009 年）为 3 期工程，以实现全部机组发电和枢纽工程全部完建为标志。2006 年 5 月 20 日三峡大坝全线建成。

1.3 生态效益评估研究进展

大型水利枢纽工程规模庞大,工程自身与调度运行都会对河流生态系统造成复杂的影响。预估大型水利枢纽对生态环境的影响已经成为大型水利枢纽建设前的必备环节,运行一段时间后开展环境影响后评价在大型水利枢纽工程运行管理中也十分常见。《环境影响评价技术导则 水利水电工程》(HJ/T 88—2003)是我国开展大型水利工程环境影响评价工作的指导文件。该导则规定了水库工程应预测评价库区、坝下游及河口水位、流量、流速和泥沙冲淤变化及其对环境的影响,应预测对库区及坝下游水体稀释扩散能力、水质、水体富营养化和河口咸水入侵的影响,应预测水库水温结构、水温的垂向分布和下泄水温及对农作物、鱼类等的影响,水库渗漏、浸没影响应分析周围地质构造、地貌、地下水位、渗漏通道,预测渗漏、浸没程度及对环境的影响,应预测淹没区迁建、改建等对环境的影响[11]。虽然该导则给出了大型水利枢纽工程可能影响的区域和对象,但内容十分宽泛,没有给出关键生态因子、评估指标及指标量化方法。在实际应用中,不同水利枢纽工程选择的生态因子有所差异,即使对于同一类生态因子,不同研究采用的评估指标和量化方法也差异较大,且常出现定性描述较多、定量分析不足的现象[12-14]。

在国内外相关研究中,主要关注大型水利枢纽工程对某一种或几种生态因子的影响,例如水文情势、水温、营养物质、溶解氧、泥沙、水生生物等,通过关注的生态因子在不同时期的状态变化来反映大型水利枢纽工程的生态效益。这里简要总结大型水利枢纽对水文情势、水温、营养物质和生物资源的影响评估研究进展。

1.3.1 大型水利枢纽工程对水文情势的影响评估

水文情势是河流各水文特征随时间的变化情况,是河流生态系统的关键驱动因素,对生物及其他非生物因素具有重要影响[15]。水文情势会对生物状态产生直接影响,例如在长期的演化过程中水生生物已经根据天然水文情势形成了特有的生活史模式,且天然水文情势可以阻挡外来物种入侵[16-17]。水文情势也可以影响地貌与水质,进而影响生物状态[18]。水文情势复杂多变,一般通过流量、频率、发生时机、持续时间和变化率这 5 个基本组成要素来定量分析水文情势[19]。

水文情势对河流生态系统的重要意义已经引起了广泛关注,很多学者对水文情势评价指标开展了研究与探索,构建了大量评价指标体系[20],其中得到最广泛应用的就是IHA (Indicators of Hydrologic Alteration) 指标体系。IHA 指标体系由 Richter 等于1996 年建立,此后经过完善形成[21-22]。IHA 指标提出后,很多学者对这一指标体系进行了改进,以期获得更合理的评价效果[23]。例如,马真臻等提出了基于水文过程线的HHA (Hydrograph - based Hydrologic Alteration) 指标体系[24-25]。HHA 指标体系按照不同时段的水文特征,将全年划分成涨水期、洪水期和枯水期 3 个时段,分别考虑每个时段内的关键流量事件的水文特征。

这些水文情势评价方法能够量化一个时段内的水文情势特征,进而评估不同时段水文情势的变化。当评估时段为大型水利枢纽工程运行前后或大型水利枢纽运行的不同阶段时，可以在一定程度上反映大型水利枢纽工程对水文情势的影响。这一方法在大型水利枢纽工程对水文情势的影响评估中得到了广泛应用[26-27]。例如，段唯鑫等采用 IHA 指标体系评价了长江上游大型水库群建设前后宜昌站水文情势变化，以反映水库运行调度对下游径流的影响[28]；为研究水库对下游河流水文情势的影响，杜河清等采用 IHA 指标体系分析了天然状况和水库修建后的水文特征值的变化[29]。

1.3.2 大型水利枢纽工程对水温的影响评估

河流水温是影响水生生物分布及新陈代谢的一个主导因素，许多生物过程依赖于水温的变化。水温对生物的繁殖行为具有重要影响，例如研究者观测到水温较高的高流量脉冲使南非奥利凡茨河的鱼类进入产卵场并展现出产卵征兆，但水库下泄低温水流会导致这些鱼类游离产卵场[30]。

对于大型水利枢纽工程对水温的影响，一些研究通过不同时段的水温资料进行评估。例如，宋策等基于黄河上游龙羊峡—刘家峡干流河段长系列的水温监测资料，将水温监测时段划分为建库前和建库后两个时段，通过不同的统计分析方法设计了水温评价指标以反映两个时段水温变化特征，将两时段水温变化视为水库对水温的影响[31]。事实上，除了水利枢纽调度以外，水温还受到多种因素的影响，如相关研究显示一些河流水温变化的主要原因在于气候变化影响了大气与水体间的热交换[32]。

另外一些研究通过数值模拟来分析水利枢纽调度对水温的影响。例如苗雨池通过水温数值模拟模型分析水利枢纽分层取水方式对其下泄水体温差的效应[33]；邓伟铸等运用数值模拟方法分析夹岩水利枢纽工程建设后库区水温垂向分布及其低温水下泄影响[34]。数值模拟能够较好地排除水利枢纽以外的因素对水温的影响，但评估的准确性受到模型精度的影响。

1.3.3 大型水利枢纽工程对营养物质的影响评估

一方面，大型水利枢纽引起河流水动力学条件的改变，导致颗粒物迁移、输运等过程发生显著变化；另一方面，水库效应还引起河流水流变缓、透明度增加，导致浮游藻类生物量增加，从而使溶解态营养盐从河流中去除，临时或永久性地留存于库中，限制了河流向下游的物质输出[35]。

大型水利枢纽工程对营养物质的影响评估主要依赖水利枢纽修建前后或同一时期不同断面的实测资料分析，评价指标多为某种营养物质（如碳、氮、磷、硅等）的通量、浓度等。例如，秦延文等基于调查区间三峡水库各断面磷通量差异评估了三峡水库拦坝蓄水对营养物质的影响[36]；翟婉盈等根据三峡水库不同蓄水阶段实测数据评估了总磷的变化特征，分析了水库对磷的滞留效应[37]；周涛等基于实测数据评估了乌江流域中上游的洪家渡、东风和乌江渡 3 座水库的氮磷营养盐输送通量及滞留效应[38]。除了大型水利枢纽工程的拦截和调度外，营养物质还会受到土地利用、入河污染物、泥沙运动、水生生物等因素的影响[39-42]。

1.3.4 大型水利枢纽工程对生物资源的影响评估

大型水利枢纽的修建在一定程度上阻隔了生物迁移扩散的通道，同时水利枢纽的调度改变了水文情势、营养物质、水温等,从而改变了生物的栖息环境。大型水利枢纽对生物资源的影响十分复杂,一些影响会导致生物资源衰退甚至灭亡,而通过修建鱼道、分层泄水、生态调度等措施,大型水利枢纽可以修复或提升生物栖息地,使生物资源更加丰富[4,43]。

大型水利枢纽工程对生物资源的影响评估主要依赖水利枢纽修建前后或同一时期水利枢纽上下游的实测资料分析,评估指标包括生物种类、数量、体型、年龄等。例如,研究者观测到澳大利亚墨累-达令河流域部分大坝上下游鱼类的丰度、组成和体型具有明显差异,通过该现象得出大坝阻碍了鱼类的洄游、改变了鱼类顺水流方向分布的结论[44];研究者通过对比水利枢纽工程运行前后的影像资料,发现下游岸边带植被面积在水利枢纽运行后大幅增加,原因在于水利枢纽运行后高流量事件和沉积物减少,产生了河道下切并限制了河流摆动,使河岸稳定性增加,从而为滨岸植物的生长提供了更加优越的环境[45];基于生态调度前后的实测生物资料,一些研究观测到水库的生态调度使鱼类数量增加[46-49]。

此外,一些研究并不直接评估生物资源,而是通过栖息地模拟模型来分析水利枢纽不同运行模式下生物栖息地的变化,间接反映水利枢纽调度对生物资源的影响。例如,调查资料显示丹江口大坝建设后,上游产漂流性卵鱼类的产卵场数量减少[50];很多研究基于适宜鱼类或底栖动物生存的水力条件,采用 HEC - RAS、River2D、MIKE21、TELEMAC - 2D、Delft3D 等成熟的水力学模拟模型或自行研发的模拟模型,研究了不同流量条件下鱼类栖息地分布,从而评估水利枢纽调度对生物资源的影响或对水利枢纽生态调度提供建议[51-56]。

生物资源的变化受到多种因素的影响,除水利枢纽建设运行外,气候变化、人类捕捞、水污染、外来物种入侵等都是导致生物资源在不同时间、不同空间上发生变化的影响因素[57-59]。

1.4　生态效益提升技术

1.4.1　工程设施的生态效益提升

(1)修建过鱼设施。大型水利枢纽挡水建筑物破坏了河流连通性,阻碍了水生生物在河流中的自由通行,导致一些生物的生殖洄游、索饵洄游、越冬洄游等无法顺利完成,严重影响这些生物的生存繁衍。此外,挡水建筑物也阻碍了上下游水生生物的基因交流,导致上下游生物的数量、体型、年龄等存在差异,甚至威胁物种的遗传多样性。这一问题可以通过修建过鱼设施进行解决或缓解。过鱼设施的主要目的是帮助鱼类通行,同时也能辅助其他水生生物通行。

国外过鱼设施修建较早,截至 20 世纪 60 年代初期,美国和加拿大有过鱼设施 200 座以上,西欧各国有 100 座以上[60]。我国过鱼设施研究与应用起步较晚,截至 2017 年,我国已建过鱼设施大约有 150 座,且近 10 年来我国修建和规划的高水头过鱼设施数量呈现出明显增长态势[61]。《中华人民共和国水法》(2016 年 7 月修订)第二十七条规定,"在水生生物洄游通道、通航或者竹木流放的河流上修建永久性拦河闸坝，建设单位应当同时修建过鱼、过船、过木设施，或者经国务院授权的部门批准采取其他补救措施"；《中华人民共和国渔业法》（2013 年 12 月修订）第三十二条规定："在鱼、虾、蟹洄游通道建闸、筑坝，对渔业资源有严重影响的，建设单位应当建造过鱼设施或者采取其他补救措施"[62]。此外，对于没有修建过鱼设施的已建大型水利枢纽工程，可以考虑增设过鱼设施或将泄水孔、船闸等改建成过鱼设施[63]。

伊泰普水电站鱼道是在已建工程上补建的典型案例。伊泰普水电站过鱼设施位于主体工程的左岸，由于上下游进出口距离长约 10km，设计者充分利用位于原河流左岸的一段支流，建设了 3 座鱼道、3 个人工湖，形成了世界上最长、水头落差最大、结构型式最为复杂的过鱼设施。针对伊泰普水利枢纽过鱼设施比较长的特点，科研人员在整个过鱼设施的 5 个不同地段布置了无线电发射接收器，监测洄游鱼类的游动范围、距上下游进出口的距离以及这些鱼类在不同水流条件下的适应情况。2005 年 6 月获得的监测结果表明，在捕捉到的 126 种鱼类中，有 35 鱼种具有洄游特性[64]。

（2）发展生态经济。大型水利枢纽工程建成后能够形成独特的自然景观和人文景观，为发展生态经济提供了有利场所。长期以来人们逐水而居，在漫长的历史中形成了亲近水、欣赏水的传统，很多文学作品、艺术作品以水为主体，人们能从水景观中获得审美、休闲等功能；大型水利枢纽工程蓄水后形成宽阔的水面，塑造了适宜鱼类和水禽栖息的静水环境和湿地，具有丰富的动物资源，为人们提供了观赏野生动物的场所；工程周边地下水位上涨，有利于周边植被生长，加上枢纽管理机构植树造林，能够形成优美的自然风光，为人们提供了审美和休闲的场所；库区及周围山体为游客提供了划船、垂钓、登山等娱乐活动的场所；大型水利枢纽大坝、溢洪道、消力池等建筑物规模庞大、气势磅礴，形成壮观的水利工程景观，体现了现代科技力量的强大和人类改造自然的伟大精神，能够激发参观者的爱国精神和民族自豪感等[65]。

通过发展生态经济，一方面游客获得了审美、娱乐、休闲等服务；另一方面水利枢纽管理机构获得了经济效益，有能力进一步改善工程周边的生态环境，使人与自然都能从中获益。同时，水利风景区能够带动周边餐饮、旅游等行业发展，对区域经济发展至关重要。依托大型水利枢纽工程发展生态旅游业十分常见，如三峡大坝旅游区是国家AAAAA 级风景区，既有秀丽的风景和名胜古迹，也有三峡水利枢纽工程，是水利工程、自然风光、人文历史相结合的典范，2017 年旅游区接待国内外游客 245 万人。

1.4.2　工程运行的生态效益提升

大型水利枢纽工程通过在传统调度中增加生态因子，可以协调生态环境保护与社会经济发展的矛盾，削减传统水库调度对河流生态环境产生的负面影响，改善并维系河流生态系统[66]。

（1）提供生态流量（水量）。径流是河流的主要组成要素，是河流物质流、能量流、信息流的主要载体，提供生态水量成为当前河流生态保护的主要手段[49,67]。大型水利枢纽工程可以根据保护对象的需求塑造适宜的流量过程，即通过水库调度来满足生态需水。布里斯班宣言将生态需水定义为维持淡水与河口生态系统以及依靠这些生态系统的人类生活与福祉所需的径流过程[68]。围绕生态需水，国内外开展了大量研究，目前已经形成了数百种生态需水评估方法，大致上可以分成四大类：水文学法、水力学法、栖息地模拟法和整体分析法[69]。当前生态需水的评估方法正逐渐从简单的统计分析发展到具有明确水文水动力过程–河流生态过程关联关系的模拟分析，从单一的保护对象发展到综合考虑整个河流生态系统的完整性[70]。水利枢纽工程提供生态流量的调度实践很多，如 20 世纪 70 年代初南非潘勾拉水库开展的人工洪水实验，研究了适宜鱼类产卵的流量与时间[71]；21 世纪初美国在萨瓦纳河瑟蒙德大坝提供高流量脉冲以改善下游鱼类的栖息和产卵条件[72]。

在相关研究中一般首先根据保护对象的需求评估生态需水过程，然后将生态需水过程作为水库优化调度模型的目标函数或约束条件。例如，王学敏等以三峡梯级枢纽为例，将生态溢缺水量最小、发电量最大和保证出力最大 3 个目标作为调度目标，通过双种群差分进化算法求解非劣解集，协调生态效益与经济效益的关系[73]；胡和平等将生态流量过程线作为约束条件，以年发电量最大作为目标建立了水库调度模型，并以黄河某支流为例进行了模拟应用[74]；尹正杰等以发电量最大为目标，以下泄流量不低于生态流量为柔性约束条件建立了梯级水库调度模型，允许生态流量发生破坏，但是当生态约束不能满足时对发电效益施加较大的惩罚[75]。另外一些研究中没有预设固定的生态需水过程，而是将天然水文情势作为最理想的径流过程，通过优化调度尽量缩小水利枢纽下泄过程与天然水文情势间的差距[76-77]。

（2）"蓄清排浑"与"调水调沙"。泥沙是威胁河流生态健康的重要因素，泥沙问题在全国乃至世界范围内普遍存在。国外泥沙调度相关研究较少，而我国许多河流含沙量一般都较大，形成了蓄清排浑与调水调沙的水利枢纽泥沙调度方式[66]。"蓄清排浑"运用方式是指水库在少沙期拦蓄低含沙量的水流蓄水兴利，当汛期洪水含沙量较高时不拦蓄洪水，尽量将高含沙洪水排出库外，以减轻水库淤积。"调水调沙"运用就是对汛期入库水沙进行灵活调节，尽量延长水库拦沙库容的使用年限；并根据水库下游河道的输沙能力，利用水库的调节库容，有计划地控制水库的蓄、泄水时间和数量，把淤积在水库中和坝下游河道中的泥沙尽量多地输送入海。例如，针对三门峡水利枢纽泥沙淤积严重的问题，我国水利工作者通过水库的改建和运行方式的调整，创新性地提出了水库"蓄清排浑"的运行方式，成功解决了三门峡水利枢纽泥沙淤积问题，小浪底水利枢纽"调水调沙"运用形成黄河下游河道全线冲刷，河道平均冲深约 2.1m，形成稳定的 4000m³/s 左右平滩流量的中水河槽[78]。

为了提高输沙效率，一些研究关注如何通过水利枢纽调度塑造高含沙洪水。例如，李勇等探讨了黄河中游古贤、三门峡和小浪底水利枢纽水沙联合调度塑造大流量、长历时、较高含沙量洪水的可能性[79]。

（3）分层取水。具有高坝大库的大型水利枢纽工程，其库容大、库水深，使原有天然河道水温在时空分布上发生一定程度的改变，库内水温一般形成垂直分布，表面温度高，底部温度低。大型水利枢纽工程传统的取水方式主要为单层取水方式，取水口位置较深，因此在某些时段下泄水温较原天然河道水温低，对下游生态环境造成一定程度的不利影响，例如低温水严重影响其下游河道鱼类的繁殖生长[33]。大型水利枢纽工程可以设置分层取水结构，如高低取水口、多层取水口、隔水幕、叠梁门等。大型水利枢纽在调度运行中根据水库水位、水温监测数据、敏感生物的水温需求等因素，及时调整分层取水设施的取水深度和调度方式，达到改善下泄水温的目的。

分层取水在国内外很多水利枢纽上得到了运用。例如，浙江省滩坑水电站观测资料显示，单层取水口下泄水温最多比坝址天然水温降低 15.3℃，通过叠梁门分层取水后下泄水温与坝址天然水温间的最大温差降至 6.0℃，说明实施叠梁门分层取水后温升效果良好[80]。

（4）突发水污染应急调度。突发水污染事件具有不确定性、扩散性、危害性、处理艰巨性和影响长期性等特点，且难以从根本上杜绝，其污染物排放也无固定途径。通过水利枢纽应急调度的方式不仅能稀释河流污染物浓度，还可加快污染团的运移、弱化扩散作用，有效缩减水污染影响范围[81]。

在突发水污染事件处理中，水利枢纽工程发挥了重要作用。2005 年广东省北江镉污染事件中采用了"加大上游水库排量以稀释水体污染物、利用人工小洪峰加快污染物运移到下游处置区"的应急措施，有效地控制了污染事故的恶化。2006 年黄河支流洛河段发生了油污染事件，有关部门在凌汛的时候及时调整了调度的方案，整合了小浪底水利枢纽和支流洛河故县水利枢纽的资料，将这两处水利枢纽联合调度，为这次的油污染事件的妥善解决争取了宝贵的时间，也减轻了此次污染事件所造成的影响。2013 年广东省贺江突发水污染事故中，污染物汇聚于贺江合面狮水库，合面狮水库按照要求控泄以减少污染物下泄；而爽岛水库（经东安江流入贺江）加大下泄流量对贺江污染水体进行稀释控制，确保江口断面水质达标，贺江封开段沿线居民无水污染中毒事故发生[82]。

1.5 存在的问题

（1）缺少清晰的理论引导。面对人民日益增长的优美生态环境需要，不仅需要充分发挥大型水利枢纽工程的水资源开发、利用、配置功能，也需要充分发挥其生态保护作用，着力打造生态水利工程。虽然围绕大型水利枢纽工程生态影响机制已开展了诸多研究，但多数研究集中于水文、泥沙等微观领域，缺少对水资源-经济社会-生态系统的宏观把控，对大型水利枢纽生态保护潜力挖掘不足，且与新时期江河治理理念间存在脱节。当前大型水利枢纽工程缺少清晰的生态保护目标，生态水利工程缺少明确的判定标准，导致相关理论难以有效引导大型水利枢纽工程生态效益评估。

（2）缺少系统的评估指标体系。在空间范围上，当前大型水利枢纽工程生态作用评估主要关注工程周边及下游河道内，对供水区生态环境变化关注较少；在评估指标上，大部分研究主要针对一种或数种生态因子的变化展开深入研究，综合性评价较少；在少量大型水利枢纽工程生态效益综合评价中，虽然评估的生态因子多，但不同评价所选的生态因子差别较大，且定性描述较多、定量分析不足。为了科学、全面地评估大型水利枢纽工程的生态效益，有必要明晰大型水利枢纽工程的影响范围，识别影响范围内的关键生态因子并建立量化评估的指标体系。

（3）缺少精准的量化分析方法。目前大型水利枢纽工程生态作用评估主要通过生态因子在大型水利枢纽工程建设运行前后的状态变化进行反映。生态环境受到气候变化、土地利用变化、取水等多种因素的影响，这种评价方法并不能区分出大型水利枢纽在生态环境变化中的贡献。很多情况下，取水、排污等对某些生态因子的影响要高于大型水利枢纽工程建设运行的影响，导致评估结果失真。将大型水利枢纽工程的作用从多种因素的综合作用中剥离出来是大型水利枢纽工程生态作用评估的难点。

（4）缺少充足的生物调查。生物状态是反映河流生态系统健康的重要指标，非生物环境的变化最终将作用于生物群落，引起生物状态改变。我国生物监测起步较晚、生物监测站网不完善，这一问题在黄河流域尤为突出。中华人民共和国建立以来，黄河流域层面的生物资源调查仅有 20 世纪 50—60 年代中国科学院动物研究所对黄河干流及其附属水体进行的渔业生物学基础调查、20 世纪 80 年代初原国家水产总局组织的"黄河水系渔业资源调查"和 2008 年中国科学院水生生物研究所对黄河干流的生态调查等[83]，其他水生生物监测规模小、持续时间短、位置分散，导致生物监测资料持续性与系统性不足，且资料久远难以反映生物资源现状，严重阻碍了水利枢纽工程生态效益评估。获取、整合已有的生物调查资料、必要时采用实地调研进行插补延长是大型水利枢纽工程生态效益评估的工作要点。

第2章

河流生态系统结构与功能概述

　　水是生命之源、生产之要、生态之基，没有水，就没有生命，社会发展的一切都无从谈起。河流是地球上水文循环的重要路径、物质输移的重要通道、生物栖息的重要场所，为人类社会提供了丰富的生态服务。河流生态系统是河流中生物类群与其生存环境相互作用构成的具有一定结构和功能的系统，由流水生态子系统和河漫滩生态子系统两部分构成，是淡水生态系统中的主要类型之一[2]。

2.1　河流生态系统组成要素

2.1.1　水文情势

　　水体是河流最基本的组成部分，水流运动是河流最重要的过程之一。河流的水体经常流向海洋、湖泊或其他河流，但也有一些河流最终汇入地下水或逐渐干涸。降水、冰雪融水或地下水补给是河流水体的主要补给方式，水体通过蒸发、下渗或汇入其他水体的方式离开河流。河流中的水体总体积占地球表面全部水量的比例较小，但由于河水流动很快，每年从河流中流过的水量是非常巨大的。

　　河流各水文要素随时间的变化情况被称为河流水文情势，包括流量年内和年际间的变化等。年内变化主要是不同季节流量过程特征的不同，年际周期径流变化包括两个方面：径流的年际间变化幅度和多年变化过程。不同的河流类型有着不同的河流水文情势，另外，流域内的地形、地貌特征、植被覆盖率以及气候状况也与河流水文情势的变化密切相关。因此，河流水文情势具有明显的区域性。

　　由于气候在年内呈现明显的周期性变化，所以河流水文情势在年内具有明显的季节变化特征。以受人类活动影响较小的黄河花园口断面 1952 年实测日径流过程为例，如图 2.1-1 所示，可以明显看出河流水文情势的季节性。不同季节的水文情势以不同的流量过程为特征。枯水期是流域内降雨量较少、通过河流断面的流量小且比较稳定的时期。这一时期流量小，水位低，径流主要由基流组成，特征流量过程为极端小流量过程。洪水期由于暴雨集中，河流水位急剧上涨，形成峰高量大的洪水过程。这一时期水文情势以洪水过程为特征。由枯水期向洪水期过渡的时期，河流水量主要由融雪补给，流量逐渐增大，脉冲过程增多，称之为涨水期，这一时期的特征流量过程为高流量脉冲过程。另外，季节性流量过程在不同的水文年表现出不同的变化特征，使得水文情势也呈现周期性的年际变化。

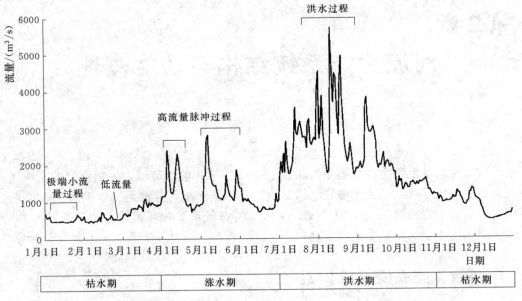

图 2.1-1　黄河花园口断面 1952 年实测日径流过程

水是水生态系统的主要组成部分之一，是将水生态系统与其他生态系统区分开的关键因素，对水生态系统内生物的存活与发展至关重要。为定量描述河流水文情势，学者们概

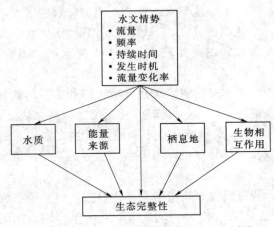

图 2.1-2　水文情势对生态系统的影响[19]

括总结出了 5 个决定性要素：流量、频率、持续时间、发生时机和流量变化率。这些要素控制着河流生态系统的生态过程，决定了河流物种的分布和丰度，控制着河流生态系统的完整性（见图 2.1-2）。

（1）流量：是单位时间内流经某一过水断面的水量。适当的高流量可以增加砂砾河床、增强悬移质的输送，有利于生物群落的恢复、新生命周期的产生和良好生物栖息环境的形成。由于河流的定期泛滥使得洪泛区和河道之间连接起来，营养物质在洪泛平原累积，更有利于鱼类的生长繁殖。同时，使耐淹植物通过优胜劣汰繁衍下来，从而改变河岸植物物种的构成。流量的减小导致能量流动减小，进入河漫滩的水和营养物质减少，影响植物和动物的正常繁衍生长，甚至加剧生物灭绝和外来物种入侵。

（2）频率：指特定流量过程在给定时间段内的出现次数。特定流量出现频率的改变对河岸植被物种和群落有重大的影响。极限流量发生概率的减小将破坏河流原有的生存环境，本地生物生长繁衍受到影响，外来物种更易适应破坏后的生存环境而入侵，最终导致本地物种丰度下降，生物多样性遭到破坏。高流量频率的降低使水生生物的栖息地遭到破坏，陆地植被入侵，原先水流冲刷区域被植被覆盖。低流量频率的增加使岸边土壤含水率变低，岸边植被供水紧张，其生长受到不利影响。

（3）持续时间：指某个特定流量过程相关的时间段。汛期、干旱期的长短，各种流量过程的持续时间，都会影响河流生态系统生物物种的构成，打破生态系统原有平衡。较长的泛滥时间可使耐淹植被成为主要的河岸植被覆盖类型，使水生生物丧失浅滩生境，严重危害树木的正常生长。同样，持续的低流量过程会造成水生生物种群密度发生变化，减小对干旱耐力低的水生生物的种群密度，植物受生理胁迫以致延缓生长，甚至减少或消失，破坏植被的多样性。

（4）发生时机：是指某一特定流量过程的出现时间。按照一般自然规律，水生生物会以某些特定的发生时机为信号进入新的生命周期。例如，季节流量峰值就是一些鱼类的产卵信号。大洪水过程出现时刻的改变将使鱼类产卵、孵化和迁徙等生命过程不能正常进行，减缓岸边植被生长速度，降低植被复原能力，破坏水生生物原本的食物链结构。

（5）流量变化率：是单位时间内的流量变化量，包括上升速率和下降速率。变化率直接影响着河流水生物种的生存和繁殖。例如，外地鱼类很难适应河流流量变化率大的干旱区，而对于根生长速率与洪水退水率相一致的植被来说，洪水退水率的变化就直接影响了其生长。流量频率变化将增加河床冲刷，威胁敏感物种的生存，生物生命循环遭到破坏。大洪水的陡落不利于生物幼苗种群的建立，涨水次数的减少将影响生物繁殖。流量的频繁变化、逆转会使得生物难以适应，导致较高的生物死亡率。

水文情势是河流生态系统的关键驱动因素，对生物及其他非生物因素具有重要影响（见图2.1-3）。一方面，水文情势会对生物状态产生直接影响。首先，在长期的演化过程中，水生生物已经根据天然水文情势形成了特有的生活史模式，其繁殖、洄游等关键的生命阶段需要通过特定的流量事件驱动和维持。其次，天然水文情势可以阻挡外来物种

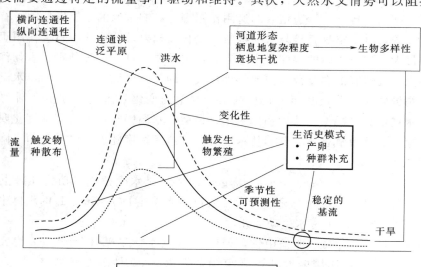

图 2.1-3　河流水文情势对河流健康的影响[68]

入侵[16]。洪水、干旱等流量事件可以清除难以适应本地水文情势的外来物种，而本土物种在演化中已具备在这些流量事件中存活的能力。另一方面，水文情势可以影响地貌与水质，进而影响生物状态[18]。水流与地貌地质的相互作用决定了浅滩深潭分布、河道形态、河床稳定性[84-85]。洪水的季节性淹没影响着河道和洪泛平原的连通性，形成了河流生境在时间和空间上的不均匀性，形成了丰富的生物多样性[86]；洪水淹没洪泛平原时，平原土壤和植被中的有机物进入水体，对水质产生影响，也为水生生物提供了丰富的营养物质[87]。水流的流量与水温密切相关，低流量的产生可能会导致水温上升[88]。

2.1.2　物理化学特征

水是良好的溶剂和载体，河流水体组成复杂，使得水体表现出不同的物理化学特征。水体的物理化学特征是影响河流健康和水资源可持续利用发展的重要参数。长期以来主要通过对水体理化指标的检测来判断水质受污程度。常见的物理指标包括水温、水色、浑浊度、透明度等；化学指标包括酸碱度、溶解度、化学耗氧量、高锰酸盐指数等。

1. 主要物理特征

（1）泥沙。泥沙通常指从侵蚀的土地进入水体的土壤泥沙颗粒。河床上静止的泥沙被称为床沙，当水流强度达到某一临界值时，静止在河床表面的泥沙颗粒开始沿床面滑动、滚动或跃移，这些泥沙颗粒被称为推移质。随着水流强度进一步增大，一部分泥沙颗粒脱离床面以悬浮形式运动，这些泥沙颗粒被称为悬移质。悬移运动的泥沙颗粒具有较细的粒径，可以随水流的紊动在水体中随机运动。多沙河流中的泥沙输运大部分是以悬移运动的形式进行的。与清水相比，含沙水体的浑浊度、溶解氧等理化特征有显著不同。许多国家与地区对水体中泥沙含量有指定的标准。高含沙水流会直接影响水生生物健康，如含沙量过高导致水体溶解氧含量低、泥沙堵塞和磨损鱼鳃，导致水生生物窒息死亡。

（2）水温。水体温度受到多种因素影响，包括太阳辐射、水体和大气之间的热交换、水体与河床之间的热传导、岸边植被的遮阴作用等。影响水温的主要气象因子有气温、相对湿度、风速等，其中空气直接与水面接触，以长波辐射及感热交换直接作用于水体，对水温的影响最大。河流水体的温度对水生生物至关重要：首先，每种水生生物都具有能承受的水温范围，在适宜的温度范围内能够维持较好的新陈代谢和生存繁衍，水温超出适宜范围后，生物健康状态受损甚至死亡；其次，水温的变化是生物关键生命活动的触发信号，如春季水温回升会触发一些生物的繁殖；最后，水温影响水体的其他理化要素，如水体化学反应速率、溶解氧含量、营养盐浓度等，溶解氧浓度随着水温升高而下降。

2. 主要化学特征

（1）溶解氧。溶解氧（Dissolved Oxygen，DO）是水生植物、动物和微生物等在水体中生存的必要条件。相关研究显示，大多数鱼类能够在 DO>5mg/L 的水体中生存，当 DO<2mg/L 时会导致鱼类等水生动物死亡。

（2）pH。pH=7 代表水体呈中性，pH>7 代表水体呈碱性，pH<7 代表水体呈酸性。不同水生生物对水体酸碱度的耐受范围存在差异。《地表水环境质量标准》（GB 3838—2002）要求水体 pH 为 6～9。

（3）营养物质。水生植物和微生物需要营养物质支撑其组织生长和新陈代谢。氮和磷是水体中最常见的营养物质。

氮在水体中主要以有机氮、氨态氮（NH_3 - N）、硝态氮（NO_3^- - N）和亚硝态氮（NO_2^- - N）的形式存在。一般在 pH 为 7～8 的常温状态下，有机氮约占 60%，NH_3 - N 约占 35%，其余以 NO_3^- - N 和 NO_2^- - N 的形式存在。其中，有机氮主要包括蛋白质、尿素、氨基酸、胺类、腈化物、硝基化合物等，一般的有机氮都会通过水中异氧微生物的分解作用，较快地以 NH_3 - N 的形式释放出来。NH_3 - N 是水体中无机氮的主要存在形式，水体 NH_3 - N 浓度较高对水生环境影响很大，会造成水体中溶解氧浓度降低，导致水体发黑发臭，水质下降，鱼类会因为体内氨类物质无法排出而导致氨中毒[89]。

在水体中，磷以各种磷酸盐的形式存在。磷在水环境中具有"颗粒吸附属性"，即磷容易与泥沙表面或内部所附着的金属氧化物、小分子有机质及钙离子等发生吸附、络合或沉淀反应等，形成不溶于水的含磷化合物，进而伴随着悬浮泥沙颗粒沿水流方向进行输移。当水环境中溶解磷（Total Dissolved Phosphorus，TDP）含量较低或其不足以供给水生生物吸收利用时，部分颗粒物表面所含的不稳定结合态磷会发生脱附、还原或解离反应等，转化为 TDP 进入水体扩散输移。水环境中水生生物也会参与水体 TDP 与颗粒磷（Total Particulate Phosphorus，TPP）的形态转化过程，如水生生物吸收 TDP 而合成自身物质本身即属于 TPP，水生生物死亡分解又会释放 TDP 进入水体[36]。

水体中营养物质含量过高，会导致藻类的过度繁殖，引起水体富营养化，造成水体透明度降低、水质变坏，引发"水华"等问题。在使用农药化肥的农田区，进水水体的氮磷较多，造成面源污染。根据《地表水环境质量标准》（GB 3838—2002），我国Ⅲ类水要求总氮不超过 1.0mg/L、总磷不超过 0.2mg/L。

2.1.3 地貌结构

河流地貌形态的形成是一个长期的动态过程。河流的地貌过程是地表物质在力的作用下被侵蚀、搬运和堆积的过程。决定地貌过程的实质是地表作用力与地表物质抵抗力的对比关系[90]。侵蚀地貌过程是在溯源侵蚀、下蚀和侧蚀共同作用下形成的土壤颗粒的剥离过程；搬运地貌过程是河流泥沙在河流中的输移过程；堆积地貌过程是河流泥沙在河流搬运能力减弱的情况下发生沉积的过程。在地貌过程的作用下形成河道、河漫滩、阶地等多样的地貌结构，塑造出丰富的生物栖息地。

1. 横向结构

横向上，河流生态系统空间一般由 3 个主要部分组成：河道、河漫滩和陆地边缘过渡带（见图 2.1-4）。河道是河水流经的路线，至少每年有部分时间有水流。河道是平滩流量以下时水体流动的空间，即主河槽。当流量超过平滩流量时，水流进入河道周围的滩地，即河漫滩。河漫滩是在河流一侧或两侧，面积变化很大的洪水间歇性淹没区，可能被频繁淹没，也可能很少淹没，呈季节性淹没特性，包括了河漫滩森林、沼泽和湿地、草甸等。并非所有的河段都具有河漫滩，例如，一些山区河流两岸为峡谷峭壁，不具有产生河漫滩的条件。陆地边缘过渡带是在洪泛平原一侧或两侧的陆地部分区域，是连接洪泛平原和周边陆地的过渡地带或边缘。陆地边缘过渡带可能是平坦的，也可能是丘陵或峡谷戈壁。

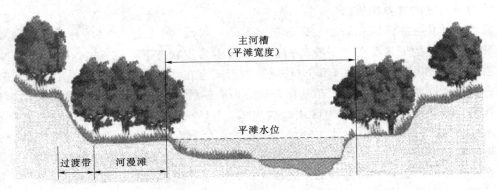

图 2.1-4 典型河流横断面示意图[91]

2. 纵向结构

从上游到下游，由于集水区的不断加大和河流流量的增加，河道的深度和宽度不断增加，河道、河漫滩和陆地边缘过渡带内其他有关的结构特征也会发生变化，侵蚀和沉积过程也有不同。尽管河流的类型各不相同，但河流的纵向结构都有大体相似的分区特征。大型河流的纵剖面可以划分为 5 个区域：河源、上游、中游、下游和河口。按照泥沙运动特征，可以将河流划分为 3 个纵向带：产沙区、输沙区和淤积区（见图 2.1-5）。

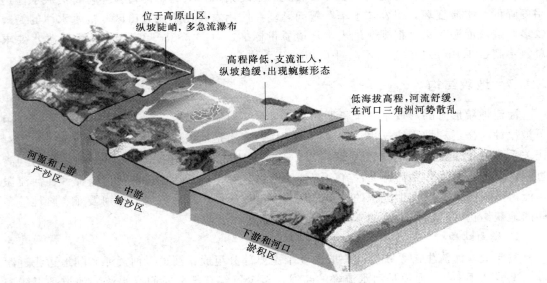

图 2.1-5 河流纵向结构示意图[90]

河源以上区域大多是冰川、沼泽或泉眼等，是河流的水源地。河流的上游段大多位于山区或高原，河床多为基岩和砾石；河道纵坡较为陡峭，纵坡常为阶梯状，多跌水和瀑布；上游段的水流湍急，下切力强，以河流的侵蚀作用为主；因多年侵蚀、冲刷形成峡谷式河床，一些山区溪流经过陆面侵蚀携带的泥沙汇入主流并向下游输移。河源和上游河段共同构成产沙区，一般水力梯度大，泥沙从流域内坡面上侵蚀下来，向下游运移，是水流和泥沙的来源区。

河流的中游段大多位于山区与平原交界的山前丘陵和山前平原地区，河道纵坡趋于平缓，下切力不大但侧向侵蚀明显；沿线陆续有支流汇入，流量沿程加大；由于河道宽度加大，出现一些河道-滩区格局并形成蜿蜒型河道和宽广的河漫滩。中游河段为输沙区，流域产生的水流和泥沙通过这里输送到下游地区，该区域来沙量一般等于排沙量。大的河流一般输沙区较长，而一些小的河流则有可能根本不存在输沙区。

河流的下游段多位于平原地区，河道纵坡平缓，河流通过宽阔、平坦的河谷，流速变缓，以河流的淤积作用为主；河道中有较厚的冲积层，河谷谷坡平缓，河道多呈宽浅状，外侧发育有完好的河漫滩；在河道内形成许多微地貌形态，如沙洲和江心洲等；河流形态依不同自然条件可以发展成蜿蜒型、辫状或网状等；下游河道稳定性较差，可能会发展成游荡型河道。在河口段，由于淤积作用在河口形成三角洲，三角洲不断扩大形成宽阔的冲积平原；河口地带的河道分汊，河势散乱。下游河段和河口共同构成淤积区，产沙区和输沙区产生的泥沙主要淤积在这一区域。

2.1.4 生物群落

河流是陆地淡水资源的主要容纳载体之一，河流及河岸内各类湿生、水生植物，以及浮游、底栖生物和鱼类等水生动物联合组成了河流生态系统内的生物群落。

1. 生物组分群落

河流生物群落丰富度随河流的不同河段而不同，如平原缓流河段和峡谷激流河段生物组分群落完全不同。缓流河段生物组分相对完整，包含岸带植物、浮游生物、自游生物、底栖动物、两栖动物和鱼类等种群。

（1）岸带植物。河流两侧岸带通常流速较低，水深较浅，是陆水两相界面交汇带，营养物质较多，物种多样性丰富，是大量水生植物群落的分布场所。由岸向河随水深变化，可以划分为挺水植物、漂浮植物和沉水植物。

1）挺水植物：一般指植物体下部或基部沉于水中、地下茎或根通常有发达的通气组织、上部绝大部分挺出水面的植物统称，常生于靠近岸边或较浅的水体中，如芦苇、莲、泽泻、菖蒲等。

2）漂浮植物：根部生在底泥中、整个植株漂浮在水面上的一类浮水植物，如浮萍、凤眼莲等。

3）沉水植物：整个植株沉没在水下，与大气完全隔绝的一类水生植物。常见种类有眼子菜属、苦草、菹草等。

（2）浮游生物。生活在水域中无游泳能力或游泳能力微弱、全受水流支配的水生生物的统称。大多形体微小，呈球形、扁球形或树枝形等，或具长刺、突起，一般呈辐射对称。浮游生物可分为浮游动物及浮游植物。浮游动物主要有原生动物、节足动物、桡足类、鳃足类、轮形动物等。浮游植物包括蓝藻类、硅藻类、绿藻类等。

一般动物性浮游生物，白天多在水的下层，夜间才到表层；植物性浮游生物由于需要阳光，故多在水的上层。动物性水栖生物赖以生存的有机物和能量，大部分来源于植物性浮游生物。浮游生物的分布和增减与水质优劣有一定的关系，故水中浮游生物可作为一种水污染指示性生物。

（3）底栖动物。栖息在水底或附着在水生植物或石块上的肉眼可见的动物的统称。主要有环节动物、软体动物和节肢动物等，是底层鱼类的重要饵料。

（4）鱼类。指在水中以鳃为主要呼吸器官、用鳍帮助运动和维持身体平衡的变温脊椎动物，大多数体表被有鳞片并终生生活在水中的变温脊椎动物。鱼类是脊索动物门、脊椎动物亚门中最低等的一个类群，也是最原始、种数数量最大的一个种群。目前世界上鱼类有2万余种，从海洋到内陆水域均有分布。

按鱼类成年时期栖息在自然水体中所摄食的主要对象及其生态类型，可将鱼类归纳为以下几种食性类型：

1）草食性鱼类。主要饵料是植物，可分为两种类型：以高等水生维管束植物为食物的鱼类如草鱼、鳊鱼、团头鲂等，它们也喜食被水淹没的陆地嫩草和一些瓜、菜叶等；以浮游植物和底栖藻类为主要食物的鱼类，如鲢鱼、白甲鱼等。

2）肉食性鱼类。以动物为主要饵料，根据摄食对象不同可分为三种类型：凶猛型肉食，主要以鱼类为食，也捕食较大个体的哺乳动物，如鳡、鳜、鲶鱼和狗鱼等；温和肉食性，主要以水中无脊椎动物为食，如青鱼、花鰶、铜鱼、胭脂鱼；浮游动物食性，这类鱼鳃耙比较密，如鳙、鲥等。

3）杂食性鱼类。食物组成广泛，动植物都能摄取，如鲤、鲫和泥鳅。在这类食性中，以水底部有机碎屑和夹杂其中的微小生物为食的鱼类通常称为碎屑食性鱼类，如鲴、罗非鱼。

一般来说，杂食性鱼类是广食性的，而只吃植物性食物和动物性食物的鱼类是狭食性的。

2. 功能类群

按经典生态学分类，生态系统中的生物组分依据其在生态系统中的功能划分，可以分为生产者、消费者和分解者三种功能类群。

（1）生产者。即能以简单的无机物制造食物的自养生物，一般包括所有绿色植物、蓝绿藻类及少数细菌等。这些生产者通过光合作用，吸收和固定光能，将无机物合成转化为有机物，被称为生态系统的初级生产。生产者是生态系统中最基本和最关键的生物成分，通过光合作用固化太阳能，实现本身的生长和繁殖，同时也为消费者和分解者提供营养物质和能量，是生态系统最基础的能量输入环节。

对于河流生态系统，生产者分为两类：一类为大型植物，如河岸有根植物和水域内挺水植物与沉水植物；另一类为体型较小的浮游植物，如藻类等。

（2）消费者。指依靠获得动植物为食的动物，其仅能通过直接或间接以生产者为食来获得能量和物质，因此属于异养生物。消费者按其营养方式上的不同可以分为三类：一级消费者，指直接以植物体为营养的动物，也称食草动物或植食动物；二级消费者，指以一级消费者为食物的动物，也称食肉动物；三级消费者，指以食肉动物为食的大型食肉动物或顶位食肉动物。

消费者同时包括既吃植物也吃动物的杂食动物，如有些鱼类既食水草、水藻也吃水生无脊椎动物。

（3）分解者。指把死亡的动植物体分解为较简单的无机物并可供生产者重新利用的异养生物。

鱼类是河流生态系统的主要生物种类，是河流生态系统的较高等级物种，在生物群落中占据生物链顶部，个体易于捕获分辨，是河流生态系统调查的重要对象，也是分析大型水利枢纽工程对河流生物群落影响的主要内容。

2.2 河流生态系统结构特征

2.2.1 河流的连通性

河流主要包括横向、纵向、垂向和时间 4 个维度（见图 2.2-1）。河流在纵向上可以划分成河源、上游、中游、下游和河口 5 个区域，在空间上形成了物质运输、能量流动和生物迁徙的通道。空间的纵向连通性和水流运动使河流的物质流、能量流和生物分布在纵向形成连续体。对于纵向洄游性生物，它们生命周期的完成离不开河流纵向空间连通性与水流的纵向连续性。

河道与河漫滩之间的横向空间连通与高流量事件的发生将河道与河漫滩联系起来，保证了两者间的物质交换与生物洄游。洪水发生时，水流进入洪泛平原，水生生物可以进入洪泛平原觅食、产卵，洪水漫溢也为洪泛平原植物生长提供了水源，当洪水消退时，水流将丰富的营养物质带回河道。此外，高流量的发生还有塑造河流形态、增加栖息地多样性等作用。河漫滩的土壤-微生物-植物系统，具有过滤、物理

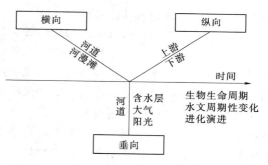

图 2.2-1 河流生态系统四维结构示意图[92]

与化学吸附、离子交换、生物氧化和植物吸收的综合功能，能够截留与净化进入河道的污染物。

河道与地下含水层之间的空间连通性和水流的垂向运动将更新频繁的河流与更新缓慢的地下水联系起来，这种连通性提高了河川流量的稳定性。如果地下水位低于河道内水位，则河床内水体通过周围介质向外渗透补给地下水；相反，如果地下水位高于河道内水位，则水体由周围介质向河道内渗入。此外，纵向连通性也包含了地表水向上与大气、阳光之间的连通性，这一连通性保障了河流的能量输入和物质交换。空气是水中溶解氧的主要来源之一，是很多生物生存的必要条件。太阳光是地球上生物生存繁衍的能量来源，对于水生生物的生长分布具有重要影响。除较少部分被反射外，大部分照射到水面的太阳光会进入水体，并随着水深的增加辐射强度迅速降低。光照强度在水中的分布决定了水生生物的分布状况，光谱成分也是水生生物分布和生命活动的决定因素之一。

河流在时间上不断演进、变化，同时又具有一定的稳定性。在小的时间尺度上（例如年），河流的水文情势不断呈现出周期性变化，脉冲、洪水、干旱等流量事件交替发生；河流中的水生生物不断进行着出生、发育、繁衍、死亡的生命历程。在大的时间尺度

上（百年至上亿年），河流进行着产生、发育、稳定的过程，自然或人类的强烈干扰可能会导致河流的消亡；河流中的生物不断演替，一些生物随着河流的变化不断发展壮大，一些生物不能适应变化被清除，一些生物进入了河流并逐渐适应。

河流在 4 个维度上的连通性使得河流具备了连续不断的生物群落、物质流、能量流、信息流等。范罗特于 1980 年提出的河流连续体概念（River Continuum Concept，RCC）是河流生态学发展史中试图描述沿整条河流生物群落结构和功能特征的首次尝试，其影响深远。在范罗特提出的河流连续体概念及其后一些学者研究工作的基础上，董哲仁等提出了河流四维连续体模型。河流四维连续体模型反映了生物群落与河流流态的依存关系，描述了与水流沿河流三维方向的连续性相伴随的生物群落连续性以及生态系统结构功能的连续性。四维连续体模型包含以下 3 个概念：生物群落结构三维连续性，物质流、能量流、物种流和信息流的三维连续性以及河流生态系统结构和功能的动态性[93]。

河流的生物群落随河流水力学参数连续性特征呈现连续性分布特征，包括河流沿岸植被的连续性分布和河道内水生生物的连续性分布。这种连续性的产生是由于在河流生态系统的演替过程中，生物群落对于水域生境条件不断进行调整和适应，反映了生物群落与淡水生境的适应性和相关性。

连续流动的水体使河流成为物质输运、能量流动、生物迁徙和信息传递的通道。在河流中，物质和能量能顺水流纵向流动，能随着洪水漫溢在河道与河漫滩间横向流动，也能随着地表水和地下水的交换垂向运动。在上述 3 个方向营养物质的输移、转化以及在食物网内的能量流动，反映了物质流与能量流的空间连续性，使得河流上游与下游、水域与滩区及其地表与地下的生态过程直接相关。水位涨落、水温升降、流速变化等都为河道内及滩区生物传递着生命节律信号。例如，春季水温升高或汛前的高流量脉冲能够触发一些鱼类的繁殖行为；汛期洪水引导一些生物从河道进入河漫滩觅食。河流是生物洄游和植物种子传播扩散的通道。很多鱼类具有洄游的特征，如河道内的降河洄游和溯河洄游；还有一些鱼类具有河海洄游的特征，如黄河刀鲚从渤海沿黄河洄游至东平湖产卵，幼鱼孵化后再洄游到海洋。

河流生态系统结构和功能存在着高度的可变性。在较长的时间尺度中，气候变化、水文条件以及河流地貌特征的变化导致河流生态系统的演替。在较短的时间尺度中，随着水文条件的年周期变化导致河流水位的涨落，引起河流扩展和收缩，其连续性条件呈随时间变化的特征。

2.2.2　组成要素的联动性

河流生态系统主要包括非生物环境和生物两部分，不同组成要素间存在复杂的相互作用关系。

1. 非生物环境组成要素的联动性

将河流非生物环境的主要组成要素划分为水文、空间和水质 3 类，其中水文要素表征河流的水文情势；空间要素表征河流的河床底质、河床形态、河漫滩与河道连通关系等；水质要素表征河流水体的理化特征。这 3 类要素间存在密切的相互作用（见图 2.2 - 2）。河流水文情势的改变可能会导致沉积物与地貌形态的改变，也可能会影响水体的组成成分和纳污能力[94-95]；空间地貌的改变导致水文情势发生变化，也会影响水体的组成成分和化学特征[44,96-99]；水体理化特性一方面会影响水中泥沙等物质的运动，进而影响空间地貌，另一方面可能会影响水文情势修复的生态效益[30,97]。

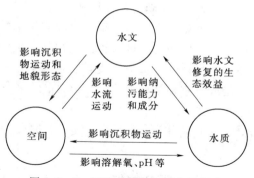

图 2.2-2　河流非生物环境主要组成要素的相互作用

2. 非生物环境和生物间的联动性

很多研究认为可将非生物环境的变化作为生物变化的压力源，而生物变化是对非生物环境变化的响应[100-102]。基于这一思路和相关研究成果，构建了河流生态系统压力-响应（Stressor-Response）概念图（见图 2.2-3）。河流生态系统内生物状态变化的压力来源主要包括 3 个方面：

（1）水文压力，即洪水、干旱、脉冲流量、基流等水文因素的变化。作为水生态系统的主要组成部分，水文对水生态系统内各种生物均产生了重要影响。例如，一些研究发现人类对天然水文情势的改变导致滨岸植被的结构、丰度和覆盖面积发生变化，可能导致外来物种入侵[103-105]；研究者观测到提供的生态径流可以改善本土鱼类的生存状况并清除外来鱼类[46,106-107]；研究发现充足的水资源可以提升大型无脊椎动物对环境恶化的抵御能力[95]；阿拉莫大坝的修建减少了极端流量事件，使得水文情势更适宜河狸筑坝和捕食[108]。

（2）空间压力，即河道弯曲程度、宽度、连通性等地貌与沉积物因素的变化。很多生物会对地貌变化产生明显响应，例如，河流天然连通性的破坏导致生物丰度、结构、体型等发生变化[44,99]；一些研究观测到鱼类和大型底栖无脊椎动物对淤积状况、坡度、底质结构等压力源的响应[100]。沉积物组成对生物的栖息环境至关重要，例如，瑞士斯皮尔河人工洪水的塑造造成河道冲刷，导致河道内细沙减少，从而减少了附着在细沙上的苔藓数

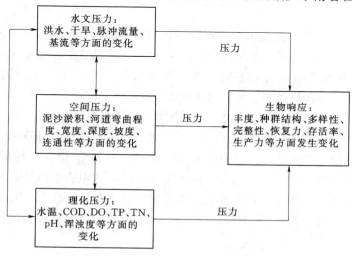

图 2.2-3　河流生态系统压力-响应概念图

量[109]；筑坝使河岸稳定性增加，从而为滨岸植物的生长提供了更加优越的环境[45]。

（3）理化压力，即水温、化学需氧量、溶解氧等化学或热量因素发生的变化。这些变化可能会对生物的丰度、种群结构等产生影响。例如，很多研究观测到水温变化对鱼类的产卵、生长和外来鱼类入侵具有显著影响[30,88,110]；很多研究观测到水体化学物质含量的变化造成了物种结构变化[95-96,111]。

2.3　河流生态系统主要功能

2.3.1　生态服务功能

人类的生存与繁衍、社会经济的发展与繁荣离不开从生态系统中获取的利益，这些利益被称为生态服务。作为生态系统的主要子系统之一，河流生态系统是人类社会赖以生存的基础。河流生态系统的服务功能大致可以分成4类：供给服务、调节服务、文化服务和支撑服务[112]（见图2.3-1）。

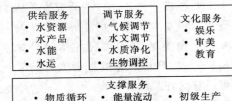

图2.3-1　河流生态系统的服务功能

1. 供给服务

供给服务是人类从河流生态系统中获取的各种产品。河流生态系统为人类提供了必需的食物来源、工业原料、能源及医药资源，是人类生产生活的物质基础。

（1）水资源供给。水是生命之源、生产之要、生态之基，人类的生活与生产都离不开水。2018年我国总用水量6015.5亿 m^3，全国人均综合用水量431.1m³。其中，生活用水占总用水量的14.3%；工业用水占21.0%；农业用水占61.4%；生态用水占3.3%。以河流为主的地表水源供水量4952.7亿 m^3，占总供水量的82.3%。

（2）水产品供给。水产品是渔业生产的动植物及其加工产品的统称。河流生态系统生产的鱼类、虾类、蟹类、贝类等水产品为人类提供了丰富的食物，也是工业和医药的重要原料。《中国统计年鉴2019》显示，2018年我国淡水产品产量为3156.2万 t。

（3）水能供给。水能资源指水体的动能和势能等能量资源，是一种可再生资源。构成水能资源的最基本条件是水流和落差，流量大、落差大，所包含的能量就大。全球江河的理论水能资源为482000亿 kW·h/a，技术可开发的水能资源为193000亿 kW·h/a。我国是水电大国，水电装机容量居世界第一位。2018年我国水电装机容量325526万 kW，占总发电装机容量的18.5%；2017年我国水电产量11898亿 kW·h，占电力生产量的18.3%。

（4）水运供给。水的动能可以直接为人类提供运输服务，2018年我国水上运输业就业人员35.8万人，内河航道里程达到12.7万 km，水运客运量2.8亿人，水运货运量70.3亿 t。

2. 调节服务

调解服务是人类从河流生态系统的调节过程中获取的利益，主要包括气候调节、水文调节、水质净化等。

（1）气候调节。河流在调节区域气候方面也发挥着重要作用。气候主要受到太阳辐射、下垫面和大气环流的影响。对于区域气候，下垫面的影响相对较大。水域面积的大小影响着水分的蒸发与涵养，进而影响空气湿度、气温与降水。

（2）水文调节。水文调节服务是对自然界中水的各种运动变化所发挥的调节作用，使水在时间、空间、数量等方面发生变化。河流是陆地上水的主要存在形式之一，可以存蓄水资源，发挥水文调节的作用。降水到达地面后，形成径流并汇流至河流，然后储存在河流中或沿河运动到其他区域。

（3）水质净化。水体的自净是水体中物理、化学和生物因素共同作用的结果，这3种作用在天然水体中并存，同时又发生相互作用。物理自净通过水体的稀释、混合、扩散、挥发和沉淀等作用使污染物浓度降低；化学自净通过氧化与还原反应、酸碱反应、吸附与凝聚、水解与聚合等化学反应降低污染物浓度；生物自净是生物通过代谢作用减少污染物数量。水体的自净过程常以生物自净过程为主。

（4）生物调控。通过洪水干旱等极端流量事件、脉冲等流量刺激、生物间的捕食关系，河流生态系统可以调控生态系统内栖息的生物数量与结构，维持本土物种的多样性，抵御外来物种入侵，维持生态平衡。

3. 文化服务

文化服务是指人类从河流生态系统中获取的非物质利益，主要包括娱乐、审美、教育等。

（1）娱乐功能。水是人类生活必不可少的物质之一，人们对水的依赖和追求贯彻着人类发展过程。人们通过垂钓、游泳、冲浪、划船、漂流等娱乐休闲活动放松心情、愉悦身心，进而获得精神、情感上的满足。

（2）审美功能。在远古时期，人们依水而居，以农立国，水作为必需的生活资料，成为人们的生命之源。由于生产力的提高，人们对水的认识也逐渐加深，从敬畏转为欣赏，使水成为一种审美的对象。早在先秦时期，中国人民就赋予水以崇高的美学内涵，使得水成为历代文人与画家反复表现的题材，留下无数以水为主题的著作。

（3）教育功能。水是文明的一部分，人们在对潺潺流水、滔滔逝川、滚滚江河的观察中，特别能引以反思自身，萌生出由物观物到反观诸身的自我意识，因而对水的解悟和阐发，就特别富有教育意义。人们在观水的时候，往往会借着水的自然特性，抽象地上升到对社会、人生乃至宇宙的思考。例如，老子的"上善若水，水善利万物而不争"、孔子的"逝者如斯夫，不舍昼夜"、荀子的"水能载舟，亦能覆舟"。

4. 支撑服务

支撑服务是其他生态服务的支撑，是河流生态系统正常提供其他生态服务的必要条件，例如，物质循环、能量流动、初级生产等。

（1）物质循环。河流生态系统是物质循环的主要通道之一。河流生态系统中生命的维持依赖于各种化学元素的供给。生物从无机环境中获取营养物质，最后再将营养物质回归到无机环境中，这一过程就是物质循环。在自然状态下，生态系统中的物质循环一般处于稳定的平衡状态，输入与输出量基本相等。河流的水体流动是水文循环的重要环节。在太阳能的驱动下，由降水、产汇流、蒸散发等过程组成的水文循环保证了水资源的可再生性，支撑了生态系统和人类社会的持续存在。

（2）能量流动。能量流动的渠道是水生态系统中的食物链和食物网。太阳能是河湖生态系统中最根本的能量来源，通过生产者的光合作用进入河流生态系统，然后传递给消费者和分解者。一般能量沿着食物链不断减少，呈现出金字塔形。能量流动和物质循环是生态系统的两个主要支撑服务功能。能量流动和物质循环都是借助生物的摄食行为而进行的。这两个过程密不可分，因为能量储存在物质的有机分子键内，当能量被释放时，物质也被分解释放。

（3）初级生产。初级生产是利用光能或化学能将无机物转化成有机物的过程，是河湖生态系统中不可或缺的生态过程。河流生态系统中的生产者主要是藻类、挺水植物、漂浮植物和浮叶植物，自养细菌也在初级生产中发挥着重要作用。

（4）生命延续。水是构成有机生物体的主要组成成分，所有基本的生命过程都涉及对水的利用。在具有完善循环系统的有机生物中，水是必不可少的运输介质。水作为最普遍的溶剂，将气体、矿物质和可溶性有机物组分传递给生态系统，从而使生命得到延续。

（5）栖息场所。生物栖息地指生物个体、种群或群落生活、繁衍的空间地段。河流塑造的栖息地一般包括河道内栖息地、岸边带栖息地、河漫滩栖息地以及季节性洪水湿地等。河流的地貌格局，包括河流形态、不同地貌单元的整合以及河漫滩格局，是众多物种生物栖息地的基本条件。河流形态的多样性决定了沿河栖息地的有效性和总量、栖息地的复杂性和连通性。浅滩、深潭、急流、缓流等丰富多样的河流地貌为生物提供多样的产卵、发育、繁衍、迁徙以及避难场所[90]。

（6）信息传递。每一条河流都携带着生物的生命节律信息。河流水文情势的丰枯变化和脉冲、洪水、极端小流量等流量事件以及水温变化等，向生物传递着各种生命信号，生物依据这些信号进行产卵、索饵、迁徙、避难和越冬行为，完成其生活史的各个阶段。

2.3.2　生态服务价值

人类社会的繁荣与发展离不开河流生态系统提供的各种服务，但是生态服务价值的量化方法尚不成熟，缺少统一的方法来评估河流的生态服务究竟产生了多少价值。根据相关研究成果，河流生态系统服务功能的经济价值评估方法根据市场信息的完全与否可分为两类：一是替代市场技术，它以价格或"影子价格"和消费者剩余来表达河流生态服务功能的经济价值，评价方法多种多样，其中有费用支出法、市场价值法、机会成本法、旅行费用法和享乐价格法等；二是模拟市场技术（又称假设市场技术），它以支付意愿和净支付意愿来表达生态服务功能的经济价值，评价方法的代表是条件价值法。

虽然生态服务价值量化方法尚不成熟，但一些区域已经根据当地实际情况评估河流生态服务价值，采用多种方式针对河流提供的生态服务开展了生态补偿，以期保护河流健康并持续提供生态服务。河流生态补偿一般是由河流生态服务的受益者向河流生态服务的保护者提供经济补偿。例如，为了保障水质良好的水资源供给，雀巢公司在法国维特尔建立的瓶装水生产基地向上游农户支付补偿款改变上游农业耕作方式和技术，避免了水源污染[113]。雀巢公司的前期研究显示，为了使水源达标，上游农户须改变种植结构、改变养殖方式、减少牲畜数量、用农家肥替代化学肥料等。为实现上述改变，雀巢公司通过经济手段使农户自愿签订长期补偿协议。根据协议规定，农户获得的补偿包括：在协议执行前 5 年内平均可得到约 1500 元/(hm² · a) 的补偿，具体金额视协商而定；每个农场最高可获得约 100 万元的设施更新补偿；提供免费的技术和劳动力支持。截至 2004 年，雀巢公司上游农场已全部签订了补偿协议，采用了新的耕作方式。

我国金华江流域也对河流生态服务开展了补偿[114]。金华江流域位于浙江省的中部地区，流域面积约 6800km²，干流全长 200 多千米，流经 4 个县（市）：磐安县、东阳市、义乌市和金华市。上游磐安县位置相对偏远、经济落后，为了保障河流水质又不得不牺牲经济发展。为了保护水源区环境和水质，1996 年金华市在金华市工业园区建立一块属于磐安县的"飞地"——金磐扶贫经济技术开发区，一期占地 660 亩、可容纳 130 家企业。2004 年开始二期开发，增加 1km² 土地，相应地要求磐安县拒绝审批污染企业，并保护上游水源区环境，使上游水质保持在Ⅲ类饮用水标准以上。开发区所得税收全部返还给磐安，作为下游地区对水源区的保护和发展权限制的补偿。2002 年开发区实现财政收入 4033 万元，占磐安全县税收的近 1/4，2004 年达到了 5300 万元。

2.3.3 人类活动的影响

人类活动对河流生态系统造成了大量的干扰，一些活动会对河流生态造成破坏，另一些活动会对河流生态产生正面影响。作为一种展现人类活动与生态系统相关关系的便捷方式，压力-状态-响应（Press - State - Response，PSR）框架已经成为各种健康或安全评价中指标设计的常用方法。PSR 框架包括 3 个主要组成部分：压力模块，即对生态系统产生负面影响的人类活动；状态模块，即在人类活动的压力下生态系统所处的状态；响应模块，即人类面对生态变化所采取的减轻或修复生态破坏的措施。根据河流生态系统特征，建立了人类社会与河流生态系统间的 PSR 框架（见图 2.3 - 2）。

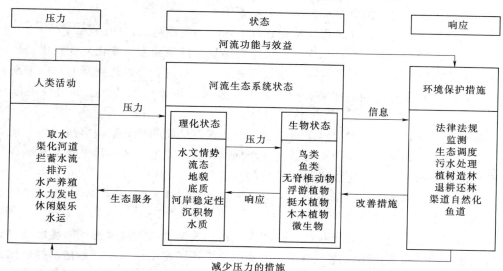

图 2.3 - 2　人类社会与河流生态系统间的 PSR 框架

1. 人类活动对河流生态系统造成的压力

对人类社会而言，河流具有服务功能和致灾能力。人们通过改变河流生态系统的自然状态获取效益和抵御灾害，以维持人类社会的生存与发展，但同时，这些活动也对水生态系统造成了负面影响，成了水生态系统的压力源。

人工取水是人们利用水资源的最基本方式之一。但人工取水会改变河流生态系统的天然径流过程，一些地区的引水工程下游甚至出现河道断流的状况。对于河流生态系统而言，这些人类活动可能对生态健康造成极大破坏。

修建水工建筑物是人们利用水资源或抵御灾害的主要手段。人们通过修建大坝控制着高低两种流量，用于防洪、发电、灌溉和市政供水、航运。以发电为主的大坝由于调峰的需要，下泄水量会发生变化并影响到下游的河道形态，导致河道侵蚀并危及河岸植被。水从流动状态转变为静止或缓慢流动状态，水生态系统会发生显著的变化。如果水库还有供水功能，则下泄水量必然减少。水库还阻断营养物的上下传输。由于库区泥沙的沉淀，一些有机物和营养盐也随泥沙沉入库底，这样下游的生物必然受到影响。从大坝下泄的泥沙含量低的水流，会侵蚀下游河道的细粒泥沙，河床的粗化导致很多栖息在缝隙里的水生生物获得栖息地的可能性降低。此外，河道可能会被侵蚀或下切，使得支流恢复侵蚀能力，开始上溯。由于下游河道的侵蚀，一些江心洲可能消亡，河岸植被退化，有关的生物可能会消失。同时由于河道下切，河边地下水水位下降，河岸植被也同样受到影响。一些水库由于调节洪水，导致河道淤积，甚至形成二级河床。

河道人工渠化是影响河流生态系统的重要干扰因素。由于渠化导致水生态系统的结构被破坏，深潭、浅滩以及岸边营养物输送等都受到影响。河道渠化使河流变短、变窄、变直，使河岸变成防洪堤，使洪泛平原上的蜿蜒河流发生了"裁弯取直"。例如，美国佛罗里达州的基西米河，经美国陆军工程兵团渠化改造之后，一条曾经河长 166km、拥有 1.5～3km 宽的洪泛平原的蜿蜒河流，变成了一条河长 90km、流经 5 个蓄水池的运河，其导致河道栖息地和附近洪泛平原、湿地大幅萎缩。

人类活动改变了自然水文过程，从而扰乱了水流和泥沙运动之间的动态平衡。这种扰动改变了泥沙粒径的组成，导致水生和河滨生物栖息地的地貌发生变化。受到扰动后，河道和洪泛平原可能需要几百年的时间调整以适应新的水文情势，以达到新的动态平衡；有些情况下，河道从未达到新的平衡，一直处于从连续的洪水、泥沙冲淤等事件中修复的状态。

人类生产生活过程中会产生许多污染物，不达标污染物的排放是很多河流生态系统受到危害的最重要原因之一。我国水污染比较严重，尤其在北方地区。污染包括土地利用导致的面源污染和城市与工业排放废污水导致的点源污染。2018 年，全国 26.2 万 km 河流水质状况评价结果显示，Ⅳ～Ⅴ类和劣Ⅴ类水河长分别占评价河长的 12.9% 和 5.5%，主要污染项目是氨氮、总磷和化学需氧量。

除了对水生态系统的直接干扰外，一些人类活动改变了产汇流过程，间接地对河流生态系统造成压力。造成很多河流生态系统改变的主要原因是土地利用，包括木材砍伐、家畜放牧、农业和城市化等。例如，将森林或草原变成农业用地，总体上会降低土壤的可渗透性，引起坡面流增多、河道下切、洪泛平原隔离、河流的溯源侵蚀；人类活动可能会将洪泛平原与河漫滩水流隔离开，从而破坏河滨生物的栖息地；城市化导致地表渗透能力下降，汇流方式以地表汇流为主，造成洪水的流量和频率都有所增加，河岸被侵蚀，河道变宽，干旱季节的基准水位下降。

2. 人类活动下河流生态系统状态和服务功能的变化

人类活动产生的压力作用于河流生态系统，改变了河流生态系统的状态，同时状态的改变也影响着河流生态系统对人类社会的服务的供给。

人类对河流生态系统的污染导致水质不断恶化，加剧了水质型缺水问题。目前，我国水质型缺水的范围正逐渐蔓延至全国各大流域，特别是主要以地表水为饮用水源的南方城市，水质型缺水已经成为严重制约我国社会经济可持续发展的重要因素。

筑坝、采砂等人类活动破坏了河流生态系统原有的水沙平衡，造成了河道下切，水位急剧下降，沿岸地区的地下水环境破坏，土壤含水率降低，可能导致旱情形成。同时，河中低水位可能造成取水困难，加剧缺水问题。

人为改变水沙关系不仅可能引起河道下切，也可能引起泥沙淤积。取水导致流量减小，大坝等阻水建筑物导致水流变缓，再加上土地利用导致水土流失，增加了入河泥沙量，使得泥沙量超过水流挟沙能力，导致泥沙淤积。泥沙淤积一方面会对供水、航运等造成负面影响，另一方面加剧了洪水风险。泥沙淤积导致河道主槽萎缩，减小了河道的过流能力，使平滩流量减少，使洪水发生的风险增加，洪水特征发生改变。而且，泥沙淤积在水库等水工建筑物处会影响这些设置正常功能的发挥，缩短使用寿命。

土地利用、大规模的湿地排水和过度放牧等人类活动改变了天然状态下河流生态系统的产汇流模式，降低了流域的持水能力，排水速度加快，从而导致洪水规模和暴发频率的增加。

3. 人类社会对河流状态变化的响应

综合考虑河流生态系统的状态及其产生的功能和效益，人类通过立法、监测、提供生态流量、污水净化等措施来规范水资源开发利用，减轻生态破坏和修复生态系统。

法律法规、规章制度等为人水关系树立了准则和目标。《中华人民共和国水法》第一条明确指出，制定该法律的目的在于"合理开发、利用、节约和保护水资源，防治水害，实现水资源的可持续利用"。面对人水关系中出现的各种问题，我国还制定了《中华人民共和国防洪法》《中华人民共和国水污染防治法》《中华人民共和国水土保持法》等法律以规范人类活动，明确保护责任。

人类活动造成河流生态系统的状态发生变化，而监测系统可以提供及时准确的水生态基础信息，为人类采取环境保护措施提供决策支持。20世纪80年代末，我国开始从国外引进水质自动监测系统，水环境实时动态监测系统的研发逐渐受到重视。自1998年以来，水质自动监测站得到了较快的发展。尽管常规的站位采样方法提供了较精确的水质测量值，但耗时长且难以有效进行空间尺度的描述，在大面积水域水质监测中不具有优势。20世纪70年代以来，国内外的许多学者已开展了利用遥感方法估算水体污染参数以及监测水质变化的研究。

过度取水导致河流生态系统水量锐减，很多生态过程遭到破坏，进而影响了人类的正常生活。国际上公认的水资源开发利用的极限值为40%，但我国辽河、海河的地表水资源的开发利用程度已经达到 60% 左右，海河流域地下水资源的开发利用率为 90%，辽河流域约为 60%。在北方地区，常因地表水量不够，造成地下水开采过量，部分地区出现地面沉降，地下水位下降与海水入侵等问题。一些地区由于过量取水出现了断流现象。例如，20 世纪 90 年代，黄河下游 9 年内共有 900d 断流，每个断流年平均断流 100d，即在全年近 1/3 的时间里，下游都处于干涸状态；1997 年，黄河下游利津断面断流更是多达 226d，下游地区工农业生产、人民生活及生态环境等各方面均受到了影响。除了取水过量，对水资源的人工调蓄破坏了天然的水文情势，导致洪水、脉冲、极端小流量等流量事件减少，而这些流量事件在水生生物生长繁殖、维持地貌形态等方面发挥着重要作用。为了减轻人类取水和调蓄水资源造成的负面影响，提供生态径流已经成为一种常用的生态保护措施。例如，为了黄河治理和防洪的需要，黄河"八七"分水方案中考虑了输沙入海的用水，将黄河多年平均天然年径流 580 亿 m^3 中的 210 亿 m^3 作为冲沙水量。

不达标污染物的排放造成河流水污染，破坏了水生生物的栖息环境，影响了水体的供给服务和文化服务功能，加剧了我国水资源短缺现状。为了改善这一问题，《中华人民共和国水污染防治法》规定排放水污染物不得超过国家或者地方规定的水污染物排放标准和重点水污染物排放总量控制指标。

毁林开荒、过度放牧等人类活动破坏了天然植被，破坏了原有的下渗、持水、产汇流模式，加剧了水土流失问题，改变了河流水文状况，增加了入河泥沙量，造成了严重的水生态破坏，进而对土壤肥力、水质、航运、防洪等产生了负面影响。水土流失问题早已引起了广泛关注。为了改善这一问题，我国于 20 世纪末实施了天然林资源保护、退耕还林等六大重点林业工程。其中，退耕还林工程是林业六大工程中涉及面最广、投资额最大、政策性最强的一项生态建设工程，主要解决重点地区的水土流失问题。实施退耕还林工程，是控制长江、黄河流域水土流失，减轻北方地区风沙危害，保障国土生态安全的迫切需要；是优化国土利用结构，提高森林覆盖率，实现我国经济社会可持续发展的必然要求。退耕还林工程于 1999 年开始试点，2002 年 1 月 1 日开始在全国范围内正式启动。截至 2009 年年底，工程覆盖 25 个省（自治区、直辖市）和新疆生产建设兵团，涉及 3200 多万农户、1.24 亿农民，累计完成退耕地造林 906.26 万 hm^2，配套荒山荒地造林 1413.72 万 hm^2，新封山育林 193.32 万 hm^2，中央累计投入 1961 亿元。工程实施 10 年来，工程区森林覆盖率平均提高 3 个百分点以上，风沙危害、水土流失程度减轻。

2.4　小结

河流是常年或季节性有水流流动的通道，对于自然和人类社会都具有重要意义。河流生态系统结构复杂，本章从水文情势、理化特征、地貌结构和生物群落 4 个方面解析了河流生态系统的主要组成要素。河流的不同组成要素间具有相互作用，一个要素的改变可引起其他要素的连锁变化。

在结构上，河流在纵向、横向、垂向和时间 4 个维度上具有连通性，使之具备了连续不断的生物群落、物质流、能量流、信息流等，成为水文循环的重要路径、物质输移的重要通道、生物栖息的重要场所等。

　　河流在人类社会的发展中发挥着至关重要的作用。健康的河流生态系统能够为人类社会及自然环境提供多种多样的服务。人类活动改变了河流生态系统的状态，也随之影响了河流生态系统的服务功能。保护河流生态系统已经得到了广泛重视，大量生态保护措施已经付诸行动并取得了一定的成效。

第3章

大型水利枢纽工程对河流生态系统的影响机制

3.1 影响方式

3.1.1 工程建设

大型水利枢纽具有建设周期长、影响面积大、工程开挖量和弃渣量大等特点，其施工过程中不可避免地对河流生态系统造成诸多影响。

大型水利枢纽的开挖、建筑材料开采、工程建设和弃渣处理都对坝址区域地貌和植被造成影响。为了修建大型水利枢纽工程，需要在坝址区域进行大面积开挖，为修建大坝、地下洞室、厂房、溢洪道等制造适宜的基础条件和建造空间。大型水利枢纽建设需要数千万立方米甚至上亿立方米的建筑材料。为了降低建造成本，很多建筑材料来自坝址附近的山体。开挖和工程建设过程中产生了大量弃渣，堆弃渣过程中也会破坏自然地貌形态。此外，基础开挖、建筑材料开采和弃渣堆砌过程中会破坏坝址区域原有的天然植被，进而造成水土流失危害。

施工过程中会产生大量的生产废水，如混凝土拌和废水、含油废水、洗车废水及洗料废水等，大量施工人员在生活中也会产生生活污水，这些污水可能会对河流水质造成污染。除了水污染外，施工过程中还会产生大气污染，如开挖和施工现场会产生大量粉尘、炸药爆破时会产生有害气体等。

随着生态环境保护意识的加强，很多措施被用来减轻水利枢纽工程建设对生态环境造成的负面影响。例如，合理规划、最大程度利用天然地貌条件，减少工程开挖量；将开挖料作为水利枢纽的建筑材料，减少建筑材料开采量和弃渣处理量；施工建设中采取场区平整、场地硬化、砌石护坡等多种措施防治水土流失；工程完工后在原地植树种草、修复植被；将生产废水和生活污水处理后达标排放；采用湿钻等方法降低粉尘污染；加强洞内通风、按时洒水，减少道路、施工现场扬尘污染等。

3.1.2 工程自身

河流的一个重要特征是具有纵向的连通性，形成了从河源到河口的物质流、能量流和生物分布的纵向连续体。水利枢纽工程在一定程度上阻隔了河流的纵向连通，造成了河流破碎化。

　　大坝阻隔了上下游的物质输运。大坝将泥沙、营养物质等拦截在库区，导致进入下游的物质减少。例如，研究显示 20 世纪 70 年代多瑙河上修建大坝以来，多瑙河流入黑海的溶解硅酸盐减少了约 2/3[96]；法国塞纳河上游由于水库的建设拦截了约 60% 的入库磷酸盐，淤积于库区的磷酸盐大部分被沉积物和底栖生物所吸收；长江上游地区建设了大量闸坝和水库，造成向下游输移的总磷通量减少了约 77%[35]。因为大坝的拦沙作用，水库泥沙在库尾三角洲处淤积，破坏鱼类产卵和摄食区；进入水库的泥沙吸附化学物质，通过离子交换，使水库水质恶化；同时，进入下游泥沙减少，会引起下游河段河床冲刷，加速岸滩侵蚀。

　　大坝阻碍了水生生物在河流中的自由通行和物种的扩散。例如，中华鲟原本在长江上游和金沙江下游产卵，幼鱼出生后则下行回到海洋中长大，但由于葛洲坝的截流，中华鲟被迫在葛洲坝下产卵，且近年来其产卵行为越来越少见，葛洲坝的阻隔作用是中华鲟资源量急剧减少的原因之一[61]。研究人员观测到澳大利亚纳兰河纳兰公园拦河坝上下游鱼类的丰度、组成和体型具有明显差异[44]。

　　为了水利枢纽工程对河流生态系统的阻隔作用，越来越多的水库开始修建过鱼设施，帮助鱼类越过大坝顺利完成洄游。截至 2017 年我国已建过鱼设施大约有 150 座，且近 10 年来我国修建和规划的高水头过鱼设施数量呈现出明显增长态势[61]。

3.1.3　工程调度

　　水利枢纽工程通过调节天然河道的径流过程，产生防洪、发电、航运、供水、生态等综合效益。水利枢纽工程投入运行后，其调度方式将会对河流生态系统产生很大的影响。水库的调度方式决定了下泄水流的流量、流速、频率等，改变了下游的水文情势；库区水温分层和下泄位置影响下游水温；水库的调度方式还影响进入下游的泥沙、营养物质等。按照调度目标，水利枢纽的主要调度类型包括兴利、发电、防洪、防凌、减淤和生态 6 类。水利枢纽调度的原则是在确保安全的前提下，分清发电与防洪及其他综合利用任务间的主次关系，统一调度，使综合效益最大。

　　（1）兴利调度。水利枢纽兴利调度的目标是产生供水效益，基本调度方式是蓄丰补枯，在丰水期将水资源存蓄在水库内，在供水对象需水且来水不足的时期供水，从而使水资源供需过程更加匹配。根据调节能力差异，水库可划分为年调节水库和多年调节水库。年调节水库对年内来水进行调节，在丰水期蓄水、在枯水期补水；多年调节水库除了进行年内调节外，还可以进行年际调节，在丰水年存蓄水资源，在枯水年补水。

　　（2）发电调度。水力发电将水流的势能转化成电能。发电调度的目的是使水电站少弃水，尽可能多地利用下泄水流发电。水电站运行灵活迅速，一般在电网中担任调峰、调频和事故备用。水电站在枯水期尽量将所有的下泄流量都经过水轮机组下泄，在丰水期尽量将下泄流量控制在水轮机组额定流量范围内。发电在水利枢纽调度目标中的优先级一般较低，常需要根据防洪、供水、生态等目标调整调度方案。出于防洪安全等目的，洪水发生时水电站可能面临不得不弃水的情况。

　　（3）防洪调度。防洪调度是在汛期对洪水进行调控，保障大坝和下游安全。洪水期间保障大坝和下游安全处于水库调度的第一优先级。为了预留足够的库容拦蓄洪水，水库在汛前需要将水位降至汛限水位，在洪水发生时利用水库库容蓄滞洪水，减小进入下游的洪峰流量，将短时间内发生的大流量过程转变为流量较小、持续时间较长的流量过程。洪水结束后需要将水库中拦蓄的水量及时下泄，将水位再度降至汛限水位。兴利调度需要在汛期多蓄水以增加非汛期的供水效益，而防洪调度需要少蓄水以减少防洪风险。为了协调兴利与防洪的冲突，分期汛限水位、动态汛限水位逐渐得到研究与应用，以期在洪水发生风险较小的时段抬高汛限水位增加蓄水量。

（4）防凌调度。有封河期的河流上的水利枢纽还需要进行防凌调度以避免出现冰凌洪水。在封河期需要加大下泄流量，形成封河高冰盖，避免小流量封河，确保下游封冻后冰盖下具备较大的过流能力；在稳封期控制下泄流量，维持下游河道过流平顺稳定；待下游河道封冻稳定后，水利枢纽防凌进入控制运用阶段，根据下游封冻情况和冰下过流能力进行调度，直到安全开河；在开河期，控制下泄流量形成"文开河"；使得开河过程平顺，避免发生严重的冰塞、冰坝。

（5）减淤调度。多沙河流上的一些大型水利枢纽需要具备减淤调度功能。根据来水来沙条件，协调出库水沙过程，达到减少水库淤积、输送泥沙入海、冲刷下游河道、增加河道过流能力等目标。常见的减淤调度包括蓄清排浑运用、调水调沙运用等。"蓄清排浑"运用是指水库在少沙期拦蓄低含沙量的水流蓄水兴利，当汛期洪水含沙量较高时不拦蓄洪水，尽量将高含沙洪水排出库外，以减轻水库淤积。"调水调沙"运用就是对汛期入库水沙进行灵活调节，尽量延长水库拦沙库容的使用年限；并根据水库下游河道的输沙能力，利用水库的调节库容，有计划地控制水库的蓄、泄水时间和数量，把淤积在水库中和坝下游河道中的泥沙尽量多地输送入海。"调水调沙"是根据水库和下游河道对水库运用的要求而进行调节，将减少水库淤积和下游河道减淤有机结合，是对"蓄清排浑"运用方式的进一步发展[78]。一些库容小的水库可采取"泄空冲刷"的方式减轻水库淤积，在汛期前泄空，由于泄空后水库内的泥沙尚无时间脱水、硬化，在汛期初期利用洪水水流冲刷淤积物，在汛期中后期再重新蓄水[115]。

（6）生态调度。随着人类环保意识的增强和相关研究的不断深入，水库生态调度逐渐兴起。生态调度是在水利枢纽工程调度和水资源配置方案中考虑生态因素，旨在维护河流结构与功能的完整性，目前已成为河流生态保护的主要手段之一。水库生态调度的方式有很多，最常见的调度方式是根据下游需求下泄生态流量，包括生态基流、高流量脉冲、洪水等。水库生态调度的实践已有很多，如 20 世纪 70 年代初南非潘勾拉水库已开展人工洪水实验，研究了适宜鱼类产卵的流量与时间；21 世纪初美国在萨瓦纳河瑟蒙德大坝提供高流量脉冲以改善下游鱼类的栖息和产卵条件；2008 年起黄河小浪底水利枢纽开始在调水调沙期间向黄河三角洲湿地和近海海域进行生态补水。

水库调度运行对河流生态系统的影响十分复杂。水库生态调度有明确的生态保护对象，根据保护对象对流速、水深、水质等的要求设计水库调度运行过程，下泄对保护对象有益的流量过程。而兴利、发电、防洪等调度以经济效益或社会安全为主要目标，可能会对河流生态系统产生负面影响，但同时也可能会改善生态环境，如水库向下游供水可避免下游出现极端小流量甚至断流，也可以减少区域地下水超采；水库蓄水后形成的广阔水面可以增加局地湿度、提高植被覆盖；水力发电产生的清洁能源减少了煤炭消耗量和碳排放量；水库的拦沙、排沙作用可以减轻下游泥沙淤积，维持稳定的河流形态，为生物提供稳定的栖息环境等。

3.2　影响机制

大型水利枢纽工程对河流生态系统的影响可以划分为 3 个层次[116]：第一层次为水文、泥沙等非生物要素的变化；第二层次为在第一层次的影响下地形地貌和初级生物的变化；第三层次为在前两个层次的共同作用下以高级生物为主的生物群落的变化。大型水利枢纽工程生态影响的 3 个层次间存在递进的关系，其中非生物要素变化是河流生态系统变化的根本原因，而生物群落变化则是最终结果。本节将分析大型水利枢纽工程对河流生态系统主要组成要素的影响机制。

3.2.1　对水文情势的影响机制

水利枢纽工程调度对下游最直接的影响就是通过调蓄水资源改变了下游的水文情势。河流是具有反馈调节机制的动态系统，径流与泥沙、河床边界、河流水质之间存在着相互影响、相互制约的关系，水文情势的变化会引起河流生态系统其他要素的连锁反应。由于不同水利枢纽工程调度方式存在差异，对水文情势的影响也不尽相同。出于兴利、防洪、发电等目标，水库调度会使下游径流过程趋于平坦，减少危害社会安全且难以有效利用水资源的极端高流量事件，同时也减少危害供水安全的极端低流量事件。而部分生态调度中会恢复对河流生态至关重要的高流量事件。以黄河干流部分测站水文情势的变化来说明水利枢纽工程调度使径流过程坦化和塑造高流量事件两种不同的影响。

（1）黄河上游兰州断面水文情势变化。兰州断面位于黄河上游龙羊峡和刘家峡水利枢纽以下。龙羊峡水利枢纽于 1978 年动工，1989 年首台机组发电；刘家峡水利枢纽于 1958 年动工，1969 年首台机组发电。兰州断面实测日径流变化如图 3.2-1 所示，刘家峡水利枢纽运行后对径流年内丰枯变化产生了一定影响，但影响程度不大；但龙羊峡水利枢纽运行后，径流的丰枯变化发生了显著的变化，突出表现为高流量事件的减少。

采用 IHA 指标量化水文情势变化，IHA 指标体系描述了水文情势 5 个基本组成要素（流量、频率、发生时机、持续时间和变化率）的特征，包含 33 个评价指标（见表 3.2-1）。评价结果显示，水库运用以来兰州断面天然情况下来水较多的 8—12 月流量减少，而天然来水较少的 1—5 月和 11—12 月流量增加，极端高流量事件和极端低流量事件均减少，径流过程变得平坦。

水文情势变化受到水库调度、气候变化、取水等多种因素影响。兰州断面以上取用水较少，水文情势变化主要受到水库调度和天然径流变化的影响。接下来使用不考虑区间引水退水的还原日径流系列分割天然径流变化和水库运行对兰州不同时期总体水文情势和 6 项关键水文特征变化的贡献率[117]，结果见表 3.2-2。水库运行是引起总体水文情变化的主导因素，且龙羊峡水利枢纽运行后水库运行的贡献率进一步加强，而天然径流变化的贡献为负值。两种影响因素对关键水文特征变化的贡献率显示，除高流量脉冲平均持续

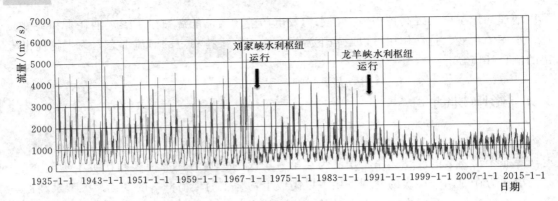

图 3.2 - 1　兰州断面实测日径流变化

时间外，其他关键水文特征的变化均主要受到水库运行的影响；天然情况下非汛期月均流量与极端低流量事件平均流量均降低，但在水库运行的影响下两项均增大；天然径流变化和水库运行均对汛期月均流量的减少有正贡献。

表 3.2 - 1　　　　　　　　　　IHA 指标体系组成与生态作用

指标类别	指标名称	主要生态作用
月均流量	1月、2月、3月、4月、5月、6月、7月、8月、9月、10月、11月、12月的平均流量	提供水生生物栖息地；影响水体理化特征
极端流量事件的流量和持续时间	最大/小 1d、3d、7d、30d、90d 平均流量 零流量天数 最小 7d 平均流量/年均流量（基流）	塑造多样的栖息地；连通河道与河漫滩；塑造河床形态、冲沙；清除外来物种
极端流量事件的发生时机	最大 1d 平均流量发生日期 最小 1d 平均流量发生日期	触发生物生命活动
高/低流量脉冲的频率与持续时间	高流量脉冲发生次数 低流量脉冲发生次数 高流量脉冲平均持续时间 低流量脉冲平均持续时间	触发生物生命活动；塑造河道的自然形态；影响河床质粒径大小；保持栖息地连通性与物质交换
水文过程线变化的变化率和频率	日流量平均上升速率 日流量平均下降速率 日流量变化翻转次数	清除外来物种；影响水体理化特征

表 3.2 - 2　　　天然来水变化与水库运行对兰州断面水文情势变化的贡献率　　　　　　　%

贡献率分割对象	1969—1986 年		1987—2010 年	
	天然径流变化	水库运行	天然径流变化	水库运行
总体水文情势（全部 IHA 指标）	-8	108	-25	125
非汛期月均流量	-16	116	-43	143
汛期月均流量	25	75	50	50
极端高流量事件平均流量	-35	135	46	54
极端低流量事件平均流量	-31	131	-63	163

续表

贡献率分割对象	1969—1986 年		1987—2010 年	
	天然径流变化	水库运行	天然径流变化	水库运行
高流量脉冲发生次数	—①	—①	—38	138
高流量脉冲平均持续时间	82	18	61	39

① 相对天然时期没有发生显著变化。

（2）黄河下游小浪底断面水文情势变化。小浪底断面位于小浪底水利枢纽下游，其监测结果显示小浪底水利枢纽的调度在一定程度上恢复了天然时期的高流量事件。小浪底水利枢纽于 1991 年动工修建，2000 年首台机组开始发电。小浪底断面流量观测始于 1956年，从开始观测至三门峡水利枢纽运行期间，小浪底断面每年均有较大的流量事件发生；三门峡水利枢纽运行后，小浪底断面实测高流量事件的流量量级有所下降，特别是 20 世纪末至 21 世纪初，随着沿黄用水量的增加，小浪底断面发生高流量事件急剧减少（见图 3.2－2）。2002 年小浪底水利枢纽开始在汛前期实施调水调沙，人为塑造高流量过程，此后小浪底断面高流量事件的流量量级明显增大，峰值流量主要发生在调水调沙的 6 月底至 7 月初。对比小浪底水利枢纽入库断面和出库断面 IHA 评价结果，发现小浪底水利枢纽的调度减少了下游枯水小流量，并在一定程度上增加了高流量。

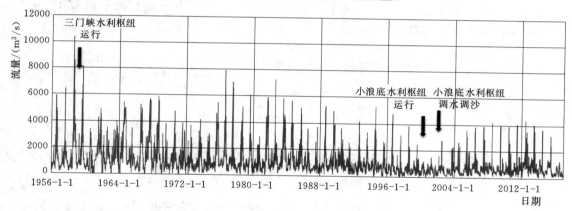

图 3.2－2　小浪底断面实测日径流变化

3.2.2　对地貌形态的影响机制

河流地貌过程是泥沙在河流动力作用下被侵蚀、输运和淤积并塑造河道及河漫滩的过程。水利枢纽工程阻隔了泥沙输运的通路，大量泥沙被拦蓄在库区，下泄水流含沙量明显减小，水流挟沙能力处于严重次饱和状态，沿程的泥沙交换、补充和含沙量恢复，将导致不平衡输沙与河床再造。冲刷过程中床沙组成不均匀，细颗粒先被冲走，粗颗粒遗留下来，河床发生粗化，同时伴随河床比降调整、水位降落与河势调整等[118]。

水利枢纽的调度能够人为改变进入下游的水沙关系，对下游泥沙输运和地貌过程产生复杂的影响。水利枢纽调度经常减小高流量事件，使下游有利于输沙的大流量减少，当区间来沙较多时会造成下游河道淤积；水利枢纽可以人为改变进入下游的水沙过程，通过蓄清排浑、调水调沙等方式塑造匹配的水沙关系，将库区和下游河道内的泥沙输送入海。以黄河宁蒙河段和下游河段为例说明水利枢纽调度产生的河道淤积与河道冲刷两种影响。

水库调度是黄河输沙过程变化的影响因素之一。相关研究成果显示[119]，黄河干流多个测站含沙量变化与干流三门峡（1960 年）、刘家峡（1968 年）、龙羊峡（1985 年）及小浪底（1999 年）等水利枢纽蓄水淤沙密切相关，例如，兰州站受上游刘家峡水利枢纽运行影响，1968 年前后含沙量从 3.45kg/m³ 降低到 1.48kg/m³；头道拐站则从 1968 年以前的 6.36kg/m³ 降至刘家峡建成运行后的 4.42kg/m³，1985 年龙羊峡建成并联合运行后含沙量又降至 2.71kg/m³，比 1968 年以前降低约 57.4%；1999 年小浪底水利枢纽建成运行后，花园口站含沙量急速降低至 4.17kg/m³，相当于 1950—1980 年间平均含沙量的 8.4%。

（1）水利枢纽对黄河上游宁蒙河段地貌形态的影响。黄河上游河段占全河总长的 68%，是主要的产水区和水电开发区。1969 年投入运行的刘家峡水利枢纽是一座年调节水库，1987 年投入运行的龙羊峡水利枢纽具有多年调节能力。水库运行后上游宁蒙河段的泥沙冲淤状态发生了显著改变，如图 3.2-3 和图 3.2-4 所示。刘家峡水利枢纽运行后，宁蒙河段汛期从冲刷转变为轻微淤积。龙羊峡水利枢纽运行后，汛期泥沙淤积加剧，1987—2010 年间汛期泥沙淤积量已占全年淤积量的 78%。刘家峡水利枢纽运行前，宁蒙河段年均冲刷量 0.33 亿 t；刘家峡水利枢纽运行后转为淤积，年均淤积量 0.21 亿 t；龙羊峡水利枢纽运行后年均淤积量增至 0.65 亿 t。

图 3.2-3　黄河上游宁蒙河段年冲淤量和累计冲淤量变化

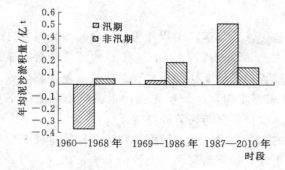

图 3.2-4　水库运行前后宁蒙河段冲淤量变化

泥沙淤积导致部分河段的断面形态发生了显著变化。图 3.2-5 为内蒙古巴彦高勒断面形态变化。刘家峡水利枢纽运行初期，巴彦高勒断面相对窄深，随后主槽急剧萎缩，断面逐渐变宽变浅。龙羊峡水利枢纽运行后，泥沙淤积进一步加剧，2000年已经形成宽浅的河道形态。泥沙淤积改变了河道的主槽过流能力。20 世纪 70 年代至龙羊峡水利枢纽运行前，巴彦高勒断面的平滩流量一般为 $4000\sim5000\mathrm{m^3/s}$，随后主槽过流能力迅速下降，2000 年该断面平滩流量仅约 $1700\mathrm{m^3/s}$。

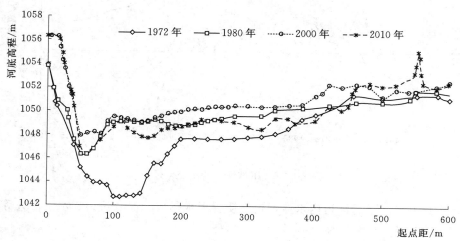

图 3.2-5　内蒙古巴彦高勒断面形态变化

（2）水利枢纽对黄河下游河段地貌形态的影响。黄河下游具有"多来、多排、多淤，少来、少排、少淤"的输沙特性。三门峡水利枢纽修建前的天然时期（1950—1960 年），黄河年均水沙量均较大，进入下游河道的年均径流量为 481.8 亿 $\mathrm{m^3}$，年均输沙量为 18.09 亿 t，下游河道年均淤积量为 3.61 亿 t；三门峡水利枢纽修建后的 1960—1964 年，水库蓄水拦沙使进入下游沙量减少，黄河下游年均冲刷量 5.78 亿 t；1964 年后三门峡水利枢纽拦沙结束，下游河道再度淤积，1964—1986 年下游河道年均输沙量 10.7 亿 t，年均淤积量为 2.22 亿 t；1986 年至小浪底水利枢纽蓄水运用前，下游年均输沙量为 7.80 亿 t，河道淤积量为 2.28 亿 t，年均淤积量占来沙量的比例由天然时期的 20% 增加至 30% 左右。小浪底水利枢纽 1997 年截流、1999 年 10 月下闸蓄水运用。小浪底水利枢纽拦沙，减少了进入下游河道的泥沙，年均输沙量仅为 0.62 亿 t。1997 年截流至 2017 年 4 月小浪底库区累计淤积泥沙 32.14 亿 $\mathrm{m^3}$（断面法），水库蓄水拦沙作用和调水调沙作用使黄河下游河道全线冲刷，断面主槽展宽、冲深，河道平滩流量逐步得到了恢复。下游河段冲淤变化过程如图 3.2-6 所示。小浪底水利枢纽运用以来，下游河道最小平滩流量已由 2002 年汛前的 $1800\mathrm{m^3/s}$ 增加至 2017 年汛前的 $4250\mathrm{m^3/s}$（见表 3.2-3）。

表 3.2-3　　　　　　　　下游河道平滩流量变化情况　　　　　　单位：$\mathrm{m^3/s}$

项目	花园口	夹河滩	高村	孙口	艾山	泺口	利津
2002 年汛前	3600	2900	1800	2070	2530	2900	3000
2017 年汛前	7200	6800	6100	4350	4250	4600	4650
累计增加	3600	3900	4300	2280	1720	1700	1650

3.2.3　对水体理化性质的影响机制

水利枢纽对水体理化性质的影响在库区和下游临近区域较为明显。由于很多河流受到

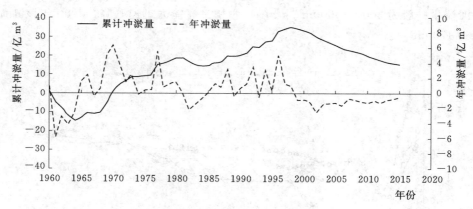

图 3.2-6　下游河段冲淤变化过程

人类活动干预明显，下游河道内水体理化性质受污水排放、面源污染、水土流失等因素的影响往往更为显著。

1. 对库区水体理化性质的影响机制

对于调节周期比较长的水库，特别是具有年调节和多年调节性能的水库，其库区水体内部等温面基本上呈水平分布，温差主要发生在水深方向，即沿水深方向上呈现有规律的水温分层特性，水温分层情况在年内呈周期性变化。水库水温在年与年之间的变化也并不是完全相同的，水库的运行管理方式、取水口的位置和型式、进出水量等使得不同水深处温度变化的幅度不同[120]。水库水体的季节性分层，直接导致水体垂直剖面上不同水团的物理、化学特性的差异，上层水体混合强烈及水生植物的光合作用使得水体中溶解氧含量较高；在下层水体中，缺乏复氧机制以补偿溶解氧。水库温度分层还直接影响营养物质在水库中的迁移、循环和更新速率[121]。

水利枢纽改变了原来河流营养物质输移转化的规律。多数河流输送的营养物质中相当部分以颗粒态迁移，水库的沉积作用显著减少了营养物质输送通量，相当数量的颗粒态物质滞留在库底沉积物中。由于水库截留河流的营养物质，气温较高时，促使藻类在水体表层大量繁殖，严重的会产生水华现象。藻类蔓延遮盖住大植物的生长使之萎缩，而死亡的藻类沉入水底，腐烂的过程同时还消耗氧气，溶解氧含量低的水体会使水生生物"窒息而死"。由于水库的水深较深，在深水处阳光微弱，光合作用也较弱，导致水库的生态系统比河流的生物生产量低，相对脆弱，自我恢复能力弱。水库富营养化使得深水层全年发生脱氮作用，但水库相对较大的出流流量和较短的滞留时间能够显著减轻水体富营养化，使下泄水体营养物含量较低，同时出流水体的营养物浓度与泄流建筑物高程、结构等有关。

可通过改变调度运行方式来减轻水利枢纽对库区水体理化性质的负面影响。可以通过调度方式改变水库的水温结构类型，在容易发生富营养化的时段，增加下泄流量，加大库区水域的流动速度，缩短库区的换水周期，破坏水体富营养化的形成条件。

2. 对下游河道内水体理化性质的影响机制

水利枢纽工程蓄水和调度引起下游河流泥沙运移模式变化，第 3.2.2 节已经介绍了水利枢纽对河流泥沙的影响机制。水库的拦截作用减少了进入下游的营养物质，很多河流观测到了修建水利枢纽工程后下游氮、磷、硅减少的现象。水库下泄水流水质明显不同于自然水流，从水流下泄处开始，沿河水体会形成水温和化学物梯度。由于泄流通常发生在一个相对较薄的水层里，水库出流设施的位置对分层水库泄流水质具有重要影响。一些库区水温分层性的水利枢纽工程在运行中下泄低温水，对下游河道的水生生物产生不利影响，如使鱼类推迟甚至丧失繁殖行为。

　　水利枢纽工程可以通过改变调度方式以减轻对下游水体理化性质的负面影响，甚至产生正面影响。对于下泄低温水的影响，可根据下游重点保护对象的繁殖生长习性，结合取水用途，调整调度运行方案，例如，可采取分层泄水，增加表层水的下泄，以提高下泄水温。此外，水利枢纽工程在枯水期增加下泄流量，可增加水体自净能力，改善下游河道水体的水质，避免枯水期水质恶化。当下游发生水污染事故时，水利枢纽工程可以启动应急调度方案，增大下泄流量，降低水体污染物浓度。

3.2.4　对生物群落的影响机制

　　在河流筑坝蓄水后，水库的运行将对河流产生一系列复杂连锁反应并改变河流的物理、化学因素。佩茨等将水库对河流生态系统的影响分为三级[116,122]，主要包括第一级——非生物要素水文、泥沙、水质等的影响，第二级指受第一级要素引发的初级生物和地形地貌变化，第三级则为由第一级和第二级综合作用引发的较高级和高级生物要素变化，如图3.2-7所示。

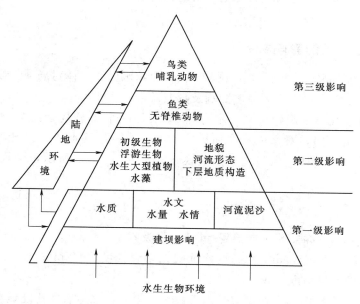

图3.2-7　水库对河流生态系统的影响[122]

　　第一级影响是水库发挥作用后，大坝蓄水影响能量和物质流入下游河道及其有关的生态区域，对水文、泥沙、水质等非生物环境产生影响，是导致河流生态系统其他各要素变化的根本原因。这些变化主要指河流水文、水力、水质的变化，水文的影响包括由于水库灌溉、供水、发电防洪等引发的河道流量、水位以及地下水位的变化；水质影响多指库区或下游发生的盐度、溶解氧含量、氮含量、pH、水温、富营养化等指标的改变；水力学影响主要跟泥沙有关，涉及河道内的泥沙淤积与运输问题。

第二级影响是局部条件变化引起生态系统结构和初级生物的非生物变化与生物变化。主要是河道、洪泛区和三角洲地貌、浮游生物、附着的水生生物、水生大型植物、岸边植被的变化。具体体现在大坝隔断河流，破坏了上、中、下游的自由联通关系，使得坝下河道冲刷或淤积抬高；水流速度减缓，污染物浓度增加，导致浮游生物数量剧增。同时，水库引起的下游水位和流量降低，减弱了河流与地下水之间的水力联系，岸边的湿地环境消失，原有的栖息地环境和植被分布遭受破坏。水库的防洪功能导致洪水减小，使依赖于洪水变动而生存的物种受到严重影响，洪泛区内营养物补充不足，养分与物质循环被隔断，以致土壤肥力降低，生存环境变差。

第三级影响是由于第一、二级变化的综合作用，使得生物种群发生变化，它直接表征了河流生态环境的健康程度。主要是无脊椎动物、鱼类、鸟类和哺乳动物的变化。水文情势和物理化学条件（如水温、浑浊度和溶解氧）的变化使得无脊椎动物在河道内的迁徙和栖息受到影响，进而其分布和数量发生显著变化（通常是种类减少），威胁其生存与繁衍；鱼类较其他物种对河流的依赖程度更深，水库建坝蓄水后，洄游通道被堵以及水情、物理化学条件、初级生物和河道地貌等变化，使鱼的数量也随之显著变化；对鸟类及哺乳动物的影响是利弊参半，一方面库区水域扩大，良好的生境促进种群发展；另一方面下游水域骤减，洪泛区变小，栖息地环境的变化和河道通路阻断将引起鸟和哺乳动物数量的空间差异变化。

3.2.5　对局地气候的影响机制

水利枢纽工程蓄水后库区水位上升，形成大面积水面。水体对局地气候环境的影响主要有：空气温度、空气湿度、风环境影响及日照效应。

（1）水体对空气温度影响机制。水-气热交换是一个十分复杂的物理过程，这里以朝向水面的热流为正向，对水体具有加热的作用，通过水面向外传热出去的热流为负。在太阳辐射条件下，水体与大气之间热交换过程如图 3.2-8 所示，交换过程遵循以下方程：

$$q'' = \alpha(E_0 + E_{sky}) - E_{sur} - E_h - E_e \qquad (3.2-1)$$

式中：q'' 为水面表面的净热流密度，W/m^2；α 为吸收率；E_0 为太阳总辐射强度，W/m^2；E_{sky} 为大气逆辐射强度，W/m^2；E_{sur} 为水面长波辐射强度，W/m^2；E_h 为对流换热强度，W/m^2；E_e 为蒸发换热强度，W/m^2。

水体对空气温度的影响主要受三个因素影响。第一，水体表面比陆地反射率小。在相同条件下，水面能吸收比陆地更多的太阳热量，使得水面升温。在气候干燥及海拔较高的地方，因受到的太阳辐射更强，使得水陆表面温度差异增大，增温效应明显增大；又因海拔高地区的空气密度与容积热容量小，增温效应更加明显。第二，水体的热容量要大于陆地土壤。水体在增热过程中能存储更多的热量，使得水面上空热量减少，起到了降温效应；而水体在降温期间，会释放出比陆地更多的热量，使得水面上空热量增多，则起到增

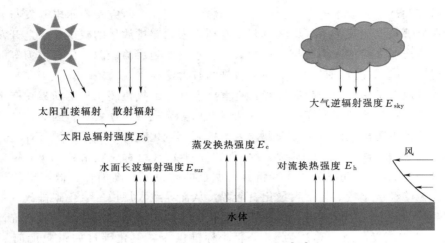

图 3.2 - 8　水气热交换过程[123]

温效应。在气候更干燥的地区，因陆地空气中的含水量和热容量较少，水体与陆地之间的热量转换相对更大，使得降温或增温效应更加明显。第三，由于水体蒸发，水面上方空气有充足的水分子，随着风频的增加，水面蒸发耗热增加，同时使得水面上空温度降低。在气候相对干燥的地区，水面蒸发引起的减温效应更加明显。

（2）水体对空气湿度影响机制。随着水体蒸发，水体对空气温度影响的同时也伴随着湿度效应。水体因其蒸发作用，增加水面上空的水分子，使空气湿度得到增加。

（3）水体对风环境影响机制。伴随着水蒸发，在对局地气候的空气温度与湿度影响的同时，也对空气中风环境造成影响。伴随着水体蒸发对空气的温度效应，使得水体上空与陆地表面产生温差，而导致空气流动，空气流动而形成风。相关研究表明，水域一般空间开阔，又比陆地表面的粗糙程度小，使得风经过水面时受到的阻力小。当风在"陆地-水面-陆地"之间流通时，水再次回到陆地表面时受阻，而产生水陆风的差异，因此水面上的风速比陆地上的要大 $20\%\sim100\%$，平均约 50%。同时，水体随着深度的增加，对风速的影响会增大。大面积水体影响风，主要发生在上风岸 2km 以内和下风岸 9km 以内，以 2.5km 以内最为明显。

（4）水体对日照效应影响机制。水体对城市区域微气候影响，还涵盖日照影响。水体表面相对比较光滑，能像"反光镜"一样产生光的反射、折射作用，对水体周边环境带来亮光影响及温度效应。

3.2.6　对碳排放的影响机制

化石能源燃烧带来的大气的粉尘、二氧化硫、氮氧化物日益增多，碳排放带来的全球气候变暖、温室效应等问题日渐成为制约新时代经济高质量发展的关键。因此，减少碳排放，促进经济环境的协调发展已成为各国政府应对气候变化的重要举措。水电是重要的可再生清洁能源，无须消耗任何化石燃料，与煤炭、石油等化石能源相比，能够有效减少大气污染物的产生和排放，是当前装机容量最大、电网输电最现实、技术最成熟的绿色生产方式。

很多研究关注了发展水电对减少碳排放的影响。例如，研究发现水电开发与人均碳排放之间存在显著负向相关关系，即水电开发有利于人均碳排放量的减少。水电开发能有效通过第二、三产业来实现人均碳排放量的减少。水电作为清洁能源，代替火力等能源发电为行业运行提供能源支持，是产业实现碳减排的有力途径[124]。

减少碳排放对于保护全球生态环境具有重要意义。二氧化碳排放不断累积产生一系列环境问题，如全球气候变暖、海平面上升和极端恶劣天气频繁爆发等。因此，二氧化碳减排已成为当前世界各国关注的重要议题。为了控制二氧化碳排放和保护生态环境，国际社会先后签订了《联合国气候变化框架公约》（1992 年）、《京都议定书》（1997 年）和《巴黎协定》（2016 年）。长期以来中国经济具有明显的高投入、高消耗、低产出的粗放式增长特征。庞大的经济总量消耗了大量化石能源，从而导致大规模二氧化碳排放。中国已经分别于 2006 年和 2011 年成为世界最大的二氧化碳排放国和能源消费国。最新统计数据显示：2016 年，中国能源消费总量为 43.6 亿 t 标准煤，二氧化碳排放量史无前例地达到 102.1 亿 t。中国二氧化碳减排已经成为国际社会关注的焦点，中国政府面临着越来越大的二氧化碳减排压力。为了解决能源供给与能源安全、经济增长与环境保护之间的矛盾，第八届全国人民代表大会常务委员会第二十八次会议通过了《中华人民共和国能源法》（1997 年）。该法鼓励开发、利用清洁能源，并将水电界定为清洁、低碳能源。清洁能源是一种不排放污染物的绿色能源，大力发展清洁能源不仅是保障能源安全、控制二氧化碳排放的重要措施，也对产业结构升级、实现绿色经济增长具有重大促进作用[125]。

为了实现碳减排目标，2011 年 10 月，应国家发展和改革委员会要求，在北京市、天津市和湖北省等 7 个省（自治区、直辖市）开展碳排放权交易试点。并于 2013 年 6 月之后在 7 个试点省市中陆续启动交易。2016 年 1 月，国家发展和改革委员会计划自 2017 年启动全国碳排放权交易，并于同年 12 月在全国电力行业推行，碳排放权交易市场正式在全国电力行业推行。这种渐进式的碳排放权交易机制，已逐渐成为中国应对节能减排问题的重要方式和手段，也在鼓励我国发展水电清洁能源[126]。

3.2.7　对河道外的影响机制

（1）直接提供生态用水。水利枢纽工程的一个重要任务就是向河道外提供水资源，包括库区引水和通过水库调度为下游提供适宜的引水条件。生态用水是河道外的一个重要用水部门。河道外生态用水主要用于园林绿化、塑造水景观等。随着公众生态环境保护意识的加强和对优美生态环境的需求日益增长，河道外生态用水量也在不断攀升。图 3.2-9 显示了黄河流域沿黄各省（自治区）生态用水量变化，用水量整体呈现增加趋势，从 2005 年的 4.4 亿 m³ 增加到 2018 年的 29.4 亿 m³。

（2）置换水源。随着社会经济的不断发展，为了满足日益增长的社会经济需水，地表水过度开发和地下水超采的现象时有发生，在缺水流域尤为严重，造成河道断流、湖泊湿地萎缩、地下水位下降、地面塌陷等诸多生态环境问题。水利枢纽工程通过调蓄水资源，使得供水过程与需水过程更加匹配，为供水区提供更多水源，从而减少供水区地表水和地下水开采量。

（3）提供稳定的生态环境。水利枢纽工程的防洪调度和防凌调度能够保护下游两岸及

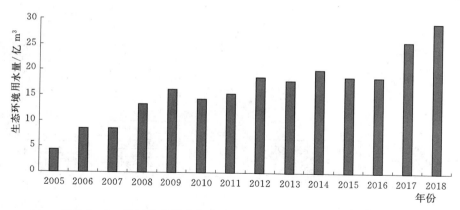

图 3.2-9　黄河流域沿黄各省（自治区）河道外生态用水量变化

滩区人民的生命财产安全，同时也间接保护了相应地区的生态环境。洪水上滩之后将破坏淹没区的陆地及滨岸植被，引发水土流失而导致土地贫瘠沙化，破坏部分生物的栖息地，或直接导致鱼类、底栖动物等水生生物的死亡。洪水裹挟着大量的泥沙、农药残留物、城市生活废水、生活垃圾、工业废渣等污染物，容易造成淹没区严重的水污染问题，洪水过后往往留下大量的垃圾、废弃物，地表植被也会因被泥沙淤埋而致死亡。水利枢纽工程能够提高下游防洪标准，减少大洪水对两岸陆生生境的破坏，为生物提供稳定的生态环境。

3.3　大型水利枢纽工程生态保护作用的发展

3.3.1　新时期水利工程的功能转变

随着社会经济的发展，大型水利枢纽不仅带来了经济效益，还产生越来越重要的生态环境效益和社会效益。

1. 国外水利工程功能转变历程

20 世纪 30 年代起，西方发达国家开始关注水利工程的生态影响问题，并开展了一系列生态水利工程理论创新和实践探索，并于 20 世纪 90 年代驶入快车道得以蓬勃发展[127]。德国、日本、美国、荷兰等国家均在水利工程生态效益发挥上走在前列，其水利工程功能转变历程如图 3.3-1 所示。

瑞士、德国等国家于 20 世纪中后期提出了全新的"亲近自然河流"概念和"自然型护岸"技术。舒斯特的近自然治理理论认为河流治理的目标既要满足人类对河流的利用也要使河流的生态多样性得到保持[128]。英国采用了"近自然"河道设计技术。荷兰强调河流生态修复与防洪的结合，提出了"给河流以空间"的理念。美国南佛罗里达州在 20 世纪 90 年代开始改造于 20 世纪 70 年代进行人工渠化的基西米河，2019 年已经使当初笔直的硬化河道恢复到近自然的蜿蜒状态。

2. 我国水利工程功能转变历程

党的十九大报告第三部分独立成篇地系统阐述了新时代中国特色社会主义思想和基本

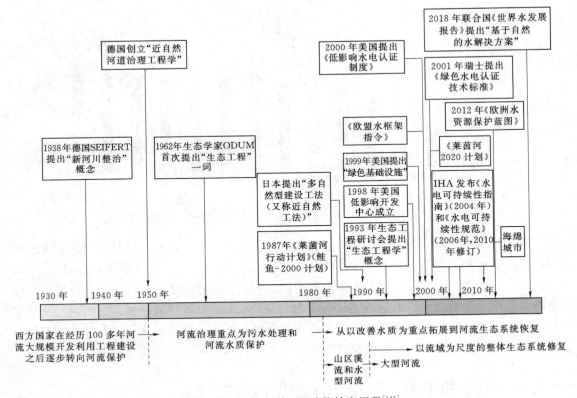

图 3.3-1　国外水利工程功能转变历程[127]

方略，号召全党全国人民高举中国特色社会主义伟大旗帜；鲜明地指出"中国特色社会主义进入了新时代"。中国特色社会主义进入新时代，水利事业发展也进入了新时代，水利工程的发展定位也随之发生了转变。

生态文明建设是中国特色社会主义事业的重要内容，关系人民福祉，关乎民族未来，事关"两个一百年"奋斗目标和中华民族伟大复兴中国梦的实现。2013年1月，水利部印发了《关于加快推进水生态文明建设工作的意见》（水资源〔2013〕1号），提出把生态文明理念融入水资源开发、利用、治理、配置、节约、保护的各方面和水利规划、建设、管理的各环节。这标志着我国水利发展进入"生态水利"阶段[129]。水资源是基础性自然资源和战略性经济资源，是生态环境的控制性要素。作为当前我国生态文明建设的重要组成部分，水利工程建设迫切需要将生态环境保护和修复作为重要的前提条件加以考虑。当前是生态文明建设的"关键期、攻坚期、窗口期"，水利工程不仅要充分发挥水资源开发、利用、配置功能，也需要充分发挥生态保护作用。

2019年9月18日召开的黄河流域生态保护和高质量发展座谈会提出了"让黄河成为造福人民的幸福河"的伟大号召。2019年12月5日发表在《人民日报》上的文章《谱写新时代江河保护治理新篇章》阐明了实现"幸福河"目标是贯穿新时代江河治理保护的一条主线，提出"对于全国江河而言，要做到防洪保安全、优质水资源、健康水生态、宜居水环境，四个方面一个都不能少"，对水利工程发挥的作用提出了更高的要求。此后，"幸福河"的治理理念进一步发展，形成了"防洪保安全、优质水资源、健康水生态、宜居水环境、先进水文化"五大目标。

传统意义上的水利工程在满足社会经济发展需求的同时，不同程度地忽视了河湖生态系统本身的需求[130]。传统意义上的水利工程在规划设计理念上，缺乏合理把握开发利用的"度"，造成部分江河湖泊的水环境、水生态功能持续性恶化，产生破坏性影响。主要体现在三个方面：一是在水资源开发利用上，不同程度地忽视了河湖生态系统本身对水资源量与水文过程的基本需求，部分河流季节性断流情况时有发生；二是在水质保护方面，未对水体、岸上污染进行有效管控和统筹治理，造成河湖水环境污染问题突出；三是在水生态空间利用管控上，河道裁弯取直、渠化、连通性阻断，水域岸线侵占等问题较为普遍。上述问题反映了一些传统水利工程在规划设计建设过程中，忽视河湖生态系统健康与可持续性利用的需求，导致河流自然生态系统功能退化，对生态环境条件带来损害。

水利工程作为水资源利用与水生态空间保护的关键环节和重要节点，迫切需要赋予其完整的生态保护功能和系统的生态经济价值。进入新时代，水利工程在权衡水资源开发利用与生态环境保护二者的关系时，必须科学并理性地寻求水资源开发利用与生态环境保护之间的合理平衡点，从而从传统水利工程建设转向全新的生态水利工程建设。

3.3.2　生态水利工程的概念和内涵

1. 生态水利工程的概念

生态水利工程是一个全新的概念，不同的研究对生态水利工程的理解存在差异，这里列出了不同研究机构或研究者对生态水利工程的定义。

（1）水利部水利水电规划设计总院研究提出，生态水利工程是在维护河湖生态系统自我恢复和良性循环的前提下，充分考虑水资源承载能力的约束，为国家生态文明建设、经济社会可持续发展提供防洪、供水、发电、生态等方面服务功能，并注重水文化传承的水利工程[130]。

（2）董哲仁认为生态水利工程是指在进行传统水利建设的同时（如治河、防洪工程），兼顾河流生态修复的目标[131]。

（3）段红东将生态水利工程定义为遵循人与自然和谐共生的理念而规划设计建设的，以保护、修复或改善流域或区域自然生态与环境为主要目标，在保障人类对水资源开发利用必要需求的前提下，体现水资源合理开发与生态保护间的平衡关系，使河湖的生态系统具有强大的自然和社会再生产能力，注重生态健康和可持续发展，实现经济、社会、生态效益相统一的防洪、发电、灌溉、供水等为人类服务功能的水利工程[132]。

（4）姜翠玲等认为生态水利工程在满足人类社会需求的同时，要兼顾水域生态系统的健康和可持续性，其规划和设计要尽量保持河道的自然蜿蜒性、水流纵向上的连续性、横向上的连通性以及岸边和底质材料的透水性等[133]。

虽然不同的研究对生态水利工程的定义存在差异，但一致认为生态水利工程是对传统水利工程的改造和提升，使它更加符合生态文明的理念，更加尊重自然和顺应自然，更加强调人与自然的和谐共生，更加注重工程的生态效益和生态功能，更加侧重减轻工程对生态环境的负面影响，更加关注环境保护和生态安全，引领水利工程建设的发展方向。

　　结合我国生态文明建设目标，新时期生态水利工程应当既是经济高效的水利基础设施，也是河湖生态功能维护的重要手段，更是生态文化传承和弘扬的物理载体。经济高效的水利基础设施意味着生态水利工程需要保留传统水利工程兴利除害的作用，为实现防洪保安全、优质水资源提供保障；河湖生态功能维护的重要手段意味着生态水利工程需要强化生态保护功能的发挥，助力健康水生态和宜居水环境；生态文化传承和弘扬的物理载体意味着生态水利工程需要挖掘和宣传水文化内涵及其时代价值，弘扬先进水文化。

　　2. 生态水利工程的内涵

　　可以从以下几方面理解生态水利工程的内涵[134]：

　　（1）生态优先是生态水利工程的基本原则。生态水利工程要正确处理人水关系，坚持生态优先原则，尊重自然，优先考虑生态系统的需求，合理评估生态价值，统筹工程运行管理中的生态效益、经济效益和社会效益。

　　（2）可持续发展是生态水利工程的必然选择。生态水利工程要做到取之有时、用之有度，实现人类社会与自然生态系统的可持续发展。在开发利用水资源时，要把握治水之"度"，与水和谐相处。

　　（3）除害兴利是生态水利工程的根本任务。作为水利工程，生态水利工程应延续水利工程除水害、兴水利的基本任务，着眼保障江河长治久安，统筹生活、生产、生态用水需求，为经济社会高质量发展提供优质的水资源保障。

　　（4）道法自然是生态水利工程的重要理念。生态水利工程应统筹自然生态各要素，把山水林田湖草作为一个有机整体，着眼于流域全局，循道而趋、因势利导，遵循自然规律并使其服务于人类的生产发展，推进工程的科学化、生态化、现代化。

　　（5）技术进步是生态水利工程的基础动力。生态水利工程应根据自身需求在工程布局、建设方法及材料选取等方面采用前沿的理念和技术。在管理上，应根据工程实际情况制定科学的管理制度，保证工程长期有效发挥作用。

　　（6）先进文化是生态水利工程的精神基因。生态水利工程应顺应人民群众对美好生活的向往，根据工程特点构成独特的水利风景，形成和传承水利文化与生态文化，提供高质量的景观、人居环境、生态环境和文化精神家园。

3.3.3　新时期生态水利工程的判定标准

　　新时期生态水利工程建设应以践行"绿水青山就是金山银山"理念，坚持节约资源和保护环境的基本国策，坚持节约优先、保护优先、自然恢复为主的工作方针，处理好经济发展与生态保护的关系；强化水资源水环境水生态红线约束意识，统筹水资源水生态水环境水灾害系统治理；努力扩大水环境和水生态空间容量，尊重自然规律、因势利导布局生态水利工程，着力构建水生态经济产业，将绿色发展、循环发展、低碳发展作为生态水利工程建设的根本途径；加快落实水环境水生态保护和重大生态环境修复工程建设，进一步增强水生态产品供给保障能力；持续发挥水利工程的生态功能、综合经济功能和文化传承功能，为满足人民日益增长的优美生态环境需要、优良的生产生活物质基础和文化精神需求提供水利保障，为建设"幸福河"提供支撑。

　　本书从以下 5 方面提出新时期生态水利工程的判定标准：

（1）坚持生态优先，维护健康水生态。生态水利工程应把生态环境保护放在重要位置，关注水生态系统结构稳定和功能的持续发挥，具备维护水生态系统健康生命的功能。生态水利工程的规划设计和建设施工应充分利用当地自然条件，符合人与自然和谐共生理念，具有"亲自然"的功能。生态水利工程应严守水生态系统承载力约束，将人类活动对水生态系统的破坏控制在可接受范围内，严格遵守以水定需、量水而行、因水制宜的原则，约束和规范各类水事行为，从而实现人水和谐与可持续发展。生态水利工程应统筹山水林田湖草等生态要素，充分考虑生态的整体性，提升水生态系统的自我修复能力，维护河流、湖泊等水生态空间，保护具备生命特征的河湖水系生态系统良性循环的功能，通过工程与非工程手段修复受损生态系统，维护水生态系统健康生命。生态水利工程发挥的生态保护功能包括水源涵养、提供生态水量、改善水质、维护河湖连通性、塑造生物栖息地等。

（2）维持除害兴利功能，实现防洪保安全、提供优质水资源。生态水利工程应维护原有的经济发展、社会安全保护等功能，在保护水生态系统的同时，满足人类社会发展的必要需求。生态水利工程应持续发挥防洪、供水、发电、航运、水产养殖等提供人居保障与多种水产品服务的功能，保护人民生命财产安全，保障人民生活水平的提高、经济社会发展和粮食安全、能源安全的用水需求。

（3）满足优美生态环境需要，营造宜居水环境。生活品质是一个国家或地区提供给居民所能感受和拥有的日常生活中设施、环境、技术、服务等的总和，其中水环境是生活品质的灵魂。生态水利工程应满足人民日益增长的优美生态环境需要，努力实现河畅、水清、岸绿、景美，营造优美的河湖环境，打造人民群众的美好家园。

（4）构建生态经济产业，推动区域绿色发展。生态水利工程应为水生态经济产业发展提供条件，从而推动流域或区域绿色发展、循环发展、低碳发展。通过风景营造、水力发电等功能，促进流域或区域产业转型，推进传统产业提质增效，加快与新技术、新工艺、新模式相互嫁接，推动关联产业融合发展，加快构建绿色发展体系。

（5）加强文化传承，弘扬先进水文化。生态水利工程应发挥文化载体功能，弘扬生态文明与水文化。生态水利工程应强化人们对于水是珍贵资源的基本认知、利用水与节约水的基本观念、治理水灾害和顺应自然水规律的基本考量、保护水生态环境的自觉行动等，把水利工程作为彰显人水和谐的文化载体。同时，水是生命之源，应挖掘生态文明和水文化精髓，通过生态旅游、工程文化展览的途径深化全社会对生态文明和水文化的认知，切实增强文化自信。

3.4　小结

大型水利枢纽工程对经济与社会发展具有重要意义，同时也会对河流生态系统造成很大的影响。本章从工程建设、工程自身和工程调度3个方面分析了大型水利枢纽工程对河流生态系统的影响方式，剖析了大型水利枢纽工程对水文情势、地貌形态、理化性质等河流生态系统主要组成要素的影响机制。大型水利枢纽工程对河流生态系统的影响不尽相同，特别是在工程调度阶段，随着调度方式的改变，大型水利枢纽可能会导致径流坦化、河床淤积等问题，也可以通过生态调度、减淤调度等方式提供生态流量、塑造关键流量事件、塑造匹配的水沙关系等。

随着人们对生态环境的重视程度和研究深度的不断增加，水利工程设计与运行中越来越强调生态保护作用的发挥，生态水利工程应运而生。生态水利工程强调人与自然的和谐共生，既是经济高效的水利基础设施，也是河湖生态功能维护的重要手段，更是生态文化传承和弘扬的物理载体。

第4章

大型水利枢纽工程生态效益评估技术与方法

4.1 评估的时空尺度

4.1.1 空间尺度

当前对大型水利枢纽生态效益的评估主要关注库区周边和邻近水库的下游河道。受到水文循环、物质传输、供水工程、生物迁徙等因素的影响，一方面大型水利枢纽工程的空间影响范围十分广阔，并不局限于工程周边和邻近水库的下游河道（见图4.1-1）；另一方面，大型水利枢纽工程蓄水、调度等不同影响方式对河流生态系统的空间影响范围不同，产生的生态影响也有较大差异。因此，在大型水利枢纽工程生态效益评估中，首先要保证空间尺度可以涵盖大型水利枢纽工程的主要影响范围，接下来要根据大型水利枢纽工程不同生态影响方式及对不同生态要素的影响特征进一步细化空间尺度，形成多尺度嵌套的空间评估范围。从点、线、面3个空间尺度分析大型水利枢纽工程生态效益评估的空间范围。

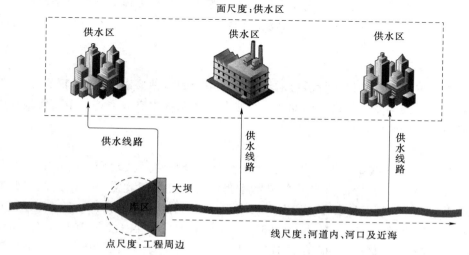

图4.1-1 大型水利枢纽工程影响空间范围示意图

1. 点尺度

点尺度的生态效益指大型水利枢纽工程在库区周边产生的生态效益。评估空间范围是以库区为核心向外延伸十几千米的区域。蓄水和工程自身是大型水利枢纽工程在点尺度引起生态环境变化的主要原因。水利枢纽蓄水后形成的大面积水面改变了局地的水文循环过程，从而影响了局地生态环境。随着工程规模、地形地貌的差异，不同水利枢纽工程对库区周边生态环境影响程度不同，一般而言，距离水体 10km 以内生态环境受水库影响较显著。

2. 线尺度

线尺度的生态效益指大型水利枢纽工程在下游河道内产生的生态效益。水库调度是大型水利枢纽工程在线尺度引起生态环境变化的主要原因。大型水利枢纽工程对河道内生态环境的影响随着距离的增加而衰减。大型水利枢纽工程在线尺度的空间影响范围可以达到几百千米到数千千米，影响范围受到水库调蓄能力、下游水利枢纽工程建设、沿程取水等因素的影响。例如，位于黄河上游的龙羊峡水利枢纽工程是一座多年调节水库，调节库容 193.5 亿 m³，坝址控制了黄河 1/3 以上的径流，其调度运行可以影响到黄河下游水文情势，影响河长超过 3000km。

当大型水利枢纽工程所在位置距离河口较近，且工程下游没有其他具有较强调蓄能力的水利工程时，该大型水利枢纽工程能够对河口及近海海域生态环境产生较显著的影响。

3. 面尺度

面尺度的生态效益指大型水利枢纽工程在水库及下游供水区产生的生态效益。一方面，大型水利枢纽蓄水后，库区形成了大面积的深水区，塑造了较好的库区引水条件；另一方面，大型水利枢纽通过兴利调度，使下游径流过程与需水过程更加匹配，为下游沿河区域提供了优于天然状态的引水条件。供水区引用的河道内地表水除了满足经济需水和生活需水外，还能作为生态用水达到改善供水区生态环境的效果。一些大型水利枢纽工程本身是跨流域调水工程的一部分，或者承担为下游跨流域调水工程塑造引水条件的任务，这时大型水利枢纽的影响范围能够辐射到流域外供水区。

4.1.2　时间尺度

大型水利枢纽工程建设运行后会对河流生态系统的多种要素产生影响。不同生态要素随时间展现出不同的变化特征，因此在大型水利枢纽工程生态效益评估中需要根据生态要素特征采用不同的时间尺度。

1. 多年尺度

河流生态系统一些组成要素年际变化大，且呈现出年际波动变化的特征。这种情况下使用短期资料得到的特征值容易受到年际变化的影响，因此需要长系列的资料来消除变化性的影响、反映生态要素在一段时间内表现出的总体特征。如图 4.1-2 所示，黄河干流利津断面天然年径流量波动较大，1956—2016 年最大天然年径流量 1049.8 亿 m³，最小天然年径流量 246.2 亿 m³，极值比 4.3。因此，一般需要不低于 20 年的长系列资料来计算河流水文情势特征值，当资料不足时，一些研究缩短了系列长度，但系列长度不应短于10年。除了水文情势外，气象、输沙等生态要素也需要长期资料来消除年际变化的影响。

此外，一些生态要素虽然不需要消除年际变化的影响，但可以采用多年尺度的累计值来反映大型水利枢纽工程的累积生态效益，如大型水利枢纽工程多年累计二氧化碳减排量、多年累计游客数量等。

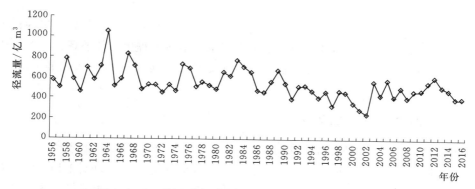

图4.1-2　黄河干流利津断面天然年径流量变化过程

2. 年尺度

一些生态要素年际变化相对较小，但年内变化较大，这时需要年尺度的数据来量化这些要素的特征值。例如，水利风景区产生的生态经济效益，春季和秋季气候适宜、水草丰茂，夏季水利风景区适合避暑，在这些季节水利风景区能够吸引到较多的游客，但是冬季游客数量往往较少，因此一般以年为尺度统计水利风景区的经济效益。如图4.1-3所示，受到径流丰枯变化和上游龙羊峡水利枢纽调蓄的影响，刘家峡水利枢纽年内不同月份发电量差异较大，2012年最大月发电量8.9亿kW·h，最小月发电量2.4亿kW·h，极值比3.8。

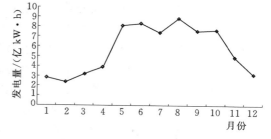

图4.1-3　黄河干流刘家峡水利枢纽
2012年逐月发电过程

3. 瞬时尺度

河流生态系统的一些要素在时间分布上比较稳定，或者仅在特定的时期出现，可以通过某一时刻的资料进行量化。例如，水利枢纽工程下泄高流量脉冲的持续时间一般为数天至十几天，调度期间水体理化性质、生物行为等的变化需要通过瞬时观测数据进行量化。此外，一些生态要素观测难度大、成本高，很多情况下只能给出在特定时间的特征值，如某一次调查中观测到的生物数量与多样性。

此外，如果评估主要关注生态要素的现状特征，那么可以根据要素的年内变化特征选用年尺度或瞬时尺度数据进行量化，如现状年生物数量、现状年旅游价值等。

4. 不需要具体的时间尺度

大型水利枢纽工程的一些影响在工程运行以后产生，且并不会随时间发生变化，这些生态效益评估中并不需要给出具体的时间尺度。例如，大型水利枢纽工程的建设运行能够提高下游防洪标准，新的防洪标准根据历史洪水资料、水利枢纽库容和运用方式等计算得到，与时间尺度没有明显关系。

4.2　关键生态因子识别

根据大型水利枢纽工程对河流生态系统的影响方式和对主要生态要素的影响机制，从点、线、面 3 个空间尺度识别各空间尺度下大型水利枢纽工程生态效益评估的关键生态因子。点尺度对应工程周边，线尺度对应河道内及河口，面尺度对应水库自身及下游供水区。

4.2.1　工程周边关键生态因子

蓄水和工程自身是大型水利枢纽工程在点尺度引起生态环境变化的主要原因。大型水利枢纽工程对工程周边生态环境的影响主要体现在改变局地气候、改变生物资源、发展生态经济和减少碳排放上，因此将局地气候、生物资源、生态经济和碳减排作为大型水利枢纽工程在工程周边的生态效益评估中的关键生态因子。

（1）局地气候。在河流上筑坝形成水库后，大型水利枢纽工程就具备了蓄水能力。随着水库蓄水，库区水量超过天然情况，形成大面积水面。通过蒸发、辐射、对流等方式，库区水体改变了局地水文循环过程和水-气热交换过程，对气温、空气湿度、风、降水等局地气候产生影响，能够使气候变得更加湿润并减缓气温升高趋势。大面积水体对局地气候的影响在水体附近较显著，随着距离的增加，水体对气候的影响会逐渐减弱。

（2）生物资源。水库蓄水后会对周边生物群落产生显著影响：首先大面积水体改变了局地气候，有利于适应湿润气候的动植物生存繁衍；水库蓄水后周边地下水位上升，为植物提供了更好的地下水条件；蓄水后形成广阔的水面，改善了周边湿地生态环境，为区域内水禽等湿地生物提供了更大范围的栖息地。

（3）生态经济。大型水利枢纽工程自身及周边的自然景观和人文景观为发展生态经济提供了良好条件：大型水利枢纽工程规模庞大，有大坝、泄洪洞、消力池等独特的水工建筑物，提供了观赏除水害、兴水利的宏大水利工程的场所；大型水利枢纽调度期间大量水资源从水库下泄，惊涛拍岸、气势磅礴，能够激发人们对自然的敬畏和改造自然的成就感；水库蓄水后在库区及周边形成风景优美的水景观，自然景观与人工景观和谐交融，为游人提供了丰富的审美与休闲的场所；水库蓄水后库区周边具备了发展划船、垂钓、漂流等娱乐活动的条件；大型水利枢纽工程修建时间长、难度大，修建过程中有大量励志故事，使大型水利枢纽工程具有水文化、工程科技、水情教育、爱国主义教育等文化科技元素，是实践教育、爱国教育的良好场所。

（4）碳减排。水电站是大型水利枢纽工程的重要组成部分，是利用水能产生电能的水利工程。水电站控制和引导水流通过水轮机，将水能转变成旋转的机械能，再由水轮机带动发电机转动，从而发出电能，然后通过配电和变电设备升压后送往电力系统，再供给用户。大型水利枢纽工程所在河流一般流量较大，大坝建成蓄水后坝上坝下水位落差大，水力发电能力强。水力发电不需要消耗有限的矿产资源，可以循环利用，发电过程不排放二氧化碳等温室气体，能够减少碳排放，对于改善气候和自然环境都大有裨益。

4.2.2　河道内及河口关键生态因子

水利枢纽调度是大型水利枢纽工程在线尺度引起生态环境变化的主要原因。大型水利枢纽工程在线尺度上的影响范围主要在下游河道内。当大型水利枢纽工程下游没有具有较强调蓄能力的其他水利工程时，水利枢纽工程能够影响到河口及近海海域。河道内与河口生态环境差异较大，这里分开讨论两者的关键生态因子。

1. 河道内

大型水利枢纽工程对河道内生态环境的影响主要体现在改变河流水文情势、改变河流地貌形态、影响河道内及滩区生物资源、提升下游防洪标准。大型水利枢纽工程对于河流水体理化性质的影响主要体现在河流泥沙上。在人口密集、工农业发达的流域，河流水体的 pH、营养物质、重金属污染物等理化性质主要受到排污、面源污染等人类活动的影响，水利枢纽工程的直接影响相对较小。因此在大型水利枢纽工程在河道内的生态效益评估中，不将理化性质作为关键生态因子，将泥沙输运放在地貌形态中进行分析。将水文情势、地貌形态、生物资源和防洪安全作为大型水利枢纽工程在下游河道内的生态效益评估中的关键生态因子。

（1）水文情势。改变水文情势是大型水利枢纽工程对下游河道内生态环境最直接的影响。筑坝后大型水利枢纽工程具有了调蓄水资源的能力，通过将水资源拦截在水库中，然后根据需求进行下泄，改变了径流的时空分布规律，引起下游河道内水文情势发生剧烈变化。水文情势变化也是河流地貌形态、生物资源、防洪安全等因素变化的重要原因。

（2）地貌形态。水利枢纽工程的拦沙和调水调沙运用改变了进入下游的沙量，加上对水文情势的改变，使得水库下游的水沙关系发生变化，进而引起地貌形态变化。当进入下游的沙量较小时，会发生河床冲刷，引起河道下切；当进入下游的沙量过多时，会导致泥沙淤积、河道过流能力下降。

（3）生物资源。大型水利枢纽调度引起的水文情势变化和地貌形态变化改变了水生生物的栖息环境，进而影响生物的数量与多样性。此外，大型水利枢纽调度引起下游水温发生变化，水温是水生生物生存的重要影响因素和繁殖行为的关键触发条件。水库下泄低温水会导致一些水生生物推迟或取消繁殖活动。

（4）防洪安全。防洪是大型水利枢纽工程的重要任务。对于大江大河，小洪水淹没河道附近的滩地能够起到增加栖息地、索饵场、营养物质来源等积极作用，但淹没人居场所会造成极大的经济社会损失和生态破坏。随着人类活动的干扰，下游河道两岸形成了较稳定的陆生生态系统，洪水泛滥不仅会导致陆生生态系统遭到严重破坏，还会携带人类活动造成的污染物进入河流，导致水质恶化。大型水利枢纽工程通过蓄滞洪水减小了进入下游的洪峰流量，提高了下游防洪标准，维护了稳定的生态环境。在一些有封冻期的河流，大型水利枢纽工程还需要进行防凌调度，减小冰凌洪水发生概率和影响范围。

2. 河口及近海

大型水利枢纽工程对河口及近海海域生态环境的影响主要体现在改变入海水量及流量过程，影响近海海域水体理化性质和影响河口湿地及近海海域生物资源。因此将水文情势、理化性质和生物资源作为大型水利枢纽工程在河口及近海海域的生态效益评估中的关键生态因子。

（1）水文情势。大型水利枢纽工程调度改变了河道内径流时空分布，进而影响了入海径流的时空分布。河道内径流具有较明显的丰枯变化，径流过程包含基流、洪水、高流量脉冲、枯水小流量等流量事件；而海洋水量极大，不具备显著的丰枯变化。因此大型水利枢纽工程调度对入海水文情势的影响主要体现在某一时段内入海总水量的变化上。

（2）理化性质。大型水利枢纽工程调度改变了入海径流，进而影响近海海域水体理化性质。对于受人类活动干扰剧烈的河流，受到取水的影响，入海淡水减少、近海盐度升高。一些大型水利枢纽工程通过生态调度增加入海水量，补充淡水降低海水盐度。另外，一些大型水利枢纽工程通过调节水沙关系影响进入海水的营养物质，如黄河调水调沙期间高含沙水流携带大量营养物质入海，使近海营养盐浓度升高。

（3）生物资源。大型水利枢纽工程调度影响了入海水量和近海水体理化性质，改变了近海生物栖息环境，进而影响近海生物资源。河流携带泥沙不断淤积、填海造陆，在河口形成三角洲和湿地。人类社会取水量较大的河流可能会面临河口湿地萎缩、生物资源衰退的问题。大型水利枢纽工程通过生态调度为河口湿地补充生态用水，有利于修复河口湿地，为生物塑造良好的栖息环境。

4.2.3　供水区关键生态因子

水利枢纽工程对供水区生态环境的影响主要通过供水实现。从库区引水的供水区，其引水条件主要受到库区蓄水位的影响；从水库下游河道引水的供水区，其引水条件主要受到水库调度后河道内径流过程的影响。库区或河道供水量直接影响了供水区生态用水量和地下水开采量，进而影响供水区地下水位和生物资源。因此，将生态供水、地下水位和生物资源作为大型水利枢纽工程在河口及近海海域的生态效益评估中的关键生态因子。

（1）生态供水。大型水利枢纽工程蓄水后库区水位升高，为从库区引水塑造了良好的条件；大型水利枢纽工程根据下游用水需求调整调度方案，蓄丰补枯，塑造适宜下游引水的流量过程。随着生态环境保护意识的不断增强，库区或下游河道内供给的水资源中，一部分被作为河道外生态用水，用于提升供水区生态环境。

（2）地下水位。经过大型水利枢纽工程调度后，河川径流成为供水区的重要水源，从而减少了对地下水的开采，有利于减少供水区地下水超采、实现地下水采补平衡。一些地下水超采严重的地区，通过引地表水回补地下水来提升地下水位，减小地下水漏斗，避免出现地面塌陷、地面沉降的问题。

（3）生物资源。生态环境供水量的增加与地下水资源的修复能够改善供水区生物栖息环境，增加供水区生物资源。生态环境供水被用于园林绿化、河湖水质净化、塑造水景观、湿地补水等，在供水区塑造多样的生物栖息地。地下水位的回升有利于植物根系吸收地下水，同时还有利于减少地下水污染、土壤盐碱化的问题，为供水区植被生长提供有利条件。

4.3 评估指标设计

基于关键生态因子，构建大型水利枢纽工程生态效益评估指标体系（见图4.3-1）。

4.3.1 工程周边生态效益评估指标

大型水利枢纽工程在工程周边的生态效益评估中的关键生态因子包括局地气候、生物资源、生态经济和碳减排。

1. 局地气候评估指标

水体对局地气候环境的影响主要有空气温度、空气湿度、风环境影响及日照效应。其中，大面积水体对气温和空气湿度影响空间范围大，且一般具有规律性变化；而大面积水体对风和光照的影响范围比较小，如对风的影响在 2.5km 以内比较明显。因此，将气温和相对湿度作为局地气候的评估指标。

（1）平均气温。不同年份气温存在波动，需要用多年数据进行量化来消除年际变化的影响。平均气温指标 $R_{CLI,T}$ 代表了评估时段内气象站点实测气温的平均值，计算公式如下：

$$R_{CLI,T} = \frac{1}{mn} \sum_{i=1}^{m} \sum_{j=1}^{n} \overline{A}_{TEM,i,j} \tag{4.3-1}$$

式中：i 为气象站点编号，$i=1\sim m$；j 为年份编号，$j=1\sim n$；$\overline{A}_{TEM,i,j}$ 为第 i 个气象站第 j 年的平均气温。

（2）平均相对湿度。相对湿度指空气中水汽压与相同温度下饱和水汽压的百分比，是衡量大气干燥程度的指标。为了消除年际变化的影响，需要用多年数据来量化平均相对湿度。平均相对湿度指标 $R_{CLI,H}$ 代表了评估时段内气象站点实测气温的平均值，计算公式如下：

$$R_{CLI,H} = \frac{1}{mn} \sum_{i=1}^{m} \sum_{j=1}^{n} \overline{A}_{HUM,i,j} \tag{4.3-2}$$

式中：i 为气象站点编号，$i=1\sim m$；j 为年份编号，$j=1\sim n$；$\overline{A}_{HUM,i,j}$ 为第 i 个气象站第 j 年的平均相对湿度。

2. 生物资源评估指标

区域生物资源状况主要通过生物的多样性和数量进行衡量，这两个指标的一般采用某一瞬时或某一时段内的生物调查数据进行量化。

（1）生物多样性。生物多样性反映了研究区域物种的种类数，评估指标的形式较多。最简单的表达形式是用调查到的物种数来反映生物多样性：

$$R_{BIO,D} = S \tag{4.3-3}$$

式中：$R_{BIO,D}$ 为工程周边生物多样性指标；S 为研究区域调查到的物种数。

为了反映个体对多样性的影响，研究者提出了多种指标来反映生物多样性，这里列出

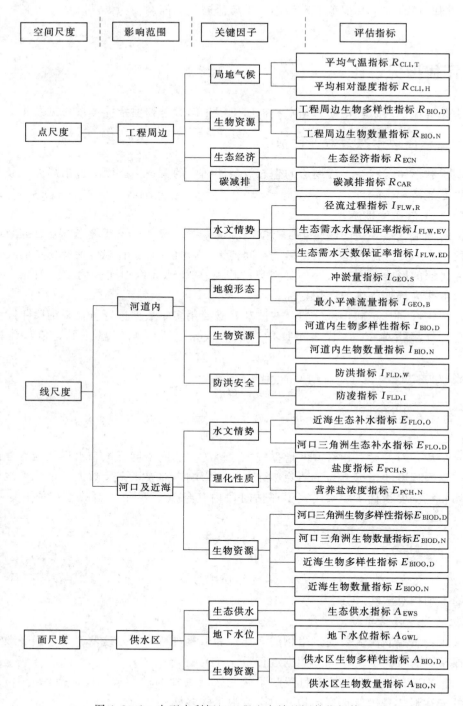

图 4.3-1　大型水利枢纽工程生态效益评估指标体系

了常用指标[135-136]。可以根据研究区域特征和评估需求选择以下一种或多种指标作为工程周边生物多样性指标 $R_{BIO,D}$。

1) 玛格列夫物种丰富度指数：

$$D = \frac{S-1}{\ln N} \qquad (4.3-4)$$

2) 香农-威纳多样性指数：

$$H = -\sum_{i=1}^{s} P_i \ln P_i \qquad (4.3-5)$$

3) 香农-威纳多样性改进指数：

$$H'' = -\ln N \sum_{i=1}^{s} P_i \ln P_i \qquad (4.3-6)$$

4) 皮卢均匀度指数：

$$J = \frac{H}{\ln S} \qquad (4.3-7)$$

式中：N 为研究区域调查所有物种的总个体数；S 为研究区域调查到的物种数；P_i 为研究区域第 i 个物种的个体数（N_i）占所有物种总个体数（N）的比例，即 $P_i = \frac{N_i}{N}$。

（2）生物数量。生物数量反映了研究区域的生物个体数。对于不同的生物，工程周边生物数量指标 $R_{\text{BIO,N}}$ 的表达式不同。对于容易通过普查或抽样调查统计总个体数的生物，如哺乳动物、鸟类、鱼类等，可以令 $R_{\text{BIO,N}}$ 等于生物个体数：

$$R_{\text{BIO,N}} = N_{\text{B}} \qquad (4.3-8)$$

式中：N_{B} 为研究区域调查所有物种的总个体数。

对于体积较小、数量庞大的生物，如浮游植物、浮游动物、底栖动物等，可以令 $R_{\text{BIO,N}}$ 等于生物量，即单位面积或体积栖息地内生物的总干重：

$$R_{\text{BIO,N}} = \frac{W_{\text{D}}}{A_{\text{B}}} \qquad (4.3-9)$$

式中：W_{D} 为生物的干重；A_{B} 为取样的面积或体积。

对于水体中的浮游植物数量，叶绿素 a 浓度也是常用的评估指标。叶绿素 a 是浮游植物生物体的重要组成成分之一，是其进行光合作用的主要色素，其质量浓度的高低可以反映出水体中藻类的种类以及数量，是浮游植物现存量及初级生产力水平的重要指标。因此评估浮游植物数量时可以令 $R_{\text{BIO,N}}$ 等于叶绿素 a 浓度：

$$R_{\text{BIO,N}} = \frac{W_{\text{A}}}{V_{\text{B}}} \qquad (4.3-10)$$

式中：W_{A} 为取样水体中叶绿素 a 的质量；V_{B} 为取样水体的体积。

叶绿素 a 浓度的监测可以基于实验室分析，也可以利用高光谱技术进行监测。

对于陆地植物数量，可以通过植被覆盖进行衡量。归一化植被指数（Normalized Different Vegetation Index，NDVI）是量化植被覆盖的常用指标，NDVI 取值为 -1 ～1，负值表示地面覆盖为云、水、雪等，0 表示岩石或裸土等，正值表示有植被覆盖，且植被覆盖度越大 NDVI 值越大。在评估植物数量时，可以令 $R_{\text{BIO,N}}$ 等于 NDVI：

$$R_{\text{BIO,N}} = \text{NDVI} = \frac{NIR - R}{NIR + R} \qquad (4.3-11)$$

式中：NIR 为近红外波段；R 为红光波段[137]。

当生物的数量与多样性相关数据获取难度较大时，可以通过栖息地面积来反映生物生存的环境，间接反映生物生存状况。这种情况下可以令 $R_{BIO,N}$ 等于栖息地面积：

$$R_{BIO,N} = A_H \tag{4.3-12}$$

式中：A_H 为某种栖息地的面积。

3. 生态经济评估指标

生态经济反映了依托大型水利枢纽工程建立的水利风景区、旅游区、度假区等产生的经济价值。这一指标需要通过一年或多年的累计值进行量化。

不同计算方法得到的生态经济价值差别较大。首先，可以通过游客数量直观反映生态经济价值，即

$$R_{ECN} = N_P \tag{4.3-13}$$

式中：R_{ECN} 为生态经济指标；N_P 为评估时段内的游客总人数。

如果想要通过货币价值来量化大型水利枢纽工程在库区周边产生的生态经济效益，可以通过旅行费用法（Travel Cost Method）计算。根据旅行费用法，景区的休闲旅游价值主要包括游客出行成本、游客出行时间成本和消费者剩余价值 3 个部分：

$$R_{ECN} = V_t = C_j + C_c + C_s \tag{4.3-14}$$

式中：V_t 为旅游休闲价值；C_j 为旅客旅游费用；C_c 为旅客旅游时间花费价值；C_s 为消费者剩余价值。

旅行费用包括游客到景点的交通费用、游客在整个旅行中所花费的住宿费用和门票，以及景点的各种服务费用。旅客旅游时间花费价值，是因旅游活动而不能工作而损失的价值，具体计算方法是用单位时间的机会工资乘以旅行总时间表示，一般取实际工资的 30%～50% 作为旅客的机会工资。消费者剩余是指消费者消费一定数量的某种商品愿意支付的最高价格与这些商品的实际市场价格之间的差额。要计算消费者剩余价值主要取决于旅游人数，旅客人次数受出发地的人口、时间及费用、旅客的收入水平及景区的相关评级等因素的影响[138]。

4. 碳减排评估指标

水电作为清洁可再生能源，其节能减排效益主要体现在，减少一次性能源（煤炭、石油等）消耗，减少二氧化碳、二氧化硫、烟尘等污染气体排放等。碳减排评估指标需要通过一年或多年的累计值进行量化。可以将水力发电代替火力发电的二氧化碳减排量作为碳减排指标 R_{CAR}：

$$R_{CAR} = E_Q K_1 K_2 \tag{4.3-15}$$

式中：E_Q 为代燃料余电量，$kW \cdot h$；K_1 为燃烧 1t 标准煤向大气排放二氧化碳的数值；K_2 为单位电量煤耗折算系数。

除了减少碳排放外，水力发电还能减少二氧化硫、烟尘和氮氧化物的排放量，这些指标也可以同时作为碳减排的评估指标。

水力发电减少二氧化硫排放量计算公式如下：

$$W_1 = E_Q K_3 K_2 \tag{4.3-16}$$

式中：W_1 为水力发电代替火力发电的二氧化硫减排量；K_3 为二氧化硫排污系数。

水力发电减少的烟尘排放量计算公式如下：

$$W_2 = E_Q K_4 K_2 \qquad (4.3-17)$$

式中：W_2 为水力发电代替火力发电的烟尘排放量；K_4 为烟尘排污系数。

水力发电减少的氮氧化物排放量计算公式如下：

$$W_3 = E_Q K_5 K_2 \qquad (4.3-18)$$

式中：W_3 为水力发电代替火力发电的氮氧化物减排量；K_5 为氮氧化物排污系数。

4.3.2　河道内生态效益评估指标

大型水利枢纽工程在下游河道内的生态效益评估中的关键生态因子包括水文情势、地貌形态、生物资源和防洪安全。

1. 水文情势

水文情势的年际变化较大，需要通过长系列数据进行量化，数据系列长度宜不低于 20 年，当数据获取难度大时，数据系列长度可适当缩短，但不应低于 10 年。将河道内水文情势的评估指标分成两类，即径流过程指标和生态流量指标。

（1）径流过程。径流过程评估指标主要反映各水文要素随时间的变化特征。径流过程指标 $I_{\text{FLW,R}}$ 可以根据研究河流实际情况从 IHA 评估指标中选取一个或多个指标进行衡量。IHA 指标体系描述了水文情势 5 个基本组成要素（流量、频率、发生时机、持续时间和变化率）的特征，包含 33 个评估指标，各指标的生态作用见表 3.2-1[117]。

对于受到人类活动剧烈干扰、水资源供需矛盾突出的河流，需要格外重视极端小流量过程，避免出现河道断流现象。可将年均断流天数或年均预警天数作为径流过程指标 $I_{\text{FLW,R}}$：

$$I_{\text{FLW,R}} = \overline{N_D} \qquad (4.3-19)$$

式中：$\overline{N_D}$ 为评估时段内水库下游河道多年平均断流天数或多年平均实测流量低于预警流量的天数。预警流量是河道内流量的阈值，低于该阈值时河流将面临断流风险。

（2）生态供水。生态供水指标反映了河道内实测径流过程对生态需水的满足程度，包括对水量的满足程度和对需水过程的满足程度，评估指标分别为生态需水水量保证率和生态需水天数保证率。

生态需水水量保证率指标 $I_{\text{FLW,EV}}$ 计算公式为

$$I_{\text{FLW,EV}} = \frac{\overline{V_R}}{D_E} \qquad (4.3-20)$$

式中：D_E 为评估时段内全年或年内某一特定时期的生态需水量；$\overline{V_R}$ 为评估时段内全年或年内某一特定时期的多年平均实测水量。年内某一特定时期指汛期、非汛期、关键物种产卵期等。

生态需水天数保证率指标 $I_{\text{FLW,ED}}$ 的计算公式为

$$I_{\text{FLW,ED}} = \frac{\overline{T_E}}{T} \qquad (4.3-21)$$

式中：$\overline{T_E}$ 为评估时段内全年或年内某一特定时期的流量超过最小/适宜生态需水的天数的

多年平均值；T 为全年或年内某一特定时期的总天数。

2. 地貌形态

大型水利枢纽工程的建设运行导致下游的水沙关系发生变化，进而引起地貌形态变化。将地貌形态的评估指标分成两类：引起地貌形态变化的原因，这里用冲淤量进行表征；地貌形态变化的结果，这里用最小平滩流量进行表征。平滩流量是水位与河漫滩相平时的流量，反映了某一地貌形态下河道的过流能力。

冲淤量指标 $I_{GEO,S}$ 的计算公式为

$$I_{GEO,S} = \Delta \overline{W}_S \tag{4.3-22}$$

式中：$\Delta \overline{W}_S$ 为评估时段内下游河道年冲淤量的多年平均值，负值代表冲刷、正值代表淤积。

河段冲淤量可采用沙量平衡法和断面法进行计算。沙量平衡原理即所有进入河道的沙量之和等于从河道出去的沙量之和加上河道冲淤量，公式如下：

$$\Delta W_S = W_{SI} + W_{ST} + W_{SR} + W_{SW} - (W_{SO} + W_{SD}) \tag{4.3-23}$$

式中：ΔW_S 为河段冲淤量；W_{SI} 为河段进口沙量；W_{ST} 为河段支流来沙量；W_{SR} 为河段灌区排水沟退沙量；W_{SW} 为河段入河风积沙量；W_{SO} 为河段出口沙量；W_{SD} 为河段灌区引水渠引沙量。

断面法冲淤量计算是利用不同时期河道大断面测验资料，计算断面冲淤面积变化，在此基础上按照锥体法计算相邻断面冲淤量，公式如下：

$$\Delta V_S = \frac{S_U + S_D + \sqrt{S_U S_D}}{3} L \tag{4.3-24}$$

式中：ΔV_S 为相邻断面间河道冲淤体积；S_U、S_D 分别为上、下游相邻断面的冲淤面积；L 为相邻断面间距。然后根据泥沙密度将 ΔV_S 转化为 ΔW_S。

最小平滩流量指标 $I_{GEO,B}$ 的计算公式为

$$I_{GEO,B} = \min(D_{B,1}, D_{B,2}, \cdots, D_{B,n}) \tag{4.3-25}$$

式中：$D_{B,i}$ 为评估时段内第 i 年大型水利枢纽工程下游河道的最小平滩流量，$i = 1 \sim n$。

下游河道指从评估的大型水利枢纽工程至下游第一个调节能力较强的水利枢纽工程之间的河道；如果下游没有调节能力较强的水利枢纽工程，下游河道指从评估的大型水利枢纽工程至河口之间的河道。

3. 生物资源

生物资源评估指标分成河道内生物多样性指标 $I_{BIO,D}$ 和河道内生物数量指标 $I_{BIO,N}$，计算公式分别同 $R_{BIO,D}$［式（4.3-3）～式（4.3-7）］和 $R_{BIO,N}$［式（4.3-8）～式（4.3-12）］，需要根据评估河流河道内生物种类、代表物种等选择适宜的评估指标计算公式。

4. 防洪安全

大型水利枢纽工程通过调度保障一定量级的洪水不会从河道中漫溢到滩区，保障了滩区人民生命财产安全和陆生生态系统的稳定。河流的洪水包括两类：一是汛期发生的洪水；二是有封冻期的河流在凌汛期可能发生的冰凌洪水。因此将防洪安全评估指标分成防洪指标和防凌指标两类。

（1）防洪。可以将大型水利枢纽工程下游河道防洪标准作为防洪指标 $I_{FLD,w}$：

$$I_{FLD,w} = P_F \qquad\qquad (4.3-26)$$

式中：P_F 为大型水利枢纽工程下游河道能够防御的最大洪水的发生频率。

也可以将下游发生的典型洪水的洪峰流量作为防洪指标 $I_{FLD,w}$：

$$I_{FLD,w} = F_{max} \qquad\qquad (4.3-27)$$

式中：F_{max} 为大型水利枢纽工程下游河道发生的典型洪水过程中的最大流量。

（2）防凌。可以将大型水利枢纽工程下游河道封冻期封河长度作为防凌指标 $I_{FLD,I}$：

$$I_{FLD,I} = \overline{L_I} \qquad\qquad (4.3-28)$$

式中：$\overline{L_I}$ 为评估时段内每年封冻期大型水利枢纽工程下游河道封冻长度的多年平均值。

一些河流在水库防凌调度下凌汛期可以避免封河，这时可以将未封河年份比例作为防凌指标 $I_{FLD,I}$：

$$I_{FLD,I} = \frac{N_{NI}}{N_I} \qquad\qquad (4.3-29)$$

式中：N_{NI} 为评估时段内大型水利枢纽工程下游河道没有发生封河的年数；N_I 为评估时段总年数。

4.3.3 河口及近海生态效益评估指标

大型水利枢纽工程在河口及近海海域的生态效益评估中的关键生态因子包括水文情势、理化性质和生物资源。

1. 水文情势

由于海洋水量极大，水文情势的丰枯变化远不如河流明显，因此对水文情势的评估指标主要体现在水量上，包括进入近海海域的水量和河口三角洲的水量。

（1）近海生态补水量。近海生态补水指标 $E_{FLO,O}$ 的计算公式为

$$E_{FLO,O} = \overline{V_O} \qquad\qquad (4.3-30)$$

式中：$\overline{V_O}$ 为评估时段内全年或年内某一特定时期入海水量的多年平均值。

（2）河口三角洲生态补水量。河口三角洲生态补水指标 $E_{FLO,D}$ 的计算公式为

$$E_{FLO,D} = \overline{V_D} \qquad\qquad (4.3-31)$$

式中：$\overline{V_D}$ 为评估时段内全年或年内某一特定时期河口三角洲生态补水量的多年平均值。

一些河口三角洲由于基础设施条件差，缺少水文测站，这时可以用生态补水天数来表征河口三角洲生态补水指标 $E_{FLO,D}$：

$$E_{FLO,D} = \overline{N_S} \qquad\qquad (4.3-32)$$

式中：$\overline{N_S}$ 为评估时段内全年或年内某一特定时期河口三角洲生态补水天数的多年平均值。

2. 理化性质

大型水利枢纽工程对近海海域水体理化性质的影响主要体现在盐度和营养盐浓度上。因此将理化性质评级指标分为盐度指标和营养盐指标两类。

（1）盐度。盐度指标 $E_{PCH,S}$ 的计算公式为

$$E_{PCH,S} = \overline{C_S} \qquad\qquad (4.3-33)$$

式中：$\overline{C}_S$ 为评估时段内近海海域不同取样点盐度的平均值。

当评估海域有多年监测数据时，盐度指标 $E_{PCH,S}$ 取不同取样点盐度的多年平均值；如果只有个别年份有监测数据，盐度指标 $E_{PCH,S}$ 取现状年不同取样点盐度的平均值。

（2）营养盐浓度。营养盐浓度指标 $E_{PCH,N}$ 的计算公式为

$$E_{PCH,N} = \overline{C}_N \tag{4.3-34}$$

式中：$\overline{C}_N$ 为评估时段内近海海域不同取样点营养盐浓度的平均值。

营养盐种类较多，主要包括溶解无机氮（Dissolved Inorganic Nitrogen，DIN）、磷酸盐（Dissolved Inorganic Phosphate，DIP）与硅酸盐（Dissolved Inorganic Silicate，DIS）等。当评估海域有多年监测数据时，盐度指标 $E_{PCH,S}$ 取不同取样点营养盐浓度的多年平均值；如果只有个别年份有监测数据，盐度指标 $E_{PCH,S}$ 取现状年不同取样点营养盐浓度的平均值。

3. 生物资源

生物资源包括河口三角洲生物资源和近海生物资源两类。

（1）河口三角洲生物资源。河口三角洲生物资源评估指标分成河口三角洲生物多样性指标 $E_{BIOD,D}$ 和河口三角洲生物数量指标 $E_{BIOD,N}$，计算公式分别同 $R_{BIO,D}$［式（4.3-3）～式（4.3-7）］和 $R_{BIO,N}$［式（4.3-8）～式（4.3-12）］，需要根据评估的河口三角洲的生物种类、代表物种等选择适宜的评估指标计算公式。

（2）近海生物资源。近海生物资源评估指标分成近海生物多样性指标 $E_{BIOO,D}$ 和近海生物数量指标 $E_{BIOO,N}$，计算公式分别同 $R_{BIO,D}$［式（4.3-3）～式（4.3-7）］和 $R_{BIO,N}$［式（4.3-8）～式（4.3-11）］，需要根据评估的近海海域的生物种类、代表物种等选择适宜的评估指标计算公式。

4.3.4　供水区生态效益评估指标

大型水利枢纽工程在供水区的生态效益评估中的关键生态因子包括生态供水、地下水位和生物资源。

1. 生态供水

大型水利枢纽工程通过工程调度可以增加供水区生态供水量。生态供水指标 A_{EWS} 的计算公式为

$$A_{EWS} = \overline{V}_{AE} \tag{4.3-35}$$

式中：$\overline{V}_{AE}$ 为评估时段内供水区年生态供水量的多年平均值。

2. 地下水位

大型水利枢纽工程通过置换水源或补水的形式减缓供水区地下水位下降或提升供水区地下水位。地下水位指标 A_{GWL} 的计算公式为

$$A_{GWL} = \frac{\Delta \overline{L}_{GW}}{\Delta T} \tag{4.3-36}$$

式中：$\Delta \overline{L}_{GW}$ 为评估时段内供水区各观测井地下水位变化的平均值；ΔT 为评估时段时长。

3. 生物资源

供水区生物资源评估指标分成供水区生物多样性指标 $A_{BIO,D}$ 和供水区生物数量指标

$A_{BIO,N}$，计算公式分别同 $R_{BIO,D}$［式（4.3-3）～式（4.3-7）］和 $R_{BIO,N}$［式（4.3-8）～式（4.3-12）］，需要根据评估的供水区的生物种类、代表物种等选择适宜的评估指标计算公式。

4.4　评估方法研究

4.4.1　贡献量化分析方法

在 4.3 节中提出了大型水利枢纽工程影响范围内各种关键生态因子的评估指标。关键生态因子呈现出的状态受到多种因素的影响，如河流水文情势的变化除了受到大型水利枢纽工程的影响外，还受到取水、退水、气候变化的因素的影响，不同因素的影响相互交织，如何将大型水利枢纽工程的影响剥离出来是大型水利枢纽工程生态效益评估中的要点和难点。为了解决这一难题，本书提出了贡献量化分析方法，通过对比现状指标值和对照指标值来反映大型水利枢纽工程的影响。

现状指标值用于评估大型水利枢纽工程影响范围内关键生态因子在现状年呈现出的实际状态。现状指标值受到大型水利枢纽工程建设运行、气候变化及其他人类活动等因素的影响。

对照指标值用于评估没有大型水利枢纽工程的情况下关键生态因子呈现出的状态。与现状指标值相比，对照指标值没有受到大型水利枢纽工程的影响，而其他影响因素维持一致。

对于 4.3 节中提出的每一个评估指标，在评估中均给出现状指标值和对照指标值，通过对比两者之间的差异，可以排除其他因素的影响，准确量化大型水利枢纽工程这一因素对河流生态系统造成的影响。

4.4.2　现状指标值量化方法

现状指标值需要回答"有大型水利枢纽工程时河流生态系统处于什么状态"的问题。现状指标值根据实测资料进行量化。现状年根据评估需求进行选择。对于需要多年资料进行量化的指标，应选取现状年前数十年或数年至现状年的实测数据系列。受到监测资料不足等问题的限制，部分指标可能无法提供现状年资料，这时所选资料应在可行范围内尽量接近现状年。

4.4.3　对照指标值量化方法

对照指标值需要回答"没有大型水利枢纽工程时河流生态系统处于什么状态"的问题。一些生态因子随着大型水利枢纽工程的建设运行而产生，如生态经济和碳减排，当没有大型水利枢纽工程时，可以认为生态经济指标 R_{ECN} 和碳减排指标 R_{CAR} 为 0。但是对于大多数关键生态因子，得到没有大型水利枢纽工程的情景下的指标值需要经过复杂的计算。这里提出了情景假设法和历史回溯法两种方法来量化对照指标值。

1. 情景假设法

情景假设法需要回答"没有大型水利枢纽工程时现状年河流生态系统会处于什么状态"的问题。情景假设法得到的对照指标值与现状指标值对应的时间均是现状年，是量化对照指标值的最理想的方法。情景假设法可以通过数值模拟、相关分析、水文替代等方法实现。

（1）数值模拟法。对于输沙量指标 $I_{GEO,S}$，可以通过建立数值模拟模型来量化现状年的对照指标值。建立一维水动力学模型模拟河道输沙情况。

1）水流运动控制方程。一维非恒定流模型控制方程包括水流连续方程和水流运动方程。

$$B \frac{\partial z}{\partial t} + \frac{\partial Q}{\partial x} = q_l \tag{4.4-1}$$

$$\frac{\partial Q}{\partial t} + 2\frac{Q}{A}\frac{\partial Q}{\partial x} - \frac{BQ^2}{A^2}\frac{\partial z}{\partial x} - \frac{Q^2}{A^2}\frac{\partial A}{\partial x}\bigg|_z = -gA\frac{\partial z}{\partial x} - \frac{gn^2|Q|Q}{A\left(\frac{A}{B}\right)^{\frac{4}{3}}} \tag{4.4-2}$$

式中：x 为沿流向的坐标；t 为时间；Q 为流量；z 为水位；A 为断面过水面积；B 为河宽；q_l 为单位时间单位河长汇入（流出）的流量；n 为糙率；g 为重力加速度。

2）悬移质不平衡输沙方程。将悬移质泥沙分为 M 组，以 S_k 表示第 k 组泥沙的含沙量，可得悬移质泥沙的不平衡输沙方程为

$$\frac{\partial(AS_k)}{\partial t} + \frac{\partial(QS_k)}{\partial x} = -\alpha\omega_k B(S_k - S_{*k}) + q_{ls} \tag{4.4-3}$$

式中：α 为恢复饱和系数；ω_k 为第 k 组泥沙颗粒的沉速；S_{*k} 为第 k 组泥沙挟沙力；q_{ls} 为单位时间单位河长汇入（流出）的沙量。

3）河床变形方程。

$$\gamma' \frac{\partial A}{\partial t} = \sum_{k=1}^{M} \alpha\omega_k B(S_k - S_{*k}) \tag{4.4-4}$$

式中：γ' 为泥沙干容重。

4）定解条件。模型进口给流量和含沙量过程，出口给水位过程。

5）方程离散及求解。控制方程采用有限体积法离散，用 SIMPLE 算法处理一维模型中水位与流量的耦合关系。离散方程求解采用迭代法。

（2）相关分析法。假设大型水利枢纽工程修建前某一关键生态因子 Y 与大型水利枢纽工程影响空间范围外同一生态因子 X 之间具有较好的相关性；在大型水利枢纽工程修建后，除大型水利枢纽工程建设运行外，X 和 Y 的其他影响因素变化情况基本一致。那么就可以基于大型水利枢纽工程修建前的实测数据，通过相关分析建立 X 和 Y 之间的相关关系方程。接下来将现状年的 Y 带入相关关系方程，得到没有大型水利枢纽工程的情景下的 X。

根据大型水利枢纽工程修建前的实测数据，通过相关分析建立 Y 和 X 之间的相关关系方程：

$$Y = \beta X + \alpha \tag{4.4-5}$$

接下来需要判断自变量和因变量之间是否存在真正的线性关系。可以通过回归系数的显著性检验（t检验）进行判断。t检验的目的是通过检验回归系数 β 的值与 0 是否有显

著性差异，来判断因变量 Y 和自变量 X 之间是否有显著的线性关系。如果 $\beta=0$，则线性回归方程中不含有 X 项（即 Y 不随 X 的变动而变动），因此变量 Y 与 X 之间不存在线性关系；如果 $\beta \neq 0$，说明变量 Y 与 X 之间存在显著的线性关系。

t 检验步骤如下：

1）提出原假设 H_0。H_0：$\beta=0$。

2）构造检验统计量 t。

$$t = \frac{b}{S_b} \tag{4.4-6}$$

$$S_b = \frac{S_{yx}}{\sqrt{SS_x}} \tag{4.4-7}$$

$$S_{yx} = \sqrt{\frac{\sum (y - \hat{y})^2}{n-2}} \tag{4.4-8}$$

$$SS_x = \sum (x - \overline{x})^2 \tag{4.4-9}$$

式中：b 为基于样本对 β 的估计值；n 为样本数量；$\hat{y}$ 为根据拟合公式得到的回归估测值。

3）给定显著性水平 α，计算临界值 $t_{\alpha/2}(n-2)$，得出拒绝域。α 越小，原假设 H_0 被接受的概率越小，即 Y 与 X 之间线性关系越显著。建议 α 的取值不超过 0.001，在数据受限的情况下可适当增大，但不应超过 0.01。

4）比较 t 与 $t_{\alpha/2}(n-2)$，当 $t > t_{\alpha/2}(n-2)$ 时，拒绝原假设 H_0，表明 Y 与 X 之间存在显著的线性关系。

相关分析法主要适用于气象因子的分析，以下指标的对照指标值可以采用相关分析法进行量化：平均气温评估指标 $R_{CLI,T}$、平均相对湿度评估指标 $R_{CLI,H}$ 和地下水位指标 A_{GWL}。

（3）水文替代法。大型水利枢纽工程通过调蓄水资源改变河川径流过程。水文替代法的目的是消除水库调蓄对径流过程的影响。大型水利枢纽工程的入库径流代表了没有经过该工程调蓄的径流过程，出库径流代表了该工程调蓄后形成的径流过程。因此用入库径流资料代替出库径流资料，然后根据分析时段内下游实测区间入流、取水量、退水量、水量损失等数据进行水量平衡计算，得到没有大型水利枢纽工程时下游断面的径流过程：

$$Q_{AS}\Delta t = Q_{IN}\Delta t + V_{RI} - V_{WI} - V_{LO} + V_{RE} \tag{4.4-10}$$

式中：Q_{AS} 为计算时段下游断面没有大型水利枢纽工程时的流量；Δt 为计算时段时长；Q_{IN} 为计算时段大型水利枢纽工程入库流量；V_{RI} 为计算时段从大型水利枢纽工程到下游断面之间的区间入流量；V_{WI} 为计算时段从大型水利枢纽工程到下游断面之间的区间取水量；V_{LO} 为计算时段从大型水利枢纽工程到下游断面之间的河道蒸发渗漏损失量；V_{RE} 为计算时段从大型水利枢纽工程到下游断面之间的区间退水量。

根据评估断面没有大型水利枢纽工程时的流量过程，可以计算水文情势、生态供水等指标。水文替代法主要适用于水文情势、防洪等因子的分析，以下指标的对照指标值可以采用相关分析法进行量化：径流过程指标 $I_{FLW,R}$、生态需水水量保证率指标 $I_{FLW,EV}$、生态需水天数保证率指标 $I_{FLW,ED}$、防洪指标 $I_{FLD,W}$、近海生态补水指标 $E_{FLO,O}$、河口三角洲生态补水指标 $E_{FLO,D}$ 和生态供水指标 A_{EWS}。

2. 历史回溯法

对于生物资源、地貌形态、河流封冻、物质输送与扩散等关键生态因子，由于其影响因素十分复杂，难以量化影响因素与生态因子间的相互作用关系，通过情景模拟法分析难度很大。对于这些关键生态因子，可以通过历史回溯法进行分析。历史回溯法基于历史实测资料，回答"没有该大型水利枢纽工程的时期河流生态系统处于什么状态"的问题。历史回溯法通过没有大型水利枢纽工程时关键生态因子的实测资料量化相应的对照指标值。历史回溯法主要适用于以下指标的对照指标值量化：生物多样性指标 $R_{BIO,D}$、$I_{BIO,D}$、$E_{BIOD,D}$、$E_{BIOO,D}$ 和 $A_{BIO,D}$，生物数量指标 $R_{BIO,N}$、$I_{BIO,N}$、$E_{BIOD,N}$、$E_{BIOO,N}$ 和 $A_{BIO,N}$，最小平滩流量指标 $I_{GEO,B}$，防凌指标 $I_{FLD,I}$，盐度指标 $E_{PCH,S}$ 和营养盐浓度指标 $E_{PCH,N}$。

我国的生物监测开展时间较晚，监测体系尚不完善，而一些大型水利枢纽工程建设时间很早，缺少大型水利枢纽工程建设前的生物监测资料。这种情况下可以采用大型水利枢纽工程运行初期的生物监测资料来量化对照指标值，与现状指标值对比，揭示不同运行时长下大型水利枢纽工程建设运行对生物资源的累积影响的差异。

需要注意的是，历史回溯法不能排除大型水利枢纽工程以外的其他要素对生态要素的影响，因此只有当难以进行情景模拟的时候才推荐使用历史回溯法，且需要谨慎选择量化对照指标值的资料时段。

4.5　综合评估模型构建

4.5.1　常用评估方法对比

评价多个指标对应的整体状态时，传统的评估方法以单因子指数评价法和加权求和法为主。随着评估方法的发展，逐渐从简单的加权平均发展到模糊综合评价、灰色关联分析、集对分析等，处理不确定性、主观性问题的能力不断增强。选择单因子指数评价法、加权求和法、模糊综合评价法和模糊逻辑法 4 种方法对比其优缺点。

（1）单因子指数评价法。单因子指数评价法就是用所有指标中最差的一个指标对应的状态作为综合状态，即

$$I = \min(I_1, I_2, \cdots, I_n) \tag{4.5-1}$$

式中：I 为综合评价结果，I_i 为第 i 个指标值，$i = 1 \sim n$。

单因子指数评价法的优点在于简便易行，不需要分析各个指标间的相对重要性和叠加形式。这一方法的另一个优点在于其严格性，由最差的指标来反映总体结果，但这一特征也造成总体评价结果仅与最差指标有关，其他指标的改善在总体结果中不能体现，导致总体评价结果提升较慢，可能会对人们推进改善措施的积极性造成负面影响。目前单因子指数评价法在水质评价中应用较多，例如我国《地表水环境质量标准》（GB 3838—2002）规定"地表水环境质量评价应根据实现的水域功能类别，选取相应类别标准，进行单因子评价"，但其在生态作用评估中很少使用。

（2）加权求和法。加权求和法的计算方法为

$$I = \sum_{i=1}^{n} I_i \omega_i \tag{4.5-2}$$

式中：I 为综合评价结果，I_i 为第 i 个指标值，ω_i 为第 i 个指标的权重，$i=1 \sim n$。

加权求和法的优点在于评估结果同时包含了所有指标的信息，以权重的形式赋予不同指标不同的重要性，且简便易行。但是这一方法无法处理主观性、不确定性的问题。

（3）模糊综合评价法。模糊综合评价法是一种运用模糊数学原理分析和评价具有"模糊性"的事物的系统分析方法。它是一种以模糊推理为主、定性与定量相结合、精确与非精确相统一的分析评价方法。利用模糊综合评价可以有效地处理人们在评价过程中本身所带有的主观性，以及客观所遇到的模糊性现象。由于这种方法在处理各种难以用精确数学方法描述的复杂系统问题方面所表现出的独特的优越性，近年来已在许多学科领域中得到了十分广泛的应用。

模糊综合评价法的基本思想：在确定评价因素的评价等级标准和权值的基础上，运用模糊集合变换原理，以隶属度描述各因素及因子的模糊界线，构造模糊评判矩阵，通过多层的复合运算，最终确定评价对象所属等级。考虑不确定性时，模糊集中的元素不再是简单地属于或不属于某个集合，因此在描述元素与模糊集合关系时就要用到隶属度。隶属度是刻画模糊集合中每一个元素对模糊集合的隶属程度的指标，一般表示成隶属度函数的形式。通过隶属度函数，一个模糊的概念可以定量地从"完全不属于某一类别"过渡到"完全属于某一类别"。如果一个元素属于某个模糊集合的隶属函数值越大，则这个元素的隶属度就越大，它属于这个集合的程度就越大。隶属度的值是介于 ［0，1］ 之间的数，越接近 1 说明隶属程度越好。

模糊综合评价法主要包括 4 个步骤：对评价系统进行层次分析、确定各个层次的权重值、建立隶属度矩阵和分层模糊评价。

1）对评价系统进行层次分析。以 3 个层次的模糊综合评价模型为例进行说明。对于 3 层次的评价系统，第一层次为目标层，即总体评价目标 I，可分为 m 个准则 $I_{B,j}$，$j=1$，2，$\cdots$，m。即

$$I = \{I_{B,1}, I_{B,2}, \cdots, I_{B,m}\} \tag{4.5-3}$$

第二层次为准则层，而每个准则 $I_{B,j}$ 又包含 p 个指标，即

$$I_{B,j} = \{I_{C,1}, I_{C,2}, \cdots, I_{C,p}\} \tag{4.5-4}$$

式中：$I_{C,i}$ 为第 i 个指标的取值，$i=1$，2，$\cdots$，p。

第三层次为指标层，即各个评估指标。

2）确定各个层次的权重值。权重值包括准则层相对于目标层的权重集 W_B 和指标层相对于准则层的权重集 $W_{C,j}$，$j=1$，2，$\cdots$，m。即

$$W_B = (\omega_{B,1}, \omega_{B,2}, \cdots, \omega_{B,m}) \tag{4.5-5}$$

$$W_{C,j} = (\omega_{Cj1}, \omega_{Cj2}, \cdots, \omega_{Cjp}) \tag{4.5-6}$$

3）根据各指标特征，拟定各指标的隶属函数，建立隶属度矩阵 R。假设评价标准为 5 级，则

$$R_j = \begin{bmatrix} r_{j11} & \cdots & r_{j15} \\ \vdots & \ddots & \vdots \\ r_{jp1} & \cdots & r_{jp5} \end{bmatrix} \tag{4.5-7}$$

式中：R_j 为第 j 个准则的隶属度矩阵；r_{jik} 为第 j 个准则所含的第 i 个指标对评价等级 k 的隶属度，根据指标值和所选的隶属度函数确定，$j=1$，2，$\cdots$，m；$i=1$，2，$\cdots$，p；$k=1$，2，$\cdots$，5。

4）分层模糊评价。3 个层次的评价体系可以进行两级模糊综合评价，即指标层对准则层和准则层对目标层的评价。指标层对准则层的模糊评价为

$$I_{\mathrm{B},j}=W_{\mathrm{C},j}R_j=(\omega_{\mathrm{C}j1},\omega_{\mathrm{C}j2},\cdots,\omega_{\mathrm{C}jp})\begin{bmatrix} r_{j11} & \cdots & r_{j15} \\ \vdots & \ddots & \vdots \\ r_{jp1} & \cdots & r_{jp5} \end{bmatrix}=(I_{\mathrm{B}j1},I_{\mathrm{B}j2},I_{\mathrm{B}j3},I_{\mathrm{B}j4},I_{\mathrm{B}j5})$$

$$(4.5-8)$$

式中：$I_{\mathrm{B}jk}$ 为准则 j 对评价等级 k 的隶属度，$k=1$，2，$\cdots$，5。

准则层对目标层的模糊评价为

$$I=W_{\mathrm{B}}I_{\mathrm{B}}=(\omega_{\mathrm{B},1},\omega_{\mathrm{B},2},\cdots,\omega_{\mathrm{B},m})\begin{bmatrix} I_{\mathrm{B}11} & \cdots & I_{\mathrm{B}15} \\ \vdots & \ddots & \vdots \\ I_{\mathrm{B}m1} & \cdots & I_{\mathrm{B}m5} \end{bmatrix}=(I_1,I_2,I_3,I_4,I_5) \quad (4.5-9)$$

式中：I_k 为目标对评价等级 k 的隶属度，$k=1$，2，$\cdots$，5。依据最大隶属度的原则，最大的隶属度对应的等级即为最终评价等级。

模糊综合评级法的优点在于考虑到评价过程中可能出现的不确定性，同时包含了所有指标的信息，以权重的形式赋予不同指标不同的重要性。但是这一评价方法得到的评价结果为对不同评价等级的隶属度，无法得到连续的数值。

（4）模糊逻辑法。与模糊综合评价法类似，模糊逻辑法能够处理主观性、复杂性、非线性问题，但目前在河流健康评价研究中应用较少。作为一种连续逻辑，模糊逻辑允许一个变量完全或在一定程度上属于某一类别，这种隶属关系通过隶属度来体现。隶属度的取值范围为 ［0，1］，取值越大，隶属程度越高。

模糊推理为考虑不同评价指标间的相互作用提供了可能。在直接推理时，已知条件必须与预设规则完全一致，才能从已知条件推断出未知结果。例如，预设规则为"如果 $A=100$ 且 $B=100$，那么 $C=100$"，当已知条件为 $A=100$ 且 $B=100$ 时，就可以直接推理出 $C=100$。但是如果已知条件为 $A=90$ 且 $B=80$，已知条件不完全符合预设规则，那么在传统的直接推理下，就不能得出 C 的值。而在实际情况中，获取的信息往往难以完全满足预设规则，这种情况下就需要使用模糊推理对未知结果进行推断。

在控制规则的设置上，模糊推理允许多种类型的控制规则。控制语句的基本形式为"如果（条件）那么（结论）"。条件的表达形式可以是肯定的，也可以是否定的。条件语句中可以包含多个子条件，子条件间的连接方式包括"且"和"或"两种。这里将控制规则设置为：如果 $A=100$ 且 $B=100$，那么 $C=100$。

模糊推理是一种近似推理，它根据已知条件与控制规则中条件的相似程度，推断出一个与控制条件中结论相似的结论，这种相似程度通过隶属度来体现。首先分别设置 A 的取值、B 的取值和 C 的取值对 100 的隶属度函数，接下来根据已知条件中 A 和 B 的取值判断 A 和 B 对这条控制规则的隶属度，然后按照一定的推理方法得出 C 对这条推理规则的隶属度。图 4.5-1 是模糊推理过程的示意图，图中选择了最小隶属度的原则来判定输

出变量的隶属度，即对于每一条控制规则，所有已知子条件对该规则的隶属度的最小值为未知结论对该规则的隶属度。图 4.5-1 中 A 的取值对 100 的隶属度为 0.5，B 的取值对 100 的隶属度为 0.3，那么根据最小隶属度的原则，C 的取值对 100 的隶属度为 0.3。在实际运用中，为了得到一个未知结论，往往需要设置多个控制规则。在这种情况下，可以得到 C 对每一个控制规则结论的隶属度。

　　这时，C 的取值只是模糊的隶属度的概念，需要通过一定的去模糊化方法才能得到精确的数值。去模糊化方法包括重心法、最大隶属度函数法和加权平均法。重心法是一种常用的去模糊化方法。每一条评价规则可以得到一个阴影面积（见图 4.5-1），重心法是取所有阴影面积的重心为输出变量的精确值。

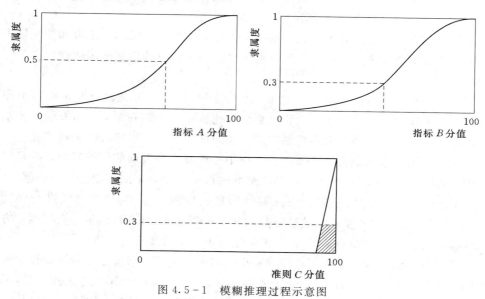

图 4.5-1　模糊推理过程示意图

　　与模糊综合评价不同的是，一方面模糊逻辑法能够生成连续的评价结果，适用于不设置评价等级的情况；另一方面模糊逻辑法能够考虑不同指标间的相互作用，从而放大单指标对评估结果的影响，适用于评估指标较多的情况。

　　首先，大型水利枢纽生态作用评估不可避免地涉及不确定性、模糊性问题，例如，指标值为 0 时代表相应的生态作用极差，指标值为 1 时代表生态作用极好，但是指标值在 0 到 1 之间时其代表的生态作用需要主观确定；其次，本书设计的评估指标取值为连续的数值，没有划分评价等级；此外，本书涉及的评估指标数量较多有必要放大单指标对评价结果的影响。综上所示，本书推荐选择模糊逻辑法作为大型水利枢纽生态作用评估方法。

4.5.2　评估模型构建

　　通过 MATLAB 模糊逻辑工具箱建立评价模型，包含以下 6 个步骤。

　　（1）确定模型结构与输入输出变量。根据建立的评价指标体系的层次和指标，确定模糊逻辑评价子模型数量，并确定每个模糊逻辑评价子模型的输入变量与输出变量。评价指标体系中每一个生成过程均对应一个模糊逻辑评价子模型，低层次指标为子模型输入变量，高层次指标为输出变量。

（2）选择输入变量的隶属度函数。模糊逻辑评价模型需要为每个子模型的输入变量划分不同的输入变量状态类别，然后选择每个输入变量适宜的隶属函数，确定输入变量分值与输入变量状态类别间的隶属关系，将精确的输入变量分值转变成对不同输入变量状态类别的隶属度，实现变量模糊化。这里输入变量的隶属度函数选取高斯曲线隶属度函数。

（3）建立控制规则。控制规则描述了输入变量状态与输出变量状态的对应关系。控制规则需要给出不同输入变量间所有极端状态组合下对应的输出变量的状态，即控制规则的条件为不同输入变量"最佳"与"最差"状态的组合，控制规则的结论为每一种输入变量状态组合下输出变量的状态。

（4）选择输出变量的隶属度函数。根据输入变量的取值、隶属度函数和控制规则，可以得出输出变量对每一条控制规则的隶属度。这里输出变量的隶属度函数选取三角形隶属度函数。

（5）选择去模糊化方法，生成决策面。通过步骤（3）可得到输出变量对各个控制规则的隶属度，需要通过去模糊化方法将隶属度转化成一个精确的数值。所有输入变量的取值与输出变量的取值间精确的对应关系构成了决策面。这里采用重心法去模糊化。

（6）判断决策面形态是否符合要求。评价中一般要求决策面的形态光滑，并且能够呈现出预期的形态。如果步骤（5）生成的决策面的形态不符合预期，则需要对步骤（2）的输入变量的隶属度函数进行参数调整或重新选择、步骤（3）的控制规则进行调整、步骤（4）的输出变量的隶属度函数进行参数调整或重新选择、步骤（5）的去模糊化方法进行重新选择，重复步骤（2）～（5），直至决策面形态符合要求。

决策面是不同输入数值组合下对应的输出的取值。决策面形态是模糊逻辑评价模型的主要控制因素。本书中决策面形态设计主要依据谢尔福德耐性定律（Shelford's law of tolerance）。谢尔福德耐性定律认为环境因子过高或过低均不利于生物的生存繁衍，因此相关研究中常常假设生态健康状态和环境因子间的关系呈现钟形曲线（见图 4.5-2）。由于本书对指标进行了归一化处理，模型生成的决策面预期与钟形曲线左半边相似，即为光滑的 S 形曲面（见图 4.5-3）。

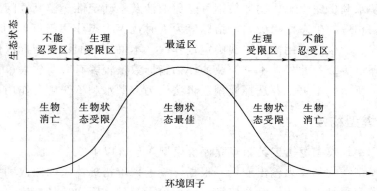

图 4.5-2　谢尔福德耐性定律钟形曲线示意图

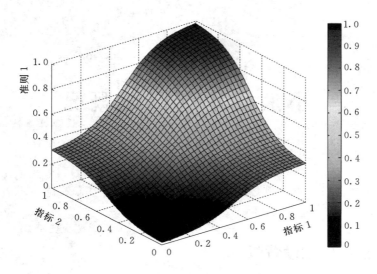

图 4.5－3　评估模型生成的决策面示意图

4.6　小结

本章分析了大型水利枢纽工程对河流生态系统不同要素的影响特征，提出了大型水利枢纽工程生态效益评估的空间尺度和时间尺度。在空间尺度上，建立了点、线、面多尺度嵌套的空间评估范围，点、线、面3个尺度分别代表了工程周边、河道内及河口、供水区。在时间尺度上，需要根据生态要素变化特征采用多年尺度、年尺度或瞬时尺度。

从点、线、面3个空间尺度识别各空间尺度下大型水利枢纽工程生态效益评估的关键生态因子：工程周边生态效益评估中的关键生态因子包括局地气候、生物资源、生态经济和碳减排；下游河道内生态效益评估中的关键生态因子包括水文情势、地貌形态、生物资源和防洪安全；河口及近海海域生态效益评估中的关键生态因子包括水文情势、理化性质和生物资源；供水区生态效益评估中的关键生态因子包括生态供水、地下水位和生物资源。

提出了各个关键生态因子的评估指标表达式。对于部分关键生态因子，提出了多种评估指标表达式，需要根据评估对象特征选择适宜的评估指标。建立了情景对比法，将大型水利枢纽工程对河流生态系统的影响从多种影响因素总体影响中分离出来，准确量化大型水利枢纽工程的生态效益。情景对比法采用现状指标和对照指标两套指标，其中，现状指标值反映大型水利枢纽工程影响范围内关键生态因子在现状年呈现出的实际状态；对照指标值反映没有大型水利枢纽工程的情况下关键生态因子呈现出的状态。现状指标值根据实测资料进行量化。对照指标值需要回答"没有该大型水利枢纽工程河流生态系统处于什么状态"的问题，指标值量化相对复杂，本章提出了情景假设法和历史回溯法量化对照指标值。

第5章

小浪底水利枢纽概况

以小浪底水利枢纽工程为例评估大型水利枢纽工程的生态效益。评估现状年设定为2019年。

5.1 基本参数与建设背景

5.1.1 基本参数

小浪底水利枢纽位于黄河中游最后一个峡谷的出口，坝址以上流域面积69.42万km²，占全流域（不含闭流区）的92.2%，实测多年平均径流量377.5亿m³，年均输沙量12.65亿t。该工程控制黄河流域总面积的92.3%、黄河天然径流量的87%和近100%的输沙量。工程建设任务是"以防洪（包括防凌）、减淤为主，兼顾供水、灌溉、发电，蓄清排浑，除害兴利，综合利用"。

黄河是中华民族的母亲河，孕育了古老而伟大的中华文明。黄河流域横跨我国东中西部，是连接青藏高原、黄土高原、华北平原的生态廊道，对于保障国家生态安全、能源安全、经济安全、粮食安全具有举足轻重的战略地位。黄河水少沙多、水沙关系不协调，是世界泥沙含量最高、治理难度最大、危害最深的河流之一，历史上曾经三年两决口、百年一改道，给中华民族带来了深重灾难。

水少沙多、水沙关系不协调是黄河复杂难治的根本症结。为实现黄河的长治久安，确保大堤不决口、河床不抬高，需要紧紧抓住水沙关系调节这个"牛鼻子"，完善水沙调控体系。按照综合利用、联合调控的基本思路，未来将构建以干流的龙羊峡、刘家峡、黑山峡（规划工程）、碛口（规划工程）、古贤（规划工程）、三门峡、小浪底等骨干水利枢纽为主体，以海勃湾、万家寨水利枢纽工程为补充，与支流的陆浑、故县、河口村、东庄等控制性工程共同构成完善的黄河水沙调控工程体系，实现有效管理洪水、协调水沙关系、优化配置水资源。其中，龙羊峡、刘家峡、黑山峡水利枢纽工程构成黄河上游水量调控子体系，联合对黄河水量进行多年调节和水资源优化调度，并满足上游河段防凌、防洪、减淤要求。碛口、古贤、三门峡和小浪底水利枢纽工程将构成黄河中游洪水泥沙调控子体系，通过工程联调度，发挥管理黄河中游洪水、协调黄河水沙关系、进一步优化调度水资源等作用。

小浪底水利枢纽是一座特大型综合利用的水利枢纽工程。按照"合理拦排，综合利用"的规划思想，水库正常蓄水位 275m，正常死水位 230m，非常死水位 220m。水库最高运用水位 275m 时的总库容 126.5 亿 m^3，其中防洪库容 40.5 亿 m^3、调水调沙库容 10.5 亿 m^3、拦沙库容 75.5 亿 m^3。防洪库容和调水调沙库容 51 亿 m^3 为长期有效库容，汛期以防洪为主，调节水沙；非汛期调节径流，发挥灌溉、供水、发电等综合效益；凌汛期预留 20 亿 m^3 的防凌库容进行防凌运用。水库大坝按 1000 年一遇洪水 40000m^3/s 设计，10000 年一遇洪水 52300m^3/s（同可能最大洪水）校核。

小浪底水利枢纽由水利部小浪底水利枢纽管理中心负责运行管理。水利部小浪底水利枢纽管理中心的前身为成立于 1991 年 9 月的水利部小浪底水利枢纽建设管理局。为深化水利工程管理体制改革，2011 年 9 月，经中央机构编制委员会办公室同意，水利部批准成立了水利部小浪底水利枢纽管理中心，为水利部直属正局级事业单位。小浪底水利枢纽管理中心负责小浪底水利枢纽的运行管理、维修养护和安全保卫工作；负责执行黄河防汛抗旱总指挥部和黄河水利委员会对小浪底水利枢纽下达的防洪（凌）、调水调沙、供水、灌溉、应急调度等指令，并接受其对调度指令执行情况的监督；负责小浪底水利枢纽管理区及其库区管理，按规定开展水政监察工作；负责小浪底水利枢纽的资产管理。

小浪底水利枢纽作为黄河流域的控制性水利工程已运行超过 20 年，在促进流域和区域经济社会发展及生态环境保护修复方面发挥了巨大作用。当前小浪底水利枢纽对经济、社会的作用已得到广泛认可，但对于小浪底水利枢纽规划设计、建设、调度运行过程中的生态保护作用尚未开展过全面评估。黄河流域生态保护和高质量发展已经成为重大国家战略，要求共同抓好大保护、协同推进大治理，让黄河成为造福人民的幸福河。因此，有必要系统、全面、深入地对小浪底水利枢纽的生态作用进行评估，明晰小浪底水利枢纽在生态保护和高质量发展方面发挥的作用，进一步挖掘生态保护潜力，引领带动流域绿色发展，为生态水利工程建设提供借鉴，支撑生态文明建设。

5.1.2　建设背景

1946 年人民治黄以来，特别是新中国成立以后，党和国家对黄河治理开发十分重视，随着我国大江大河的第一部综合治理规划——《黄河综合利用规划技术经济报告》的实施，全面开展了黄河的治理开发，保障了人民生命财产安全，促进了经济发展和社会进步，改善了生态环境。尤其在黄河下游，两岸 1371.2km 的临黄大堤先后进行了 3 次加高培厚，加强了河道整治工程和险工工程建设（截至 20 世纪 80 年代末），建成了三门峡、陆浑、故县水利枢纽，初步形成了上拦下排、两岸分滞的防洪工程体系，取得了连续 50 多年伏秋大汛不决口的安澜局面；兴建了向两岸海河、淮河平原地区供水的引黄涵闸 90 座、提水站 31 座，设计引水能力达 3900m^3/s，控制灌溉面积 233.3 万 hm^2，在很大程度上改善了下游沿黄人民的生活、生产条件，促进了国民经济的发展。但由于黄河的洪水泥沙还没有得到有效控制，黄河下游仍面临着以下四个亟待解决的问题。

1. 洪水威胁依然是心腹之患

黄河下游防洪的严重性，在于洪水含沙量大，河道冲淤变化剧烈，河床不断淤积抬高。根据黄河下游水文站的观测资料，1950—1996 年下游河道共淤积泥沙 90 亿 t，与 1950 年相比，河床普遍抬高 2～4m，河床高出背河地面 4～6m，局部河段高出 10m 以上。由于河床不断淤积抬高，同流量水位逐步升高。特别是近十几年来，由于汛期没有大水，主河槽淤积加重，大部分河段 3000m³/s 流量的水位年平均升高 0.1m，加重了下游防洪的困难。"悬河"形势进一步加剧，漫滩概率增多，河势游荡多变，主流摆动频繁，常形成"横河""斜河""滚河"，主流直冲大堤，严重危及堤防安全，即使中常洪水也存在着决口危险。为了防洪安全，要不断加高大堤，这不但会给国家和沿河人民带来沉重负担，而且随着河床和大堤的不断抬高，下游决口的危险性更大。

黄河下游河道长 786km，依靠两岸 1371km 的堤防束水行洪。两岸堤防按 1958 年花园口实测洪峰流量 22000m³/s 设防，在小浪底水利枢纽建成前，仅相当于 60 年一遇。近 200 年来，黄河下游花园口站出现过 4 次超过 22000m³/s 的大洪水。从气象成因分析看，造成淮河"75·8"大水的暴雨有可能发生在三门峡至花园口区间，使花园口出现 45000m³/s 以上的特大洪水。从洪水来源看，三门峡至花园口区间的暴雨洪水（简称"下大洪水"）对下游两岸广大地区的安全威胁更大。在小浪底水利枢纽建成前，已有的干支流水库还不能控制"下大洪水"，防洪工程体系不完善，防洪能力偏低。按照已有的防洪设施的防洪能力，当花园口发生 10000m³/s 以下的洪水时，主要靠河道排洪入海；当出现 10000～15000m³/s 的洪水时，利用干支流水库工程并根据洪水情况确定是否运用东平湖分洪，控制艾山下泄流量不超过 10000m³/s；当出现 15000～22000m³/s 的洪水时，利用干支流水库控制洪水和东平湖分洪，可使艾山下泄流量不超过 10000m³/s，但全河段防洪十分紧张，存在较大风险；当出现超过 22000m³/s 的大洪水时，只能采取牺牲局部保全局的措施，相机运用北金堤等滞洪区进行临时分洪。使用滞洪区分洪，必将使滞洪区内的人民生命财产及中原油田受到分滞洪水的威胁。此外，黄河下游滩区总面积 3965km²，耕地 25 万 hm²，居住人口 178 万，靠一水一麦维持生计，由于河道淤积，洪水经常漫滩，安全问题也很突出。

黄河下游除了汛期洪水威胁严重外，冬季凌汛期冰坝堵塞，易于造成堤防决溢灾害。历史上凌汛决口频繁，中华人民共和国成立后，1951 年和 1955 年黄河也曾在河口地区发生两次决口。三门峡水利枢纽运用后，每年可提供 18 亿 m³ 的防凌库容，情况有所缓和，但龙羊峡水利枢纽蓄水运用后，非汛期水量增加，三门峡现有防凌库容不能满足下游防凌要求，下游山东河段的南展、北展工程要承担分凌任务，分凌区的人民生命财产也会受到严重威胁。

2. 水资源供需矛盾日益突出

20 世纪 50 年代黄河流域供水量约 120 亿 m³，主要为农业用水。中华人民共和国成立以来，黄河下游引黄灌溉从无到有，至 1990 年下游引黄灌溉面积达到 233 万 hm²，对促进河南、山东两省农业发展作出了巨大贡献。20 世纪 70 年代后，随着工农业发展沿黄各省区用水量快速增加，1980 年黄河流域及向流域外供水量达到 446 亿 m³。20 世纪 80 年代以来，下游沿黄城市发展较快，城市供水的要求也越来越大。据统计，1983—1990 年，黄河下游年平均引黄水量达 108.5 亿 m³，其中灌溉用水量为 97 亿 m³，占下游引黄总用水量的 89.4%。快速增加的用水量导致沿黄各省区间及河道内外水资源供需矛盾尖锐，特别是引黄灌溉用水主要集中在 3—6 月，而此时正是黄河的枯水季节，导致水资源供需矛盾更加突出。因此，在黄河中游兴建调节水库，合理利用黄河水资源、缓解水资源供需矛盾已刻不容缓。

3. 河道断流引起生态环境急剧恶化

由于黄河水少沙多，径流年内分配极不均匀，干流调节能力不足，特别是中游河段缺乏调节工程，加上用水量快速增加、黄河水资源没有统一调度和控制使用等原因，在黄河枯水季节下游河道经常断流（见图 5.1-1 和图 5.1-2）。1972—1998 年的 27 年中，有 21 年下游出现断流，累计达 1050d。1990—1998 年，几乎年年断流，且历时增加、河段延长。1997 年情况最为严重，距河口最近的利津断面全年断流达 226d，断流河段曾上延至河南开封附近。黄河水资源供需矛盾加剧，造成下游频繁断流、河道生态环境恶化、水质污染加重，对河口地区的湿地和生物多样性构成严重威胁。

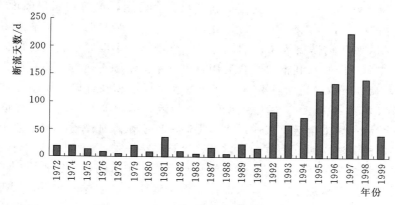

图 5.1-1　1972—1999 年黄河断流天数

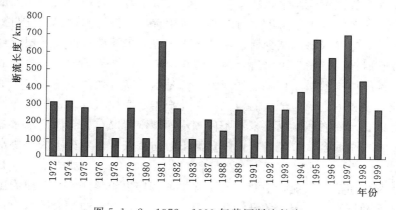

图 5.1-2　1972—1999 年黄河断流长度

4. 迫切需求开发清洁能源

由于河南电网基本为纯火电系统，随着国民经济的发展，缺电严重，且由于系统中峰谷差越来越大，调峰问题日益突出，造成电网拉闸限电频繁，对人民生活和经济发展造成严重影响。此外，火电大量燃耗煤炭，二氧化碳排放量大，且煤炭不完全燃烧产生的污染物导致区域空气质量恶化。河南省黄河干流水能资源占全省可开发水能资源的 75% 以上，且地处负荷中心，合理开发利用黄河水能资源对促进地区国民经济发展具有显著的经济意义。

5.1.3　战略地位

小浪底水利枢纽具有承上启下的战略地位，是防治黄河下游水害、开发黄河水利的关键工程。小浪底水利枢纽位于黄河中游干流最后一个峡谷的末端，是黄河干流在三门峡以下唯一能够取得较大库容的控制性工程，处在控制黄河下游水沙的关键部位，是唯一能够担负下游防洪、防凌并兼顾工农业供水、发电的综合水利枢纽，具有优越的自然条件和重要的战略地位，是黄河下游防洪减淤工程中的最优方案。

小浪底水利枢纽的投入运用标志着黄河治理开发水平又上了一个新的台阶。小浪底水利枢纽与三门峡、陆浑、故县等干支流水利枢纽联合运用，可将花园口断面 1000 年一遇洪水洪峰流量由 $34420\text{m}^3/\text{s}$ 削减至 $22600\text{m}^3/\text{s}$，100 年一遇洪水洪峰流量由 $25780\text{m}^3/\text{s}$ 削减至 $15700\text{m}^3/\text{s}$，使下游防御大洪水的能力进一步增强。小浪底水利枢纽可提供 20 亿 m^3 的防凌库容，加上三门峡水利枢纽配合运用，可基本上解除下游的凌汛威胁。水库可拦蓄泥沙 100 亿 t，减少下游河道淤积 78 亿 t；通过水库拦沙和联合调水调沙，可使黄河下游河道平滩流量恢复到 $4000\text{m}^3/\text{s}$ 左右。水库调节径流，可为确保黄河下游河道不断流创造条件，保证下游沿黄城市生活、工业供水，提高灌区引水保证率。小浪底水电站可为地区经济社会发展提供清洁能源，为电网提供调峰容量。

小浪底水利枢纽是黄河水沙调控体系的骨干工程。中游的碛口、古贤、三门峡和小浪底水利枢纽联合运用，构成了黄河洪水泥沙调控工程体系的主体，在洪水管理、协调水沙关系、支持地区经济社会可持续发展等方面具有不可替代的重要作用。中游调控子体系联合运用，一是联合管理黄河洪水，在黄河发生特大洪水时，合理削减洪峰流量，保障黄河下游防洪安全；在黄河发生中常洪水时，联合对中游高含沙洪水过程进行调控，充分发挥水流的挟沙能力，输沙入海，减少河道主槽淤积，并为中下游滩区放淤塑造合适的水沙条件；在黄河较长时期没有发生洪水时，为了防止河道主槽淤积萎缩，联合调节水量塑造人工洪水过程，维持中水河槽的行洪输沙能力。二是水库联合拦粗排细运用，尽量拦蓄对黄河下游河道泥沙淤积危害最为严重的粗泥沙，并根据水库拦粗排细、长期保持水库有效库容的需要，考虑各水库淤积状况、来水条件和水库蓄水情况，联合调节水量过程，冲刷水库淤积的泥沙。三是联合调节径流，保障黄河下游防凌安全，发挥工农业供水和发电等综合利用效益。

在古贤水利枢纽建成以前，中游骨干工程水沙调控以小浪底水利枢纽为主，干流的万家寨、三门峡水利枢纽及支流的故县、陆浑等支流骨干水利枢纽配合，联合运用。为进一步延长小浪底水利枢纽的使用年限，要进一步优化现状工程体系的调水调沙运用方式，明确各项调控指标。万家寨水利枢纽一方面下泄大流量过程冲刷三门峡水利枢纽库区淤积的泥沙，在小浪底库区形成异重流排沙；另一方面与三门峡水利枢纽联合运用，冲刷小浪底水利枢纽淤积的泥沙，改善库区淤积形态；同时，万家寨水利枢纽要优化桃汛期的运用方式，冲刷降低潼关高程。三门峡水利枢纽主要配合小浪底水利枢纽进行防洪、防凌和调水调沙运用，塑造并维持下游河道中水河槽。古贤水利枢纽建成生效后，初步形成了黄河中游洪水泥沙调控子体系，古贤水利枢纽和小浪底水利枢纽联合调控水沙，在一定时期内维持黄河下游河道基本不淤积抬高，长期维持中水河槽，为小北干流放淤创造条件，冲刷降低潼关高程。

治理黄河，重在保护，要在治理。加强生态环境保护是黄河流域生态保护和高质量发展的主要目标任务之一。黄河流域水少沙多、水资源供需矛盾尖锐，生态环境问题突出，生态水量不足、河道淤积、湿地萎缩、生物多样性锐减等问题严峻。受到水资源总量约束，加之经济社会需水量刚性增长，通过水库群联合调度优化供水过程、协调经济社会用水和生态环境用水是黄河流域生态文明建设的必经之路。小浪底水利枢纽总库容仅次于龙羊峡水利枢纽，在黄河干支流水资源配置与调度中具有举足轻重的作用，且水库功能涵盖水资源调控、清洁能源生产、生态水量供给、调水调沙等，在黄河流域生态文明建设中具有至关重要的地位，助力黄河成为造福人民的幸福河。

5.2　规划与建设

5.2.1　规划与建设历程

（1）工程规划历程。小浪底水利枢纽工程规划经历了复杂、曲折的变化过程，得以不断深化发展。从 1954 年黄河综合利用规划开始，直至小浪底水利枢纽工程开工，历时 40 余年，大致可分为六个阶段。

第一阶段，1954—1960 年。1954 年年底提出的《黄河综合利用规划技术经济报告》（以下简称"1954 年黄河规划"），拟定小浪底水利枢纽是以发电为主的径流电站；1958 年提出《小浪底水利枢纽设计任务书》，拟定小浪底水利枢纽以发电为主，综合利用，合并小浪底、八里胡同为一级开发；1960 年 5 月《小浪底水利枢纽选坝报告》，确定小浪底水利枢纽的开发任务，以发电为主，结合防洪、航运、灌溉和供水，其正常高水位为 280m。

第二阶段，1969—1974 年。提出《黄河三秦干流河段规划》及小浪底水利枢纽工程规划设计报告。本阶段在三门峡和小浪底间主要进行一级和二级开发方案的比较论证，推荐小浪底高坝水库一级开发方案，以发挥防洪、防凌、减淤、灌溉、发电等综合利用效益。鉴于小浪底高坝一次建成工程量大、投资多，且近期只需要防洪库容 36 亿 m³，故结合地质条件，选择青石嘴坝址一级开发方案，正常蓄水位 265m，原始库容 91.5 亿 m³，采取分期加高实施。第一期工程，水库正常蓄水位 230m，原始库容 38.5 亿 m³，初期有效库容 36 亿 m³，后期有效库容 30 亿 m³，基本解决了下游防洪、防凌问题，并有灌溉、发电的综合利用效益，不考虑下游减淤问题。

第三阶段，1975—1981 年。首次明确提出主要从下游减淤出发，小浪底水利枢纽工程修建高坝，开发任务为防洪、防凌、减淤、灌溉、发电，综合利用。进行了水库一次抬高水位蓄水拦沙运用和逐步抬高水位拦粗（沙）排细（沙）运用方案的比较。选择最高蓄水位 275m，原始库容 126.5 亿 m³。为了提高水库初期运用的发电效益，推荐水库建成后一次抬高水位至 250m 的高水位蓄水拦沙运用方案。1981 年水利部组织审查讨论，审查认为，小浪底水利枢纽工程的开发任务应以防洪、减淤为主，要采取逐步抬高主汛期水位拦沙和调水调沙的运用方案，并提出水库运用初期不考虑发电的意见。这一阶段先后提出小浪底水利枢纽工程规划报告和规划要点报告，进行了小浪底水利枢纽与桃花峪水利枢纽和龙门水利枢纽的方案比较论证。

第四阶段，1982—1984 年。在此阶段进行小浪底水利枢纽工程可行性研究，于 1984 年 2 月提出《黄河小浪底水利枢纽可行性研究报告》，并报请国家审查。该阶段提出了工程的开发任务为：以防洪（包括防凌）、减淤为主，兼顾供水、灌溉和发电。研究了 265m、270m、275m 三个不同最高蓄水位方案的各项指标，对不同蓄水位方案的死水位、汛期限制水位、滩面高程、泄流规模、有效库容、拦沙库容、减淤效益、装机容量、保证出力、年发电量、淹没损失、工程量、总投资、经济效益等进行比较，进一步论证坝址处单薄分水岭的处理措施，最终推荐最高蓄水位为 275m 的方案。由于一次建成方案投资多、工期长，为减少国家近期投资，早日解决下游洪水威胁，于 1984 年 6 月提出了《黄河小浪底水利枢纽可行性研究（补充）报告》（分期施工方案）。对分期施工的初期最高蓄水位 245m、250m、255m 的三个方案进行比较，研究各方案的设计水位指标、滩面高程、有效库容、拦沙减淤效益、发电效益、淹没损失、工程量、总投资、经济效益等。推荐初期最高蓄水位为 250m 的方案作为小浪底水利枢纽工程初期规模。原水利电力部于 1984 年 8 月对可行性研究报告组织了审查，审查意见指出，工程最终规模应力争达到可行性报告中推荐的最高蓄水位 275m 方案。整个工程分两期进行。为减少初期移民也有利于提高减淤效果，应研究适当降低汛期运用水位的合理性，水库运用水位根据需要逐渐提高。

第五阶段，1985—1988 年。在此阶段进行小浪底水利枢纽工程设计任务书的研究和初步设计。国务院同意设计任务书确定的工程开发任务应以防洪（包括防凌）、减淤为主，兼顾供水、灌溉、发电等综合利用，同意设计任务书确定的水库运用方式和工程总体布置，按最高蓄水位 275m 方案进行设计，长期有效库容约 50 亿 m^3，装机容量 1560MW，泄洪、排沙、发电引水隧洞等建筑物集中布置在左岸。1988 年 3 月提出《黄河小浪底水利枢纽初步设计报告》，报请国家审查。初步设计报告包括有《水文气象》《工程规划》《经济评价》等 13 篇专题报告及 3 个附件报告。

第六阶段，1989—1996 年。在此阶段进行小浪底水利枢纽工程招标设计阶段和技术设计阶段的工程规划。1988 年 3 月提出初步设计报告后，接着进行招标设计阶段的工程规划，对小浪底水利枢纽工程的防洪、防凌、减淤、供水、灌溉、发电等作用和效益进行了大量的补充工作，提出很多专题报告，总装机容量扩大为 1800MW，论证了一次完成装机 1800MW 的经济合理性。由于规划工作基础扎实，1993 年通过世界银行贷款立项的正式评估，并为工程的顺利建成打好基础。

（2）工程建设历程。小浪底水利枢纽在我国"八五"期间开工建设，此时正处于我国从计划经济向市场经济过渡阶段。工程部分利用世界银行贷款及商业贷款，主体土建工程及关键机电设备实行国际竞争性公开招标，工程建设管理、设计及施工全面和国际接轨。小浪底水利枢纽工程的建设模式填补了我国水利工程建设的空白。前期准备工程于 1991 年 9 月 1 日开工，1994 年 4 月 21 日通过水利部主持的前期准备工程验收。主体工程于 1994 年 9 月 12 日开工，1997 年 10 月 28 日实现截流，1999 年 10 月 25 日下闸蓄水，1999 年 12 月 26 日首台机组并网发电，2001 年 12 月 31 日最后一台机组并网发电，历时 11 年，共完成土石方挖填 9478 万 m^3，混凝土 348 万 m^3，钢结构 3 万 t，安置移民 20 万人，取得了工期提前，投资节约，质量优良的好成绩，被世界银行誉为该行与发展中国家合作项目的典范。2002—2008 年，小浪底水利枢纽工程先后通过了安全技术鉴定、工程及移民部分竣工初步验收和水土保持、工程档案、消防设施、环境保护、劳动安全卫生等专项验收。2008 年 12 月，小浪底水利枢纽工程通过竣工技术预验收。2009 年 4 月 7 日，小浪底水利枢纽工程顺利通过竣工验收。

5.2.2　工程规划中的生态理念

小浪底水利枢纽的规划始于 20 世纪 50 年代，虽然年代久远，当时对生态环境保护的重视程度远不如当前，但小浪底水利枢纽在规划过程中仍从多方面考虑了减轻工程建设的生态破坏和提升工程的生态保护作用。

（1）坝型与筑坝材料设计。小浪底水利枢纽规划设计阶段提出了多个坝址及相应的坝型设计方案，包括：1954 年选择河谷最窄的三坝址下线为低坝坝址；1960 年推荐二坝址为重力坝高坝坝址；1971 年推荐一坝址，利用左岸岩石平台，布置重力式溢洪道，与河床段土石坝连接，形成混合坝型。随着地质勘探工作的进一步深入，结合经济分析和施工技术分析，最终选择一坝址建设小浪底水利枢纽，将坝型设计为壤土斜心墙堆石坝。坝型选择的主要影响因素是工程地质条件、工程量、工程造价和施工工艺，但同时也考虑了坝址的自然生态条件。首先，与重力坝相比，土石坝可以直接利用当地的土石资源，减少混凝土制造与运输造成的生态破坏；其次，可以利用坝址处的天然淤积铺盖作为辅助防渗，以减少防渗工程量。

筑坝材料在保障坝体安全的前提下，优先选用坝址附近的土石料，减少筑坝材料运输成本及运输中产生的生态环境破坏。设计将小浪底水利枢纽大坝基础开挖、洞群进口开挖、洞身和地下厂房开挖等产生的开挖料作为建筑材料。开挖料主要有黄土、砂砾石、明挖和洞挖岩石料、各倾倒变形体滑坡体和坡积的土夹石材料。开挖料主要用于上游围堰建造、围堰靠右岸的水平铺盖、心墙基础回填、下游压戗堆石料等。

小浪底水利枢纽的开挖料并不能得到完全利用，因此在左右岸各设计了 1 个弃渣场，要求尽量将弃料弃入库区，以减少对周边生态环境的破坏；如果不能弃入库区，应尽量为填沟造地创造条件。

（2）大坝防渗设计。小浪底大坝河床段的防渗设计思想是：以垂直防渗为主，水平防渗为辅。即以防渗墙防渗为主，坝体上游铺盖和泥沙淤积为辅。坝前泥沙淤积的良好防渗作用在黄河上游及其他一些中小型工程中已得到验证。小浪底水利枢纽规划阶段设计了围堰靠右岸的水平铺盖，利用开挖料填筑，减少了混凝土用量。在右岸滩地原有的黄土覆盖层之上，设置了人工铺盖，从而加强右岸滩地的防渗效果。由于设置了水平人工铺盖，将上游围堰混凝土防渗墙长度减少约 280m，减少防渗面积 8000m²。

（3）左岸山体工程设计。小浪底水利枢纽规划设计中，将左岸山体视为主坝的延伸，所有的泄水、发电建筑物都集中布置在左岸山体中，包括：3 个孔板泄洪洞、3 个明流泄洪洞、3 个排砂洞、6 个发电洞和地下厂房、1 个灌溉洞和 1 条正常溢洪道。这种将泄水、发电建筑物布置在山体内部的设计方式尽可能地减少了对地表植被的破坏。

（4）水电站装机容量设计。小浪底水电站装机容量为 6 台×300MW。选择这一装机容量的主要影响因素是工程本身的技术经济特性、河南省电网负荷特性、电源结构及设计水电站在电网中承担的任务和作用等。同时，在小浪底水电站功能定位和装机容量计算中，也考虑了水电对区域生态环境的保护作用。

小浪底水电站的供电范围主要是河南电网。河南省常规水电资源少，电网以火电为主。火电煤炭消耗量大、空气污染严重，造成了严重的生态环境污染。在小浪底水利枢纽投产前，河南电网较大的水电站只有三门峡水电站和故县水电站，两座电站装机容量仅占河南全省装机容量的 3.3%，调峰电源主要是火电站。火电调峰能力差，2000 年河南电网统调最大峰谷差率达到 39.91%，远远超过河南电网的正常调峰能力，火电机组不得不采用大机组投油助燃、200MW 以下机组启停调峰等非常规措施，导致电网燃料费增加、经济性较差，火电机组事故增加、使用寿命缩短。为了增加调峰能力、减少煤炭使用量，小浪底水电站在功能定位中考虑了河南电网特征，明确小浪底水利枢纽建成后主要承担河南电网的调峰任务，并为河南省提供清洁能源。

（5）不稳定流应对方案设计。小浪底水利枢纽调峰运用将对下游生态环境造成较大的影响。一方面，小浪底水利枢纽调峰运用产生的不稳定流主要影响小浪底至花园口河段，该河段存在较严重的水质污染问题，当小浪底水利枢纽下泄流量较小时，会加剧该河段水质恶化。另一方面，小浪底水利枢纽调峰运用产生的不稳定流会破坏孟津黄河湿地自然保护区生物栖息环境。黄河流入孟津县白鹤镇西霞院村后，由峡谷进入平原，河床变宽，水流变缓，河床淤积，河道多变，形成大面积的水域滩涂。1995 年经河南省政府批准设立孟津黄河湿地自然保护区，总面积 8400hm²，保护对象是湿地水禽及野生动植物资源。由于绝大部分水禽主要集中在面积较大的河岸滩地和河心岛，这些地方在秋冬季河水流量变小时露出，形成水禽聚集点。小浪底水利枢纽调峰运行时，下泄流量忽大忽小，不仅水流经常淹没水禽栖息地，而且下游河道将产生冲刷和坍塌，一些嫩滩、河心岛将不复存在，影响水禽栖息和繁殖。

在规划设计阶段设计了两种方案来解决不稳定流造成的生态环境问题：

1）在小浪底水利枢纽运行初期，小浪底水电站必须下泄一定的基流，承担部分基荷容量。这些基流可以减少不稳定流对小浪底至花园口河段的生态环境破坏。

2）下泄基流并不能完全解决不稳定流造成的生态环境问题，且会造成水资源浪费。因此在小浪底水利枢纽规划设计中提出尽快修建西霞院反调节水库，对小浪底水利枢纽下泄的不稳定流进行反调节。西霞院水利工程和小浪底水利枢纽是实现水资源优化利用和生态环境保护的不可分割的整体。小浪底水利枢纽和西霞院水利工程联合调度有利于改善下游河道的水质和生态环境，消除小浪底水利枢纽下泄的不稳定流对下游生态环境造成的不利影响，生态环境效益显著。

（6）库区周边生态环境建设规划。小浪底水利枢纽是一座规模宏伟的大型水利工程，具有防洪（防凌）、减淤、供水、灌溉和发电等功能，为了保持水库的长期有效库容和保护水质，改善库区周边环境，需要在库区周边进行生态环境建设。小浪底水利枢纽在规划设计阶段对库区周边生态环境建设进行了详细的设计。库区周边生态环境建设规划主要内容包括坝址附近风景林建设和库区周边防护、用材林建设。规划坝址附近风景林建设116850 亩，占库区周边规划总面积的 10.51%，以建造风景林为主，注重经济林和果园的建设，风景林、环境保护林、防护林互相结合，极大地满足水库建设、发展的需要，服务于旅游区。规划库区周边防护、用材林建设 994638 亩，占库区周边总规划面积的89.49%，以建造防护林为主，积极营造用材林和经济林，注重风景观赏树种的选择，改善库区周边生态环境条件。

5.2.3　工程建设中的生态理念

小浪底水利枢纽规划施工中的生态理念为：技术引领，采用先进技术降低施工造成的生态环境破坏；因地制宜，根据地貌特征、污染物种类等选择适宜的生态环境保护措施；多措并举，采用工程、管理、补偿等多种措施治理施工中的生态环境问题。

1. 施工建设中的水土流失防治

大中型水利水电工程与其他建设项目相比，具有建设周期长、影响面积大、工程开挖量和堆弃渣量大等特点，在工程建设和运行期间，如不采取水土保持措施或采取措施不当，可能产生较严重的水土流失和水土流失危害，给生态环境造成严重破坏。小浪底水利枢纽在建设中采取了多种水土流失防治措施，有效减少了库区及周边水土流失。

根据水土流失防治责任范围区域、施工区总体布局、土地使用功能、造成水土流失的特点、地形地貌，按照集中连片、便于水土保持措施体系布置的原则，将小浪底水利枢纽水土流失防治分为施工区和移民安置区。施工区分为工程占压区、乔沟东山区、小南庄区、蓼坞区、槐树庄渣场区、连地区、马粪滩区、右坝肩区、土石料场区和主要交通道路占地区。移民安置区分为乡镇建设区、农村居民点建设区和移民公路建设区。不同的区域，根据地形地貌、地表植被的破坏情况，在水土流失预测的基础上，采用不同的水土流失防治体系。对原地貌扰动程度较大、地表植被破坏严重且水土流失严重的区域，采用以工程为先导、以生物措施为主体的水土流失防治体系；对原地貌扰动程度不大、地表植被破坏较轻，产生水土流失不严重的区域采用以生物措施为主体、适当配置工程措施的水土流失防治体系；弃土弃渣区和料场开挖区采用以地表整治为主体，适当配置工程措施和生物措施的水土流失防治体系。

2. 施工建设中的污染控制

（1）水污染防治。

1）生活污水。施工期间生活污水主要通过生物处理系统和化粪池进行处理。生物处理系统处理效率高，各项污染指标较低，对黄河水质影响较小；而化粪池处理后污染物浓度较高，对黄河水质影响相对较大。生活污水虽然排放量少，仅约 2000m^3/d，但因集中排放，对黄河水质还是有一定影响。在施工高峰期的 1996 年 9 月的地面水质监测中，小浪底坝上断面 BOD_5（五日生化需氧量）、COD_{Cr}（以重铬酸钾为氧化剂测得的化学需氧量）分别为Ⅲ类或略高于Ⅲ类水，而在黄河桥下的 BOD_5、COD_{Cr}则劣于Ⅲ类或劣于Ⅳ类水。

2）生产废水。施工区生产废水按来源可分为混凝土拌和废水、含油废水、洗车废水及洗料废水。混凝土拌和废水水量较小，经过沉淀处理后排入黄河，经稀释后对黄河水质无明显影响；含油废水采用隔油池和油水分离器处理，基本能做到达标排放；洗车废水采用先沉淀后除油的方法，处理效果良好，基本能达标排放；洗料废水循环利用，基本对黄河水质无影响。

（2）大气污染防治。小浪底水利枢纽施工过程中的大气污染主要由粉尘污染引起。施工活动中产生的粉尘污染主要分布在寺院坡料场、石门沟石料场与消力塘、交通运输干线、洞群系统等，有害气体主要发生在地下厂房、洞群系统、炸药爆破等。施工中通过以下措施防治大气污染：施工现场及洞群内以改进施工方法为主，采用湿钻等方法，在一定程度上降低了粉尘污染；加强洞内通风，对现场施工人员加强劳动保护；按时洒水，减少了道路、施工现场扬尘污染。

（3）固体废弃物污染。施工区固体废弃物包括生产废弃料、生活垃圾、医院垃圾等。

1）弃渣。施工产生的弃渣按照规划设计送到指定的渣场，在堆弃渣过程中注重环境保护，不影响支沟行洪和交通运输。

2）生产垃圾。各工作场地、车间有足够的垃圾桶收集生产垃圾，能回收利用的送交废旧物资回收站处理，其余的集中送往小南庄弃渣场掩埋。

3）生活垃圾和医院垃圾。安排专人打扫卫生，设置足够数量的垃圾箱、垃圾桶，生活垃圾定期集中收集送往小南庄弃渣场掩埋处理。

（4）噪声污染防治。根据小浪底施工区噪声污染情况，主要采取了如下控制措施：选用噪声低的施工机械，或在施工机械上安装消声装置；加强个人防护，对现场人员发放耳塞、耳罩；在生活区植树造林，周围设置围墙等；加强环境监理监督，对施工区噪声污染较重的区域限期整改。这些措施在一定程度上减少了噪声对周围环境的影响，有的得到了根本解决，有的得到了一定程度的解决。对于无法解决的噪声污染，通过搬迁、补偿等方式解决了纠纷。

5.3 调度运行的生态理念

5.3.1 作用定位

小浪底水利枢纽的开发任务是以黄河下游防洪（包括防凌）、减淤为主，兼顾供水、灌溉、发电，除害兴利，综合利用。

（1）防洪作用定位。黄河下游河道为"地上悬河"，河床不断淤积升高，河道排洪能力不断减小，堤防不断加高，洪水威胁日益严重，不仅威胁下游两岸人民的生命财产安全，也给下游生态环境带来了极大的破坏风险。小浪底水利枢纽建成后，可长期保持有效库容 51 亿 m³，其中防洪库容 40.5 亿 m³。小浪底水利枢纽与三门峡、陆浑、故县等水利枢纽联合防洪运用，能够发挥更大的防洪作用。

1）对于 100 年一遇洪水，可使花园口洪峰流量由 25780m³/s 削减至 15700m³/s，孙口洪峰流量为 13140m³/s，仅用东平湖老湖区分洪即可满足陶城铺以下安全流量的要求。

2）对于 1000 年一遇洪水，可使花园口站的洪峰流量由 34420m³/s 削减至 22600m³/s，只用东平湖滞洪区分洪，不使用北金堤滞洪区。

3）对于 10000 年一遇洪水，可使花园口洪峰流量由 41710m³/s 削减至 27350m³/s，花园口至高村河段行洪的安全程度有较大提高，北金堤滞洪区分洪 6.6 亿 m³，东平湖分洪 17.5 亿 m³ 即可。

4）对出现概率较大的中常洪水，根据下游防洪情势需要可利用小浪底水利枢纽适当控泄，保障防洪安全。小浪底水利枢纽可以控制花园口5年一遇洪峰流量不超过8000m³/s，减小滩地淹没损失。

5）减轻三门峡水利枢纽蓄洪运用概率和蓄洪负担，可减少三门峡水利枢纽黄河库区和渭河库区的洪水淤积。对三门峡以下发生的大洪水，三门峡水利枢纽控制运用的概率由10年一遇减小到100年一遇。100年一遇蓄洪量由14.7亿m³减少到1.96亿m³，1000年一遇蓄洪量由34.75亿m³减少到16.87亿m³，10000年一遇蓄洪量由48.24亿m³减少到30亿m³。对三门峡以上发生的大洪水，利用三门峡水利枢纽先敞泄滞洪后控泄运用，缩短高水位蓄洪运用的时间，减少潼关以上渭河下游和黄河小北干流的淤积量。

（2）防凌作用定位。黄河下游河道每年冬春之交，上段已开河而下段仍继续封冻，致使冰块壅塞，形成冰坝，引起水位骤升，危及堤防安全和两岸人民生命财产损失。中华人民共和国成立前凌汛决口频繁，1951年和1955年河口地区两次凌汛决口。利用三门峡水利枢纽控制凌汛期流量收到了良好的效果，但由于受到潼关河床高程的制约，一般情况下，要限制防凌蓄水位不超过326m，防凌调蓄库容只能提供18亿m³，山东河段凌汛威胁仍未解除。由于黄河上游刘家峡水利枢纽和龙羊峡水利枢纽的调节运用，增大了非汛期的来水流量，下游防凌需调控库容35亿m³，其中小浪底水利枢纽承担20亿m³、三门峡水利枢纽承担15亿m³。

根据设计水平1950—1975年系列的调节计算，25年中除去未封冻的2年外，其余23年三门峡水利枢纽均需要投入防凌运用，最高蓄水位达329m，并且齐河北展分凌区需分凌8次，垦利南展分凌区需分凌3次。小浪底水利枢纽修建后，与三门峡水利枢纽联合防凌运用，不但可以避免下游山东河段两个展宽区的防凌，而且三门峡水利枢纽在该25年系列中也只有5年投入防凌运用，最高蓄水位324m。这样，不但避免了下游分凌区的淹没损失，减轻了三门峡水利枢纽防凌运用的负担，还大大提高了下游安全防凌的可靠性。

（3）减淤作用定位。黄河下游防洪问题的症结在于大量泥沙持续强烈淤积抬高河床，河道排洪能力不断降低，防洪大堤不断加高，堤防存在"漫决、溃决、冲决"的危险（包括凌汛决口），对两岸广大地区人民的生命财产安全和生态安全造成严重威胁。小浪底水利枢纽正常蓄水位275m，总库容126.5亿m³，在水库后期采用蓄清排浑和调水调沙运用，可形成高滩深槽平衡形态，长期保持有效库容约51亿m³，其中41亿m³滩库容供防洪、防凌和供水、灌溉、发电等调蓄运用，10亿m³槽库容供主汛期调水调沙和多年调沙运用，长期使下游河道减淤。在水库初期"拦沙和调水调沙"运用，最大有80亿m³库容（已扣除库区支流河口拦沙坎淤堵的3亿m³无效库容）可供拦沙和调水调沙运用，与三门峡水利枢纽现状方案相比，可以使黄河下游获得巨大的减淤作用。

经过2000年设计水平6个50年代表系列计算，对下游河道的减淤作用主要表现在：

1）水库运用50年，按6个50年代表系列平均计算，水库拦沙101.7亿t，下游全断面减淤78.8亿t，全断面相当不淤年数不少于20年，拦沙减淤比为1.3:1。

2）小浪底水利枢纽运用可对全下游河道产生减淤作用。下游艾山以上河段和艾山以下河段的减淤基本上是同步的，只是表现方式有差异。在艾山以上河段，一般为河槽先连续冲刷后连续回淤，均为较和缓地进行，避免大冲大淤和大量塌滩；在艾山以下河段，一般为河槽连续微冲微淤，相对平衡，滩地很少坍塌。按6个50年代表系列平均计算，水库初期运用前 20 年，艾山以上和艾山以下河段，基本不淤积；水库后期运用，黄河下游河道仍继续减淤，比三门峡水利枢纽现状方案，年平均减淤 0.3 亿～0.4 亿 t。

3）小浪底水利枢纽在初期运用前 15 年，按 6 个 50 年代表系列年平均计算，进入河口河段的泥沙量减少 35.4 亿 t，年平均减少 2.36 亿 t，将很大程度地减缓河口的淤积延伸，有利于河口流路较长时间地延长行水年限。而且由于水库调水调沙运用，利用大水输沙也可以增加进入深海区域的泥沙量，对减缓河口延伸也是有作用的。

4）在小浪底水利枢纽初期拦沙和调水调沙运用的 20～28 年内，可以保持下游河槽冲淤交替相对不抬高和滩地大量减淤，保持与提高了下游河道排洪能力，为下游防洪安全提供了保障，在 20 年内或略长的时段内可以基本不加高大堤。如果没有小浪底水利枢纽，则在 2000 年设计水平的水沙条件下，三门峡水利枢纽现状方案，将使黄河下游年平均淤积 3.79 亿 t，与三门峡建库前 1950—1960 年下游年平均淤积 3.8 亿 t（含东平湖淤积）相当，需要平均每 10 年加高一次大堤。

（4）供水作用定位。黄河下游引黄地区跨黄、淮、海三大流域，涉及豫、鲁两省 21 个地（市）83 个县。由于黄河中游干流缺乏调节工程，下游地区在枯水季节水量不足，甚至出现断流，对工农业生产、城市生活、生态环境造成极其不利的影响。

小浪底水利枢纽建成生效后，在设计情境下，下游城市生活及工业用水可以完全得到满足，并满足向青岛市补水，向河北省、天津市调水 20 亿 m³；黄河来水经调节后能更好地适应引黄灌溉要求，其多年平均值可使花园口断面 3—6 月来水量由无小浪底水利枢纽条件下的 66.3 亿 m³ 增加到 87.9 亿 m³，增加可利用的径流量 21.6 亿 m³，中等枯水年份保证利津断面最小流量不小于 50m³/s，缓解断流影响。

（5）发电作用定位。河南电力系统几乎为一个纯火电系统，调峰问题一直突出，火电污染问题也十分严重。小浪底水利枢纽地处河南电网负荷中心，电站投运后将显著改善电网的运行条件，提高电网的调峰能力。小浪底水电站装机 6 台，总装机容量 1800MW。保证出力在水库运行前 10 年为 283.9MW，10 年后为 353.8MW；多年平均发电量在水库运行前 10 年为 45.99 亿 kW·h，10 年后为 58.51 亿 kW·h；年平均可节约标准煤 155 万～192 万 t，减轻环境污染。小浪底水电站规模大，调节性能好，可以承担电网的调峰任务，在下游西霞院反调节工程建成后调峰作用更大。扣除 1 台常年检修容量后，小浪底水电站可承担电网的调峰容量，在水库运行的前 10 年为 1200～1500MW，10 年后为 1400～1500MW，将缓解电网调峰容量不足带来的一系列问题，弥补火电机组承接负荷慢的缺点，提高电网的供电质量。

5.3.2　生态调度

虽然小浪底水利枢纽规划设计阶段并未考虑生态调度，且运行初期并未考虑生态调度，但随着生态保护政策和理念的不断进步，小浪底水利枢纽功能日渐丰富，生态调度从探索试验逐渐成为常规调度任务。

（1）生态调度规则。塑造有利的补水时机。相较三门峡断面水量条件，利用小浪底水利枢纽的调蓄库容，在最有利的关键期塑造河道内的大流量过程，起到向下游河口湿地补水的效果。例如，2010 年 6 月向河口湿地大流量补水时（见图 5.3-1），三门峡断面来水条件峰值流量要晚于关键补水期数日，此时通过小浪底水利枢纽利用库容存水，提前数日塑造大流量过程，并大大抬高流量峰值，增加河口湿地的洪水漫滩概率，通过地表漫流形式给湿地补水，改善滩区湿地内土壤水分的含量，使部分距河道较远、靠河流漫滩补充水分的低滩同样得到生态补给。

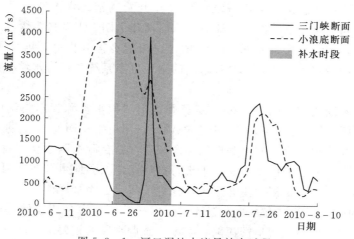

图 5.3-1　河口湿地大流量补水过程

（2）抬高河道内的引水流量。在 12 月至次年 2 月的补水期，为营造下游河道有利于白洋淀补水的流量条件，需要充分发挥小浪底水利枢纽调蓄能力，在三门峡断面流量条件下，补水增峰，发挥水库调蓄作用，稳定抬高河道内的流量，便于下游河道向白洋淀补水。如 2010 年 12 月至 2011 年 3 月，黄河下游通过位山闸门向白洋淀补水 0.93 亿 m^3，小浪底水利枢纽在三门峡断面实测流量基础上，分别于 12 月、1 月、2 月增泄流量 $100m^3/s$、$70m^3/s$、$170m^3/s$，以塑造下游河道向流域外补水的流量条件（见图 5.3-2）。

（3）生态调度实践。黄河横贯中国西北和华北地区，是我国西北、华北、渤海生态连通的重要廊道，对于维持华北地区水资源安全和生态安全具有重要意义。但是，黄河水资源匮乏，社会经济快速发展用水量持续大幅增加，供需失衡问题突出，有限的水资源难以支撑在全流域内实现良好的生态环境。20 世纪后期，尤其是 20 世纪 90 年代末，黄河下游频繁断流、河口湿地萎缩、海水入侵及近海生态恶化，黄河流域水生态失衡加剧。面对日益严峻的水资源和水生态问题，为遏制流域生态环境不断恶化的趋势，

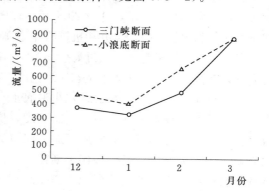

图 5.3-2　2010 年 12 月至 2011 年 3 月小浪底水利枢纽增泄情况

充分保护流域生态环境，贯彻国家生态保护红线要求，黄河水利委员会（以下简称"黄委"）提出了维持黄河健康生命的治河新理念，将水生态保护纳入黄河治理开发与保护六大体系，构建了黄河流域水生态保护体系，以建设流域生态文明为目标开展生态保护与修

复工作，对中下游及河口地区实施生态保护与修复工作，先后开展了黄河水量统一调度、调水调沙及生态调度、敏感区生态修复等系列实践活动。

1999 年，黄委对黄河流域实施水资源统一管理和水量统一调度，通过上下游的龙羊峡、刘家峡、万家寨、三门峡、小浪底等水利枢纽联合调度，实现了下游河道不断流，也使得下游河道和河口生态系统逐步恢复。2002 年开始实施调水调沙，以小浪底水利枢纽为核心，万家寨和三门峡水利枢纽为辅助，汛前期和汛期人工塑造高含沙水流，降低了下游河道的洪水位，加大了平滩流量，下游主槽过流能力得到提高，增加了冲刷入海的沙量，改变了河口的淤积延伸变化，对三角洲的湿地生态系统和近海水域生态系统产生了较大影响。

在实现黄河不断流的基础上，2008 年黄委提出"把水资源管理与调度的重点转向实现黄河功能性不断流"，首次实施了黄河生态调度（河口生态调度）。根据河口三角洲湿地生态系统需水规律，通过小浪底水利枢纽生态调度，结合调水调沙有计划地向三角洲湿地进行生态补水。河口生态调度初步满足了现行黄河三角洲湿地生态系统用水，兼顾了河口近海水域生态用水，改善了湿地生态系统，保护了河口生物多样性。

2010 年，为改善刁口河流路的生态环境、保护黄河入海备用流路，防止刁口河口岸线蚀退，黄委作出了"启用刁口河流路，实施生态调水"的重要决策，开始实施"黄河三角洲生态调水及刁口河流路恢复过水试验"，通过小浪底水利枢纽生态调度对刁口河及尾闾湿地进行生态补水。

2015 年，根据国家生态文明建设意见和国务院印发的《水污染防治行动计划》要求，水利部以《关于印发落实水污染防治行动计划主要任务实施方案的通知》（水资源〔2015〕325 号），部署在黄河流域开展生态流量试点工作。计划利用 2016—2018 年三年时间，以黄河下游为试点河段，组织开展了黄河下游生态流量研究、调度管理、跟踪监测、效果评估、方案优化等实践工作。通过深入分析、研判试点区域生态保护与修复情势，明确各关键时段和重点对象生态需水要求，并于 2017 年、2018 年连续两年根据黄河水资源条件实施了敏感期小浪底水利枢纽生态调度并相机进行生态廊道功能维持实践探索。调度过程中注重水文、水生态、水生生物栖息地以及近海生境等方面跟踪监测，及时反馈监测评估情况并对生态调度方案动态优化。初步建立了生态流量调度工作机制，取得了良好的生态效益。

经过近十几年的摸索与尝试，小浪底水利枢纽参与的黄河水量统一调度、以小浪底水利枢纽为核心的调水调沙及河口生态调度，均取得了显著的社会经济和生态环境效益。通过水资源统一管理和调度，实施下游和河口地区等重点河段和区域生态敏感期等重要时段生态修复，保障了黄河连续多年不断流，黄河三角洲生态系统退化得到初步遏制和一定程度的修复，刁口河流路退化湿地生态系统正向演替趋势明显，近海水域生态环境得到一定程度改善，重点区域生态状况显著改善。

除黄河生态调度外，小浪底水利枢纽通过塑造适宜的流量过程，有效支撑了引黄济淀、引黄入冀补淀等从黄河下游干流引水的流域外生态补水实践。

5.3.3　其他调度的生态理念

小浪底水利枢纽规划的开发任务是防洪（防凌）、减淤、供水、灌溉、发电。这些开发任务在除害兴利的同时，也能够发挥生态保护作用。

（1）防洪调度的生态理念体现。小浪底水利枢纽建成运行后，其设计防洪库容为 40.5 亿 m³，与黄河干流的三门峡水利枢纽，支流伊洛河上的陆浑、故县水利枢纽，支流沁河上的河口村水利枢纽，共同组成以小浪底水利枢纽为核心的中游五库联合防洪调度工程体系。

防洪调度的主要目的在于保护黄河下游两岸及滩区人民的生命财产安全，同时也间接保护了相应地区的生态环境。防洪调度的生态作用主要体现在两个方面：①对花园口流量超 10000m³/s 的大洪水实施调度，将洪峰流量控制在下游河道设防流量以内，确保下游河道两岸堤防不决口，避免了堤防决口带来的淹没区生态灾难；②利用小浪底水利枢纽剩余库容较大的优势，对花园口流量 4000～10000m³/s 的中小洪水进行削峰滞洪，尽量控制洪水不上滩，减少下游滩区的淹没损失，间接保护了滩区的生态环境。

大洪水防御重在确保堤防不决口。黄河下游为世界著名的地上悬河，河道堤内河床普遍高出堤外地面 4～6m，最大高差达到 13m。一旦黄河发生决口，水沙俱下，如天河倒灌，水流冲击破坏力强，对洪水泛滥区域不仅造成了严重的生命财产损失，洪水过后，水退沙留，泥沙的掩埋使得受灾地区生态环境长期难以恢复。当黄河中下游发生大洪水时，首先通过中游五库联合调度，削减洪峰流量，后期视洪水上涨情况，相机启用下游北金堤、东平湖滞洪区进行分洪，将洪峰流量控制在下游河道沿程设防流量以下，确保两岸大堤不决口，保障黄河两岸黄淮海地区的生态安全。

中小洪水防御重在控制洪水不漫滩。目前黄河下游滩区仍居住着约 190 万人口，分布有大量的乡村、农田。洪水上滩之后将破坏淹没区的陆地及滨岸植被，引发水土流失而导致土地贫瘠沙化，破坏部分生物的栖息地，或直接导致鱼类、底栖动物等水生生物的死亡。洪水裹挟着大量的泥沙、农药残留物、城市生活废水、生活垃圾、工业废渣等污染物，容易造成淹没区严重的水污染问题，洪水过后往往留下大量的垃圾、废弃物，地表植被也会因被泥沙淤埋而致死亡。小浪底水利枢纽工程投入运行后，实际入库水沙量与设计值相比明显偏少，淤积速度相对较慢，水库剩余拦沙库容仍较大。利用其剩余库容较大的便利条件，对中小洪水进行有效控制，通过削峰滞洪，尽量使洪峰流量降至下游河道最小平滩流量以下，避免了洪水的大面积漫滩，有效保护了滩区的生态环境。

（2）防凌调度的生态理念体现。黄河下游河道自西南流向东北，由于纬度的差异，山东省河段（下段）封河时间较河南省河段（上段）提早约 10d，开河时间却比河南河段晚近 20d。封河期因冰凌阻水，泄流不畅，增加河道槽蓄水量；开河期上段先开，冰水及前期槽蓄水量一起下泄，下段尚未解冻，容易形成冰塞、冰坝，水位快速升高，造成凌汛，引发洪水，破坏堤防，造成区域洪水淹没，进而破坏生物栖息地，导致生物死亡、水土流失等系列生态问题。黄河下游河道上宽下窄，封河期槽蓄水量大部分集中在上段，下段河道窄深而弯多，容易卡冰壅水，进一步加重了凌汛的威胁。

通过小浪底水利枢纽的防凌调度，确保了凌汛期下游河道流量过程平顺，避免因凌汛险情而引发洪水，间接保护了凌汛期黄河下游两岸及河道滩区的生态安全。

封河期加大下泄流量，形成封河高冰盖，增大冰下过流能力。凌汛前通过小浪底水利枢纽预蓄部分水量，在黄河下游封河前，下泄较大流量，避免黄河下游小流量封河，确保下游封冻后冰盖下具备较大的过流能力，为维持凌汛期下游过流稳定奠定基础。

稳封期控制水库下泄流量，维持下游河道过流平顺稳定。待黄河下游河道封冻稳定后，水库防凌进入控制运用阶段，根据下游封冻情况和冰下过流能力，逐步减小下泄流量，直到安全开河。即在下游河道封河后，逐步减小小浪底水利枢纽的出库流量，考虑区间加水、用水后凑泄花园口流量达到封河期控泄流量，同时兼顾下游河道的生态和供水需求。

开河期水库适度拦蓄，减小下泄流量，形成"文开河"。在下游开河的当旬进一步控制小浪底水利枢纽出库流量，凑泄花园口流量不大于开河流量；封冻河段全部开通以后视来水和下游用水情况逐步加大出库流量。泄水时先行泄放三门峡水利枢纽的蓄水，之后才是小浪底水利枢纽蓄水。通过水库调度，减小山东省河段泄水压力，使得开河过程平顺，避免发生严重的冰塞、冰坝，造成滩区淹没或堤防缺口险情，间接保护了区域的生态安全。

（3）减淤调度的生态理念体现。自近代以来，黄河下游河道治理主要采用"宽河固堤"的理念，不断加高培厚两岸堤防。由于黄河水少沙多，水沙不协调，下游河道比降平缓，导致大量的泥沙淤积，下游河床则逐年抬高，逐渐成了著名的地上悬河。河道淤积抬高了下游河底高程，流量水位不断升高，增加了堤防决口的风险，对两岸黄淮海地区的生态环境构成严重的威胁；河道淤积还导致了主河槽的萎缩，使之过流能力降低，洪水漫滩概率增大，加大了洪水对黄河滩区生态环境的影响。

小浪底水利枢纽工程建成以后，通过拦沙和调水调沙，使出库水沙过程趋于协调，遏制了下游河床逐年抬高的趋势，扩大了主槽过流能力，降低了两岸堤防决口风险，减小了洪水漫滩淹没的概率，有效地保护了黄河下游两岸及河道滩区的生态安全。

（4）供水灌溉调度的生态理念体现。经济社会用水部门从河道内大量引水导致河道内生态水量不足，进而引发河流湿地退化、生物多样性减小，在干旱枯水期甚至会导致河流断流。此外，当河流供水能力不足时，可能会发生地下水超采现象，造成地下水位下降、地面塌陷等生态问题。小浪底水利枢纽运行后，10 月至次年 6 月的调节期均为高水位蓄水调节径流运用。通过洪水资源化利用，提高了枯水期和干旱年份的供水量，为下游引黄供水区塑造了良好的供水条件，并在下游区域发生旱情时，承担临时的应急抗旱任务。总结小浪底水利枢纽的供水灌溉及抗旱补水调度运行，最核心的生态理念为利用调蓄库容，塑造匹配下游需水过程的河道内流量条件。

三门峡断面位于小浪底水利枢纽上游，其流量可视为小浪底水利枢纽的入库流量。小浪底断面位于小浪底水利枢纽下游，其流量可被视为小浪底水利枢纽出库流量。2011—2016 年小浪底水利枢纽调节过程与下游用水匹配关系如图 5.3 - 3 所示。未经过小浪底水利枢纽调节时，下游来水过程与用水过程不匹配，7—10 月来水量较大，但在用水高峰期 3—6 月来水量较少，3 月来水量与下游用水量接近，4—6 月来水量已经低于下游用水量；经过小浪底水利枢纽调节后，出库水量与下游用水过程匹配，减小了汛期下泄流量，加大了用水高峰期下泄流量。通过水库调蓄匹配下游用水过程，避免了 3—6 月关键期引水挤占河道内生态水量和引黄灌区地下水超采所造成的生态破坏。

（5）发电调度的生态理念体现。水电是一种清洁能源，小浪底水利枢纽装机容量大，在减少碳排放、减轻大气污染、减少矿物资源消耗方面发挥了巨大作用。此外，小浪底水利枢纽遵循电调服从水调的原则，在下游常规水量调度时期，尤其是2—5月的灌溉高峰期，小浪底水利枢纽调度运行以满足下游水量需求为优先，其次考虑发电；在生态关键期、流域旱情时期、流域外生态补水等时期，发电调度让步于生态调度，核心理念是以牺牲发电效益优先保障和完成对于河道及流域内外的生态补水及环境保护的任务。

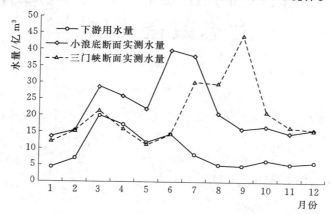

图 5.3-3　2011—2016 年小浪底水利枢纽调节过程与下游用水匹配关系

5.4　小结

将小浪底水利枢纽作为大型水利枢纽工程生态作用评估的研究对象。小浪底水利枢纽是防治黄河下游水害、开发黄河水利的关键工程，其开发任务是以黄河下游防洪（包括防凌）、减淤为主，兼顾供水、灌溉、发电，这些开发任务在除害兴利的同时也兼顾了生态保护，在黄河中下游生态保护中具有不可替代的战略地位。

随着生态保护政策和理念的不断进步，小浪底水利枢纽生态保护功能日渐完善，承担了下游河道内生态供水、黄河三角洲湿地及近海海域生态补水、沿黄省区河道外生态供水以及流域外生态补水等任务，生态调度成为常规调度任务。

第6章

小浪底水利枢纽对工程周边的生态效益评估

本章以小浪底水利枢纽工程为例评估大型水利枢纽工程的生态效益。评估现状年设定为 2019 年。

6.1 对局地气候的影响评估

6.1.1 影响机制

小浪底水利枢纽正常蓄水位 275m 时库岸线总长 1240km，淹没面积 279.6km²，淹没影响河南省洛阳市孟津县、新安县，三门峡市陕州区、渑池县，济源市和山西省运城市垣曲县、夏县、平陆县，共计 8 个县（市、区）29 个乡（镇）174 个行政村。小浪底水利枢纽蓄水后形成大面积水域（见图 6.1-1），通过蒸散发等方式改变了库区周边的水汽流通，从而影响工程周边局地气候。

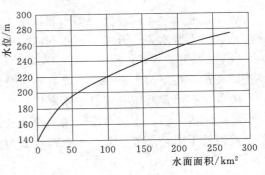

图 6.1-1 小浪底水利枢纽原始水位面积曲线

6.1.2 评估指标与数据来源

小浪底水利枢纽工程对局地气候影响的评估指标包括平均气温指标 $R_{CLI,T}$ 和平均相对湿度指标 $R_{CLI,H}$，指标含义与计算公式见 4.3.1 节。

采用 2000—2018 年小浪底水利枢纽工程周边站点实测日气象资料量化现状指标。采用相关分析法，建立周边站点与距离小浪底水利枢纽工程较远的其他气象站点（对照站点）间的相关关系，根据对照站点 2000—2018 年实测气象资料和相关关系方程量化对照指标。所选择的气象站的地理位置见表 6.1-1。

小浪底水利枢纽周边的气象站为孟津站和三门峡站。孟津站位于小浪底库区右岸，在河南省洛阳市孟津县内，地理位置 34°49′N、112°26′E；三门峡站位于小浪底库尾附近，在河南省三门峡市内，地理位置 34°48′N、111°12′E。

表 6.1-1 气象站地理位置信息

分类	台站名称	省份	海拔高度/m	距离库区/km
库区周边站点	三门峡	河南	409.9	14
	孟津	河南	333.3	12
对照站点	阳城	山西	659.5	55
	郑州	河南	110.4	120
	开封	河南	73.7	180

将阳城站、郑州站和开封站 3 个气象站作为对照组，通过对照组的长期观测数据来反映小浪底水利枢纽所在区域的气候变化趋势。阳城站位于山西省晋城市阳城县内，地理位置 $35°29'N$，$112°24'E$，海拔相对其他站点较高；郑州站位于河南省郑州市内，地理位置 $34°43'N$，$113°39'E$；开封站位于河南省开封市内，地理位置 $34°47'N$，$114°18'E$。

各气象站的气象数据来自中国气象数据网（http：//data.cma.cn）。下载各站点 1960—2018 年逐月的平均气温和平均相对湿度数据进行统计分析。

6.1.3 对工程周边气温的影响

1. 库区周边气温变化过程

（1）年均气温变化。从气象站年均气温变化可以看出（见图 6.1-2），20 世纪 90 年代前 5 个气象站年均气温变化不大，90 年代中后期年均气温开始表现出明显的上升趋势，但孟津站和三门峡站的上升趋势相对较小。20 世纪 90 年代前孟津站、三门峡站、郑州站和开封站 4 个气象站的年均气温比较接近，但 2000 年以后郑州站和开封站的年均气温明显高于孟津站和三门峡站，部分年份温差达到 2℃。

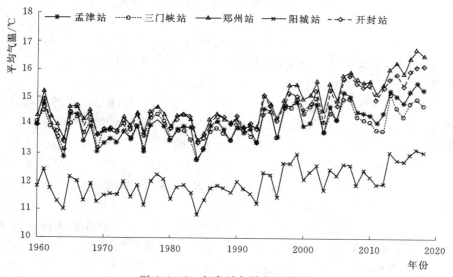

图 6.1-2 气象站年均气温变化

对 2000 年以后各站点的年均气温进行线性回归分析，趋势线斜率（℃/a）代表了年均气温的上升速率，结果如图 6.1-3 所示。在进行分析的 5 个气象站中，气温升高最快的是开封站,升温速度为 0.0735℃/a;其次是阳城站,升温速度为 0.0459℃/a;第三是郑州站,升温速度为 0.0365℃/a。工程周边的两个站点升温速度较慢,孟津站升温速度为 0.0236℃/a;三门峡站升温速度最慢,为 0.0159℃/a,约是开封站升温速度的 1/5。总体而言,工程周边站点的平均升温速度是 0.020℃/a,对照气象站的平均升温速度是 0.052℃/a。工程周边年均气温变化和对照站点年均气温变化对比显示,小浪底水利枢纽蓄水后降低了工程周边气温上升速度,工程周边气温上升速度仅是所在区域气温上升速度的 40%。

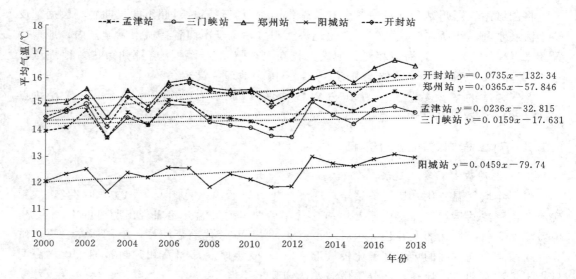

图 6.1-3　气象站年均气温线性回归分析

(2) 月均气温变化。对于 2000—2018 年每年月均气温变化(见表 6.1-2),孟津站 2—4 月气温上升速度最明显,超过 0.04℃/a,6—8 月温度基本保持不变,其中 6 月气温有轻微的下降趋势;三门峡站 2—4 月气温上升速度最明显,超过 0.03℃/a,6—11 月温度基本保持不变,其中 6 月和 8 月气温有轻微的下降趋势;郑州站全年各月气温均呈现出上升趋势,其中 2—4 月气温上升速度最明显,超过 0.05℃/a,6—8 月温度上升速度最慢,不超过 0.02℃;阳城站 2 月气温呈现出下降趋势,5 月和 6 月气温变化不明显,其他月份均呈现出明显的升温趋势,其中 8 月升温速度高达 0.12℃/a;开封站全年各月气温均呈现出上升趋势,且 1 月、7 月、8 月和 12 月升温速度均超过 0.1℃/a。

如表 6.1-2 和图 6.1-4 所示,库区周边 6—8 月气温变化幅度很小,在 ±0.01℃/a 之内,其中 6 月和 8 月气温呈现出轻微的下降趋势;2—4 月气温变化幅度最大,超过 0.040℃/a。通过对照站点反映小浪底水利枢纽所在区域的气候变化趋势,表 6.1-2 显示区域气候在各个月份均呈现出上升趋势,其中 6 月气温升高速度最慢,为 0.015℃/a;12 月气温升高速度最快,为 0.072℃/a。对比库区周边和区域气温变化,仅有 2 月库区周边气温升高速度高于区域气温升高速度,其他月份库区周边气温升高速度均低于区域气温升高速度,其中 1 月、7 月、8 月、10 月和 12 月库区周边气温升高速度比区域低 0.040℃/a

以上，8月库区周边气温升高速度比区域低 0.083℃/a。

表 6.1－2　　　　　　　　2000—2018 年气象站点月均气温变化趋势　　　　　　　单位：℃/a

月份	孟津站	三门峡站	郑州站	阳城站	开封站	库区周边均值①	对照站点均值②	差值（①－②）
1	0.024	0.014	0.030	0.063	0.107	0.019	0.067	−0.048
2	0.048	0.034	0.055	−0.017	0.034	0.041	0.024	0.017
3	0.047	0.037	0.063	0.027	0.038	0.042	0.043	−0.001
4	0.043	0.040	0.055	0.045	0.075	0.042	0.058	−0.016
5	0.015	0.017	0.037	0.003	0.072	0.016	0.037	−0.021
6	−0.008	−0.006	0.017	0.012	0.017	−0.007	0.015	−0.022
7	0.002	0.008	0.020	0.060	0.108	0.005	0.062	−0.057
8	0.001	−0.005	0.018	0.121	0.105	−0.002	0.081	−0.083
9	0.024	0.012	0.033	0.058	0.079	0.018	0.057	−0.039
10	0.028	0.008	0.040	0.064	0.078	0.018	0.060	−0.042
11	0.026	0.011	0.030	0.057	0.050	0.018	0.046	−0.028
12	0.034	0.021	0.041	0.060	0.113	0.027	0.072	−0.045

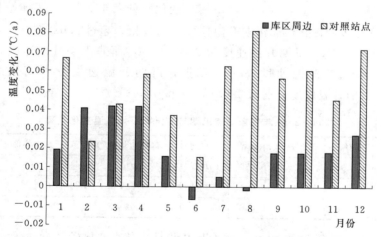

图 6.1－4　2000—2018 年库区周边及对照站点月均气温变化对比

（3）季节平均气温变化。对于 2000—2018 年每年季节平均气温变化（见表 6.1－3），本研究选择的 5 个气象站在各个季节均呈现出升温趋势：孟津站夏季气温变化最小，仅 0.003℃/a，春季气温升高最快，为 0.046℃/a；三门峡站夏季和秋季气温变化幅度很小，分别为 0.006℃/a 和 0.005℃/a，春季气温升高最快，为 0.037℃/a；郑州站夏季气温变化最小，为 0.025℃/a，春季气温升高最快，为 0.057℃/a；阳城站春季气温变化最小，为 0.018℃/a，秋季气温升高最快，为 0.081℃/a；开封站春季气温变化最小，为 0.049℃/a，秋季气温升高最快，为 0.090℃/a。

表 6.1-3 2000—2018 年气象站点不同季节平均气温变化趋势 单位：℃/a

季节	孟津站	三门峡站	郑州站	阳城站	开封站	库区周边均值①	对照站点均值②	差值（①－②）
春季	0.046	0.037	0.057	0.018	0.049	0.042	0.042	0.000
夏季	0.003	0.006	0.025	0.025	0.066	0.005	0.038	－0.033
秋季	0.018	0.005	0.030	0.081	0.087	0.011	0.066	－0.055
冬季	0.028	0.015	0.034	0.060	0.090	0.021	0.061	－0.040

如表 6.1-3 和图 6.1-5 所示，库区周边夏季气温升高速度最慢，为 0.005℃/a，春季气温升高最快，为 0.042℃/a；区域夏季气温升高速度最慢，为 0.038℃/a，秋季气温升高最快，为 0.066℃/a。库区周边和区域春季气温变化基本一致，但在夏季、秋季和冬季库区周边升温速度均低于区域升温速度，其中秋季库区周边和区域升温速度差异最大，库区周边气温升高速度比区域低 0.055℃/a。

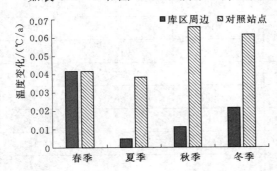

图 6.1-5 2000—2018 年库区周边及
对照站点季节平均气温变化对比

（4）汛期和非汛期气候变化。对于 2000—2018 年每年汛期和非汛期平均气温变化（见表 6.1-4），孟津站和三门峡站汛期气温升高速度比较缓慢，但非汛期升温速度相对较快，超过 0.020℃/a；郑州站也是非汛期升温速度高于汛期，汛期升温速度为 0.027℃/a，而非汛期升温速度为 0.041℃/a；阳城站和开封站汛期升温速度高于非汛期，汛期升温速度分别高达 0.076℃/a 和 0.093℃/a，非汛期升温速度分别为 0.031℃/a 和 0.063℃/a。

表 6.1-4 2000—2018 年气象站点汛期与非汛期平均气温变化趋势 单位：℃/a

时段	孟津站	三门峡站	郑州站	阳城站	开封站	库区周边均值①	对照站点均值②	差值（①－②）
汛期	0.014	0.006	0.027	0.076	0.093	0.010	0.065	－0.055
非汛期	0.028	0.021	0.041	0.031	0.063	0.025	0.045	－0.020
全年	0.024	0.016	0.037	0.046	0.074	0.020	0.052	－0.032

如表 6.1-4 和图 6.1-6 所示，库区周边汛期升温速度比较缓慢，仅 0.010℃/a，非汛期升温速度较快，为 0.025℃/a；而区域汛期升温速度高于非汛期，汛期升温速度 0.065℃/a，非汛期升温速度 0.045℃/a。库区周边和区域在非汛期升温速度差别相对较小，但汛期升温速度差别超大，库区周边气温升高速度比区域低 0.056℃/a。小浪底水利枢纽汛期气温高，水面蒸发较强，对局地气温的影响程度高于非汛期。

2. 平均气温指标量化

（1）现状指标值。根据孟津站和三门峡站 2000—2018 年实测日均气温，得到平均气温指标 $R_{CLI,T}$ 的现状指标值为 14.69℃。

（2）对照指标值。1960—1989 年区域年均气温与库区周边年均气温的线性回归关系如图 6.1-7 所示，相关系数 0.95，说明这一时段内区域年均气温与库区周边年均气温具有较好的线性相关关系。通过线性回归方程和 2000—2018 年区域实测年均气温来计算没有小浪底水利枢纽时库区周边的年均气温，结果如表 6.1-5 和图 6.1-7 所示。

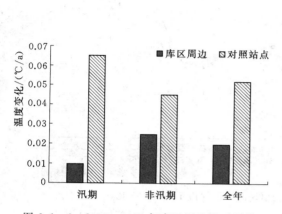

图 6.1-6　2000—2018 年库区周边及对照站点汛期及非汛期平均气温变化对比

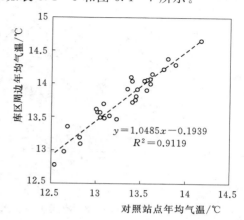

图 6.1-7　1960—1989 年库区周边年均气温与对照站点年均气温的回归关系

2000—2018 年间有小浪底水利枢纽时，每年库区周边年均气温均低于没有小浪底水利枢纽时的年均气温；实测平均气温 14.58℃，没有小浪底水利枢纽时平均气温将增至 15.00℃，增加 0.42℃（见表 6.1-5 和图 6.1-8）。2006 年以前，小浪底水利枢纽对库区周边气温的影响较小，此后有无小浪底水利枢纽时库区周边年均气温差别增大，一半以上年份温差超过 0.6℃，说明近年来小浪底水利枢纽在降低库区周边气温上发挥的作用逐渐增强。

表 6.1-5　　　　　　　　有无小浪底水利枢纽时库区周边年均气温　　　　　　　　单位：℃

年份	有小浪底水利枢纽	无小浪底水利枢纽	差值	年份	有小浪底水利枢纽	无小浪底水利枢纽	差值
2000	14.18	14.34	0.16	2011	13.98	14.47	0.50
2001	14.40	14.55	0.15	2012	14.11	14.75	0.64
2002	14.88	14.98	0.09	2013	15.18	15.45	0.27
2003	13.73	13.90	0.17	2014	14.85	15.52	0.66
2004	14.59	14.90	0.31	2015	14.55	15.18	0.63
2005	14.22	14.45	0.23	2016	15.03	15.66	0.63
2006	15.08	15.22	0.14	2017	15.26	15.89	0.63
2007	15.01	15.32	0.31	2018	15.02	15.78	0.76
2008	14.43	14.85	0.43	均值	14.58	15.00	0.42
2009	14.35	14.95	0.59	2000—2009	14.49	14.75	0.26
2010	14.26	14.92	0.66	2010—2018	14.69	15.29	0.60

采用相同的分析方法，对 1960—1989 年区域与库区周边各月平均气温进行相关分析，发现均具有较好的相关关系（相关系数 $R \geqslant 0.89$），因此通过线性回归方程和 2000—2018

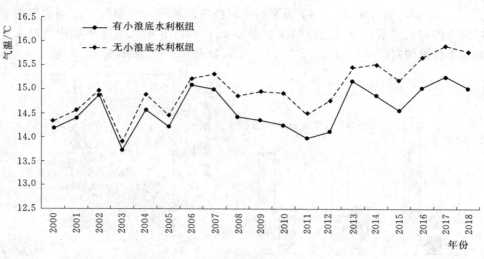

图 6.1-8　有无小浪底水利枢纽时库区周边年均气温变化

年区域实测月均气温来计算没有小浪底水利枢纽时库区周边的月均气温，结果如表 6.1-6 和图 6.1-9 所示。有小浪底水利枢纽时，各时段库区周边各月的平均气温均低于没有小浪底水利枢纽时的月均气温，说明小浪底水利枢纽在各个月份均发挥了降低库区周边气温的作用；且与 2000—2009 年相比，2010—2018 年有无小浪底水利枢纽时库区周边各月平均气温的温差进一步增大，说明近年来小浪底水利枢纽降低库区周边气温的作用更加显著。

表 6.1-6　　　　　　　　有无小浪底水利枢纽时库区周边不同时段月均气温　　　　　　　单位：℃

月份	2000—2018 年			2000—2009 年			2010—2018 年			相关系数 (1960—1989 年)
	有小浪底水利枢纽	无小浪底水利枢纽	差值	有小浪底水利枢纽	无小浪底水利枢纽	差值	有小浪底水利枢纽	无小浪底水利枢纽	差值	
1	0.20	0.47	0.27	0.05	0.16	0.11	0.37	0.82	0.45	0.96
2	3.74	4.25	0.51	4.06	4.44	0.38	3.39	4.04	0.66	0.99
3	10.05	10.62	0.57	10.18	10.58	0.40	9.90	10.66	0.76	0.97
4	16.15	16.33	0.18	16.19	16.24	0.05	16.11	16.43	0.32	0.98
5	21.36	21.76	0.40	21.45	21.55	0.10	21.26	21.99	0.74	0.98
6	25.66	26.24	0.57	25.70	26.08	0.39	25.63	26.41	0.78	0.96
7	26.78	27.16	0.38	26.35	26.45	0.11	27.27	27.95	0.68	0.94
8	25.30	25.82	0.52	24.80	25.21	0.41	25.85	26.50	0.65	0.93
9	20.56	21.09	0.53	20.45	20.78	0.33	20.68	21.45	0.77	0.89
10	15.14	15.82	0.68	15.07	15.60	0.54	15.23	16.07	0.84	0.96
11	8.07	8.43	0.36	7.88	8.12	0.24	8.27	8.78	0.51	0.98
12	2.00	2.31	0.31	1.69	1.93	0.24	2.35	2.74	0.39	0.96

　　根据相关分析结果，得到平均气温指标 $R_{\text{CLI,T}}$ 的对照指标值为 15.29℃，比现状值高 0.60℃。

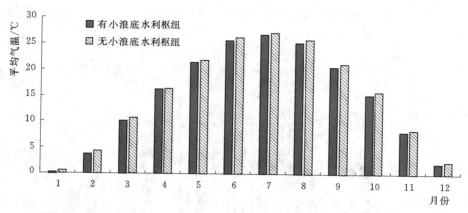

图 6.1-9　2000—2018 年有无小浪底水利枢纽时库区周边月均气温变化

6.1.4　对工程周边湿度的影响

1. 库区周边湿度变化过程

（1）年均相对湿度变化。从气象站年均相对湿度变化（见图 6.1-10）可以看出，在 20 世纪 70 年代至 21 世纪初各气象站平均相对湿度相对稳定，开封站和郑州站平均相对湿度较高，比孟津站和三门峡站高约 5%，阳城站平均相对湿度和三门峡站接近；2003 年以后开封站、郑州站和阳城站相对湿度大幅降低，而孟津站和三门峡站平均相对湿度下降幅度较小，开封站的平均相对湿度和孟津站及三门峡站接近，多数年份阳城站和郑州站的平均相对湿度已低于孟津站和三门峡站。

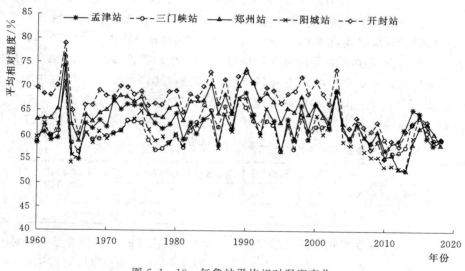

图 6.1-10　气象站平均相对湿度变化

由于各气象站平均相对湿度变化没有表现出明显的线性趋势，因此不适宜通过线性回归分析平均相对湿度变化速率。分别统计各个年代各个气象站点的平均相对湿度，分析变化趋势，如图 6.1-11 所示。20 世纪 60—90 年代每个气象站在各年代的平均相对湿度差别不大，2000—2009 年和 2010—2018 年阳城站、郑州站和开封站平均相对湿度均有较明显地减少。

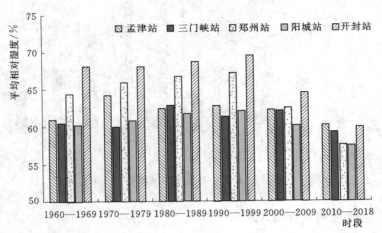

图 6.1-11　不同时期气象站平均相对湿度变化

　　小浪底水利枢纽建设期主要为 1990—1999 年，因此将 2000—2018 年的平均相对湿度与 1980—1989 年的平均相对湿度作对比，分析小浪底水利枢纽对湿度的影响，结果见表 6.1-7。与 1980—1989 年相比，各气象站在 2000—2009 年及 2010—2018 年的平均相对湿度均有所下降：2000—2009 年各气象站平均相对湿度下降较少，其中孟津站下降幅度最小，为 0.22%；其次是三门峡站，郑州站和开封站下降幅度较大，分别达到 4.29% 和 4.28%；2010—2018 年各气象站平均相对湿度进一步下降，孟津站下降幅度仍是最小，为 2.21%，而郑州站和开封站下降幅度已经达到了 9.21% 和 8.83%。库区周边平均相对湿度下降速度低于区域平均相对湿度下降速度：与 20 世纪 80 年代相比，2000—2009 年库区周边平均相对湿度仅减少了 0.48%，而区域平均相对湿度减少了 3.40%，库区周边平均相对湿度降幅比区域平均相对湿度降幅低 2.92%；2010—2018 年库区周边平均相对湿度减少了 2.88%，而区域平均相对湿度减少了 7.45%，库区周边平均相对湿度降幅比区域平均相对湿度降幅低 4.57%。

表 6.1-7　　　　　气象站近期平均相对湿度与 1980s 平均相对湿度的差异　　　　　　　　　%

时段	孟津站	三门峡站	郑州站	阳城站	开封站	库区周边均值①	对照站点均值②	差值（①-②）
2000—2009 年	-0.22	-0.75	-4.29	-1.63	-4.28	-0.48	-3.40	2.92
2010—2018 年	-2.21	-3.55	-9.21	-4.32	-8.83	-2.88	-7.45	4.57

　　（2）月平均相对湿度变化。各气象站 2000—2009 年各月的平均相对湿度相对于 20 世纪 80 年代均发生了一些变化（见表 6.1-8）。孟津站 5 个月的平均相对湿度增加，其中 12 月增幅最大，增加 7.00%；7 个月的平均相对湿度减少，其中 3 月降幅最大，减少 9.30%。三门峡站 5 个月的平均相对湿度增加，其中 2 月增幅最大，增加 6.10%；7 个月的平均相对湿度减少，其中 3 月降幅最大，减少 8.80%。郑州站仅 2 月的平均相对湿度增加 0.30%；其余 11 个月的平均相对湿度均减少，其中 3 月降幅最大，减少 11.50%。

阳城站 3 个月的平均相对湿度增加，其中 1 月增幅最大，增加 5.80%；9 个月的平均相对湿度减少，其中 3 月降幅最大，减少 9.90%。开封站仅 2 月的平均相对湿度增加 0.20%；其余 11 个月的平均相对湿度均减少，其中 3 月和 10 月降幅最大，均减少 9.90%。

如表 6.1－8 和图 6.1－12 所示，与 20 世纪 80 年代相比，2000—2009 年间库区周边有 6 个月的平均相对湿度增加，其中 12 月的增幅最大，增加 5.30%；6 个月的平均相对湿度减小，其中 3 月的降幅最大，减少 9.05%。对照站点有 3 个月的平均相对湿度增加，其中 2 月的增幅最大，增加 1.97%；9 个月的平均相对湿度减小，其中 3 月的降幅最大，减少 10.43%。全年 12 个月库区周边平均相对湿度降幅均低于区域平均相对湿度降幅，其中 4 月库区周边与区域平均相对湿度降幅最接近，仅相差 0.53%，而 10 月库区周边与区域平均相对湿度降幅差别最大，库区周边平均相对湿度降幅比区域平均相对湿度降幅小 5.90%。

表 6.1－8　气象站 2000—2009 年月平均相对湿度相对 20 世纪 80 年代的变化幅度　　　　%

月份	孟津站	三门峡站	郑州站	阳城站	开封站	库区周边均值①	对照站点均值②	差值（①－②）
1	6.70	3.60	−1.10	5.80	−1.00	5.15	1.23	3.92
2	4.20	6.10	0.30	5.40	0.20	5.15	1.97	3.18
3	−9.30	−8.80	−11.50	−9.90	−9.90	−9.05	−10.43	1.38
4	−2.80	−4.00	−5.50	−3.60	−2.70	−3.40	−3.93	0.53
5	−3.90	−4.90	−7.50	−5.80	−5.90	−4.40	−6.40	2.00
6	−2.80	−1.90	−5.00	−4.50	−6.10	−2.35	−5.20	2.85
7	2.50	−1.20	−1.30	−1.90	−1.60	0.65	−1.60	2.25
8	−1.10	−2.70	−4.60	−3.60	−3.50	−1.90	−3.90	2.00
9	−1.30	−1.70	−3.80	−2.60	−4.70	−1.50	−3.70	2.20
10	−2.00	2.60	−6.00	−0.90	−9.90	0.30	−5.60	5.90
11	0.20	0.30	−4.70	−0.60	−6.10	0.25	−3.80	4.05
12	7.00	3.60	−0.80	2.60	−0.10	5.30	0.57	4.73

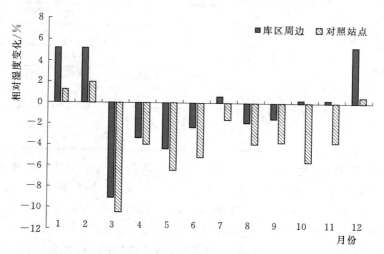

图 6.1－12　2000—2009 年月平均相对湿度相对于 20 世纪 80 年代的变化幅度

各气象站 2010—2018 年各月的平均相对湿度相对于 20 世纪 80 年代的减小幅度进一步增大（见表 6.1-9）。孟津站仅 1 月和 11 月的平均相对湿度增加，其余 10 个月的平均相对湿度减少，其中 3 月降幅最大，减少 9.56%。三门峡站仅 2 月和 11 月的平均相对湿度增加，其余 10 个月的平均相对湿度减少，其中 3 月降幅最大，减少 8.63%。郑州站全年 12 个月的平均相对湿度均减少，其中 6 个月的降幅超过 10%，3 月降幅最大，减少 13.88%。阳城站仅 11 月的平均相对湿度增加 0.96%，其余 11 个月的平均相对湿度减少，其中 3 月降幅最大，减少 10.14%。开封站全年 12 个月的平均相对湿度均减少，其中 3 个月的降幅超过 10%，10 月降幅最大，减少 13.89%。

如表 6.1-9 和图 6.1-13 所示，与 20 世纪 80 年代相比，2010—2018 年间库区周边仅 11 月的平均相对湿度增加 1.78%；其余 11 个月的平均相对湿度均减小，其中 3 月的降幅最大，减少 9.09%。对照站点全年 12 个月的平均相对湿度均减小，其中 3 月的降幅最大，减少 11.81%。全年 12 个月库区周边平均相对湿度降幅均低于区域平均相对湿度降幅，其中 4 月库区周边与区域平均相对湿度降幅最接近，相差 1.91%，而 10 月库区周边与区域平均相对湿度降幅差别最大，库区周边平均相对湿度降幅比区域平均相对湿度降幅小 7.27%。2010—2018 年间库区周边与区域各个月份平均相对湿度降幅的差距比 2000—2009 年间两者的差距进一步增大，说明 2010—2018 年间小浪底水利枢纽对于干旱化趋势的减缓作用更加显著。

表 6.1-9　气象站 2010—2018 年月平均相对湿度相对于 20 世纪 80 年代的下降幅度　　　　%

月份	孟津站	三门峡站	郑州站	阳城站	开封站	库区周边均值①	对照站点均值②	差值（①－②）
1	1.48	−3.78	−6.97	−2.86	−8.53	−1.15	−6.12	4.97
2	−1.08	0.93	−7.04	−0.92	−7.97	−0.07	−5.31	5.24
3	−9.56	−8.63	−13.88	−10.14	−11.40	−9.09	−11.81	2.72
4	−1.79	−1.77	−7.33	−0.27	−3.48	−1.78	−3.69	1.91
5	−3.26	−5.18	−11.42	−7.17	−8.75	−4.22	−9.11	4.90
6	−3.20	−4.30	−10.18	−5.48	−9.50	−3.75	−8.39	4.64
7	−2.01	−4.29	−10.50	−3.40	−8.44	−3.15	−7.45	4.30
8	−4.68	−6.36	−10.54	−7.17	−8.04	−5.52	−8.59	3.06
9	−0.68	−1.98	−7.47	−5.07	−7.46	−1.33	−6.66	5.34
10	−2.18	−1.72	−9.61	−4.18	−13.89	−1.95	−9.22	7.27
11	2.97	0.59	−5.06	0.96	−7.17	1.78	−3.76	5.53
12	−2.52	−6.16	−10.49	−6.11	−11.28	−4.34	−9.29	4.95

（3）季节平均相对湿度变化。各气象站 2000—2009 年各季节的平均相对湿度相对 20 世纪 80 年代均发生了一些变化（见表 6.1-10）。孟津站冬季的平均相对湿度增加 4.63%；春季、夏季与秋季的平均相对湿度减少，其中春季降幅最大，减少 2.63%。三门峡站冬季的平均相对湿度增加 2.50%；春季、夏季与秋季的平均相对湿度减少，其中夏季降幅最大，减少 2.67%。郑州站 4 个季节的平均相对湿度均减少，其中春季降幅最大，减少 5.57%。阳城站冬季的平均相对湿度增加 2.60%；春季、夏季与秋季的平均相

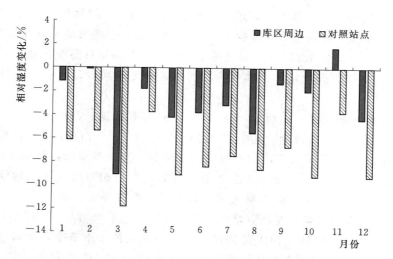

图 6.1-13　2010—2018 年月平均相对湿度相对于 20 世纪 80 年代的变化幅度

对湿度减少，其中夏季降幅最大，减少 4.07%。开封站 4 个季节的平均相对湿度均减少，其中秋季降幅最大，减少 6.03%。

表 6.1-10　　　气象站 2000—2009 年季节平均相对湿度相对于 20 世纪 80 年代的下降幅度　　　　%

季节	孟津站	三门峡站	郑州站	阳城站	开封站	库区周边均值①	对照站点均值②	差值（①-②）
春季	-2.63	-2.23	-5.57	-2.70	-4.13	-2.43	-4.13	1.70
夏季	-1.40	-2.67	-4.60	-4.07	-4.53	-2.03	-4.40	2.37
秋季	-1.47	-0.60	-4.80	-2.37	-6.03	-1.03	-4.40	3.37
冬季	4.63	2.50	-2.20	2.60	-2.40	3.57	-0.67	4.24

如表 6.1-10 和图 6.1-14 所示，与 20 世纪 80 年代相比，2000—2009 年间库区周边冬季的平均相对湿度增加 3.57%；春季、夏季与秋季的平均相对湿度减少，其中春季降幅最大，减少 2.43%。对照站点 4 个季节的平均相对湿度均减少，其中夏季和秋季降幅最大，减少 4.40%。全年 4 个季节库区周边平均相对湿度降幅均低于区域平均相对湿度降幅，其中春季库区周边与区域平均相对湿度降幅最接近，相差 1.70%，而冬季库区周边与区域平均相对湿度降幅差别最大，库区

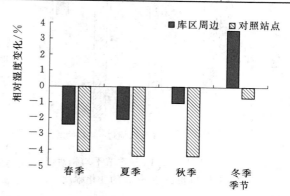

图 6.1-14　2000—2009 年季节平均相对湿度
相对于 20 世纪 80 年代的变化幅度

周边平均相对湿度降幅比区域平均相对湿度降幅小 4.24%。

各气象站 2010—2018 年各个季节的平均相对湿度相对 20 世纪 80 年代的减小幅度进一步增大（见表 6.1-11）。孟津站冬季的平均相对湿度增加 0.64%；春季、夏季与秋季

的平均相对湿度减少，其中春季降幅最大，减少 4.14％。三门峡站 4 个季节的平均相对湿度均减少，其中夏季降幅最大，减少 4.59％。郑州站 4 个季节的平均相对湿度均减少，其中春季降幅最大，高达 10.70％。阳城站 4 个季节的平均相对湿度均减少，其中秋季降幅最大，减少 5.47％。开封站 4 个季节的平均相对湿度均减少，其中秋季降幅最大，减少 9.80％。

如表 6.1－11 和图 6.1－15 所示，与 20 世纪 80 年代相比，2010—2018 年间库区周边 4 个季节的平均相对湿度均减少，其中冬季降幅最小，减少 1.24％，夏季降幅最大，减少 3.71％。对照站点 4 个季节的平均相对湿度也均减少，其中冬季降幅最小，减少 6.39％，夏季降幅最大，减少 8.32％。全年 4 个季节库区周边平均相对湿度降幅均低于区域平均相对湿度降幅，其中春季库区周边与区域平均相对湿度降幅最接近，相差 3.29％，而冬季库区周边与区域平均相对湿度降幅差别最大，库区周边平均相对湿度降幅比区域平均相对湿度降幅小 5.23％。2010—2018 年间库区周边与区域各个季节平均相对湿度降幅的差距比 2000—2009 年间两者的差距进一步增大，说明 2010—2018 年间小浪底水利枢纽对于干旱化趋势的减缓作用更加显著。

表 6.1－11　气象站 2010—2018 年季节平均相对湿度相对于 20 世纪 80 年代的下降幅度　　　　％

季节	孟津站	三门峡站	郑州站	阳城站	开封站	库区周边均值①	对照站点均值②	差值（①－②）
春季	−4.14	−3.16	−9.42	−3.78	−7.62	−3.65	−6.94	3.29
夏季	−2.82	−4.59	−10.70	−5.35	−8.90	−3.71	−8.32	4.61
秋季	−2.51	−3.35	−9.21	−5.47	−9.80	−2.93	−8.16	5.23
冬季	0.64	−3.12	−7.50	−2.67	−8.99	−1.24	−6.39	5.15

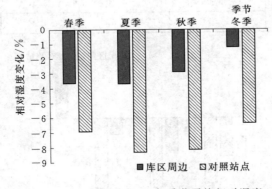

图 6.1－15　2010—2018 年季节平均相对湿度相对于 20 世纪 80 年代的变化幅度

（4）汛期和非汛期平均相对湿度变化。各气象站 2000—2009 年汛期和非汛期的平均相对湿度相对 20 世纪 80 年代均发生了一些变化（见表 6.1－12）。孟津站汛期和非汛期平均相对湿度降低幅度均较小，非汛期仅降低 0.09％，汛期降低 0.47％。三门峡站汛期和非汛期平均相对湿度均减少 0.75％。阳城站非汛期平均相对湿度降低 1.33％，汛期平均相对湿度降低 2.25％。郑州站和开封站汛期和非汛期平均湿度降幅均较大，均高于 3.9％。

表 6.1－12　气象站 2000—2009 年月平均相对湿度相对于 20 世纪 80 年代的下降幅度　　　　％

时段	孟津站	三门峡站	郑州站	阳城站	开封站	库区周边均值①	对照站点均值②	差值（①－②）
汛期	−0.47	−0.75	−3.93	−2.25	−4.93	−0.61	−3.70	3.09
非汛期	−0.09	−0.75	−4.48	−1.33	−3.95	−0.42	−3.25	2.83
全年	−0.22	−0.75	−4.29	−1.63	−4.28	−0.48	−3.40	2.92

如表 6.1-12 和图 6.1-16 所示，与 20 世纪 80 年代相比，2000—2009 年间库区周边汛期和非汛期平均相对湿度降低幅度均较小，非汛期降低 0.42%，汛期降低 0.61%。对照站点汛期和非汛期平均相对湿度降低幅度较大，非汛期降低 3.25%，汛期降低 3.70%。库区周边和区域汛期平均相对湿度降低幅度均高于非汛期。汛期和非汛期库区周边平均相对湿度降幅均低于区域平均相对湿度降幅，且汛期差别略大于非汛期：汛期库区周边平均相对湿度降幅比区域平均相对湿度降幅小 3.09%；

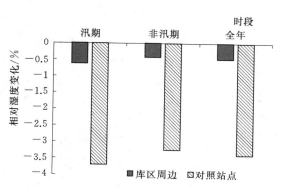

图 6.1-16　2000—2009 年汛期和非汛期平均相对湿度相对于 20 世纪 80 年代的变化幅度

非汛期库区周边平均相对湿度降幅比区域平均相对湿度降幅小 2.83%。汛期水库水面蒸散发强烈，对局地湿度的影响程度高于非汛期。

各气象站 2010—2018 年汛期和非汛期的平均相对湿度相对 20 世纪 80 年代的减小幅度进一步增大（见表 6.1-13）。所有气象站汛期平均相对湿度的降幅均略高于非汛期。孟津站非汛期平均相对湿度降低 2.12%，汛期平均相对湿度降低 2.39%。三门峡站非汛期平均相对湿度降低 3.54%，汛期平均相对湿度降低 3.59%。阳城站非汛期平均相对湿度降低 4.00%，汛期平均相对湿度降低 4.95%。郑州站和开封站汛期和非汛期平均湿度降幅均较大，均高于 8.50%。

表 6.1-13　　　气象站 2010—2018 年月平均相对湿度相对于 20 世纪 80 年代的下降幅度　　　　%

时段	孟津站	三门峡站	郑州站	阳城站	开封站	库区周边均值①	对照站点均值②	差值（①－②）
汛期	−2.39	−3.59	−9.53	−4.95	−9.46	−2.99	−7.98	4.99
非汛期	−2.12	−3.54	−9.05	−4.00	−8.51	−2.83	−7.18	4.35
全年	−2.21	−3.55	−9.21	−4.32	−8.83	−2.88	−7.45	4.57

如表 6.1-13 和图 6.1-17 所示，与 20 世纪 80 年代相比，2010—2018 年间库区周边和对照站点汛期平均相对湿度的降幅均略高于非汛期。库区周边非汛期平均相对湿度降低

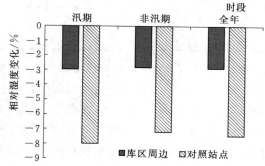

图 6.1-17　2010—2019 年汛期和非汛期平均相对湿度相对于 20 世纪 80 年代变化幅度

2.83%，汛期平均相对湿度降低 2.99%。区域非汛期平均相对湿度降低 7.18%，汛期平均相对湿度降低 7.98%。汛期和非汛期库区周边平均相对湿度降幅均低于区域平均相对湿度降幅，且汛期差别略大于非汛期：汛期库区周边平均相对湿度降幅比区域平均相对湿度降幅小 4.99%；非汛期库区周边平均相对湿度降幅比区域平均相对湿度降幅小 4.35%。汛期水库蓄水量大，库区水面面积大，对局地湿度的影响程度

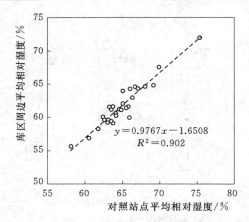

图 6.1-18　1960—1989 年库区周边平均相对湿度与区域平均相对湿度的回归关系

高于非汛期。2010—2018 年间库区周边与区域在汛期及非汛期的相对湿度降幅的差距比 2000—2009 年间两者的差距进一步增大，说明 2010—2018 年间小浪底水利枢纽对于干旱化趋势的减缓作用更加显著。

2. 平均相对湿度指标量化

（1）现状指标值。根据孟津站和三门峡站 2000—2018 年实测日均气温，得到平均相对湿度指标 $R_{CLI,H}$ 的现状指标值为 59.73%。

（2）对照指标值。1960—1989 年区域年均相对湿度与库区周边年均相对湿度的线性回归关系如图 6.1-18 所示，相关系数 0.902，说明这一时段内区域年均相对湿度与库区周边年均相对湿度具有较好的线性相关关系。通过线性回归方程和 2000—2018 年区域实测年均相对湿度来计算没有小浪底水利枢纽时库区周边的年均相对湿度，结果如表 6.1-14 和图 6.1-19 所示。

表 6.1-14　　　　　　　　　有无小浪底水利枢纽时库区周边平均相对湿度

年份	有小浪底水利枢纽/%	无小浪底水利枢纽/%	差值/%	年份	有小浪底水利枢纽/%	无小浪底水利枢纽/%	差值/%
2000	63.92	64.06	0.14	2011	57.33	53.23	−4.10
2001	62.96	61.02	−1.94	2012	57.58	51.74	−5.84
2002	62.13	60.51	−1.62	2013	59.42	52.53	−6.89
2003	69.04	67.23	−1.81	2014	63.88	56.84	−7.03
2004	61.46	58.06	−3.39	2015	64.13	59.85	−4.27
2005	58.67	56.52	−2.15	2016	60.03	59.23	−0.80
2006	62.33	59.50	−2.83	2017	58.48	56.51	−1.97
2007	59.67	56.27	−3.39	2018	58.82	55.94	−2.89
2008	59.50	53.89	−5.61	2000—2018 均值	60.99	57.37	−3.62
2009	61.58	55.35	−6.23	2000—2009 均值	62.13	59.24	−2.88
2010	57.88	51.69	−6.19	2010—2018 均值	59.73	55.29	−4.44

2000—2018 年间有小浪底水利枢纽时，除 2000 年外其余 18 年每年库区周边年均相对湿度均高于没有小浪底水利枢纽时的年均相对湿度；实测平均相对湿度 60.99%，没有小浪底水利枢纽时平均相对湿度将降至 57.37%，减少 3.62%。2003 年以前，小浪底水利枢纽对库区周边气温的影响较小，此后有无小浪底水利枢纽时库区周边年均相对湿度差别增大，一半以上年份平均相对湿度差距超过 4%，说明近年来小浪底水利枢纽在增加库区周边平均相对湿度上发挥的作用逐渐增强。

采用相同的分析方法，对 1960—1989 年区域与库区周边各月平均相对湿度进行相关

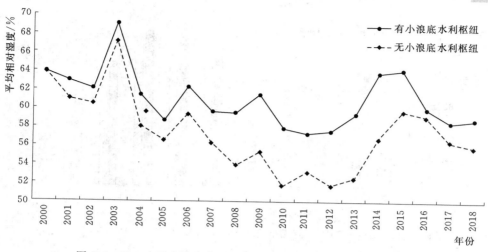

图 6.1-19　有无小浪底水利枢纽时库区周边平均相对湿度变化

分析，发现均具有较好的相关关系（相关系数 $R \geqslant 0.89$），因此通过线性回归方程和 2000—2018 年区域实测月均相对湿度来计算没有小浪底水利枢纽时库区周边的月均相对湿度，结果如表 6.1-15 和图 6.1-20 所示。

表 6.1-15　　　　　有无小浪底水利枢纽时库区周边不同时段月均相对湿度

月份	2000—2018 年			2000—2009 年			2010—2018 年			相关系数 (1960—1989 年)
	有小浪底水利枢纽 /%	无小浪底水利枢纽 /%	差值 /%	有小浪底水利枢纽 /%	无小浪底水利枢纽 /%	差值 /%	有小浪底水利枢纽 /%	无小浪底水利枢纽 /%	差值 /%	
1	53.92	50.12	-3.80	56.90	53.40	-3.50	50.60	46.47	-4.13	0.97
2	55.58	51.31	-4.26	58.05	55.11	-2.94	52.83	47.10	-5.73	0.98
3	49.13	46.20	-2.93	49.15	46.90	-2.25	49.11	45.43	-3.68	0.97
4	53.12	52.63	-0.49	52.35	52.52	0.17	53.97	52.75	-1.22	0.95
5	56.24	53.79	-2.44	56.15	55.03	-1.12	56.33	52.42	-3.92	0.98
6	58.39	54.15	-4.23	59.05	55.80	-3.25	57.65	52.33	-5.32	0.96
7	72.95	67.89	-5.06	74.75	71.53	-3.22	70.95	63.85	-7.10	0.90
8	74.59	68.71	-5.87	76.30	71.58	-4.72	72.68	65.53	-7.15	0.89
9	73.48	68.78	-4.70	73.40	70.32	-3.08	73.57	67.08	-6.50	0.92
10	67.48	60.43	-7.06	68.55	62.39	-6.16	66.30	58.25	-8.05	0.96
11	62.92	58.73	-4.19	62.20	58.71	-3.49	63.73	58.75	-4.97	0.96
12	54.09	49.94	-4.15	58.65	54.23	-4.42	49.01	45.18	-3.84	0.97

有小浪底水利枢纽时，各时段库区周边各月的平均相对湿度均高于没有小浪底水利枢纽时的月均相对湿度，说明小浪底水利枢纽在各个月份均发挥了增加库区周边相对湿度的作用，且在 7—10 月效果较显著，与这段时间气温高、水面蒸散发强烈有关；与 2000—2009 年相比，2010—2018 年有无小浪底水利枢纽时库区周边各月平均相对湿度的差距进

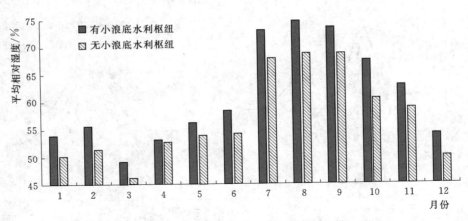

图 6.1 - 20　2000—2018 年有无小浪底水利枢纽时库区周边月均相对湿度变化

一步增大，说明近年来小浪底水利枢纽增加库区周边相对湿度的作用更加显著。

根据相关分析结果，得到平均相对湿度指标 $R_{\text{CLI,H}}$ 的对照指标值为 55.29%，比现状值低 4.44%。

6.2　对周边生物资源的影响评估

6.2.1　影响机制

小浪底水利枢纽蓄水后减缓了库区周边气候干旱化的趋势，为陆生动植物塑造了较好的气候条件；水库蓄水引起库区周边地下水位上升，有利于库区周边植被生长；水库蓄水后形成了更加广阔的水面和湿地为水禽等湿地生物提供了适宜的栖息环境。

除了水利枢纽工程蓄水的影响外，管理机构也在积极提升库区周边生态环境。小浪底水利枢纽运行后，由小浪底水利枢纽管理中心负责库区与枢纽管理区生态环境的保护与修复工作。为了减少库区及枢纽管理区水土流失、打造绿水青山，小浪底水利枢纽管理中心坚持植树造林。小浪底水利枢纽运行以来，库区及枢纽管理区植被覆盖率大幅提高。到 2017 年，累计种植草木总面积达 7550 亩，种植白杨、大叶女贞、雪松等乔木 54.46 万株，石楠、海桐、珊瑚树等灌木 331.26 万株，地被草坪 1767.13 亩。为了有效养护植被，小浪底水利枢纽翠绿湖管理区建设管网总计约 14072m，立杆和喷头约 550 个；坝后保护区、东山等区域建设管网总计约 30700m，立杆和喷头约 1100 个。

6.2.2　评估指标与数据来源

小浪底水利枢纽工程所在区域缺少动植物资源的历史调查数据，难以对没有小浪底水利枢纽时动植物资源的多样性和数量进行评估。但是借助遥感数据可以对现状和历史植被覆盖进行定量评估，因此通过工程周边生物数量指标 $R_{\text{BIO,N}}$ 评估小浪底水利枢纽对周边生物群落的影响评估，$R_{\text{BIO,N}}$ 计算公式采用式（4.3 - 11），即令 $R_{\text{BIO,N}}$ 等于 NDVI。NDVI 取值为 -1~1，取值越大代表植被覆盖度越大。

根据《黄河小浪底水利枢纽环境影响后评价报告》成果量化评估指标 $R_{BIO,N}$。该报告对小浪底水利枢纽工程正常蓄水位 275m 淹没边界外 5km 范围以内区域的 NDVI 时空变化进行分析。NDVI 数据来源于国际科学数据服务平台（http://datamirror.csdb.cn），采用 Landsat4—5TM 影像资料，空间分辨率为 30m×30m，时间分别为 1990 年、2000 年、2006 年和 2010 年的 5—9 月，采用 ARCGIS 和国际科学数据服务平台研发的植被指数提取工具计算 NDVI。

根据库区周边 2010 年 NDVI 平均值量化现状指标值。采用历史回溯法计算对照指标值，1991 年 9 月小浪底水利枢纽工程前期准备工程开工，因此采用库区周边 1990 年 NDVI 平均值量化对照指标值，反映没有小浪底水利枢纽工程时库区周边区域植被覆盖度。

6.2.3 对工程周边生物群落的影响

由表 6.2-1 可知，小浪底水利枢纽蓄水前的 1990 年，NDVI 值处于 0.1～0.4 之间的面积居多，占总面积的 76.6%；由于库区蓄水，水面面积激增，加之施工期造成的植被破坏，2000 年 NDVI 值小于 0.2 的面积居多，占总面积的 98.72%；经过植被恢复，2006 年 21.58% 的面积 NDVI 值恢复到 0.3～0.5；2010 年 NDVI 值超过 0.4 的面积已经占到总面积的 19.28%。

1990 年小浪底水利枢纽动工前库区周边 NDVI 平均值为 0.28；2000 年由于小浪底水利枢纽动工修建，坝址附近植被遭到破坏，加之水库蓄水面积不断增加，NDVI 平均值降至 −0.13；2002 年 NDVI 平均值略有增加，恢复至 −0.08；此后库区植被状态开始恢复，NDVI 值逐渐上升，2006 年 NDVI 平均值增加至 0.27；2010 年 NDVI 平均值达到 0.32，高于 1990 年水平。

表 6.2-1　　　　　　不同年份库区周边不同 NDVI 等级的面积比例　　　　　　%

NDVI	1990 年	2000 年	2006 年	2010 年	NDVI	1990 年	2000 年	2006 年	2010 年
−1～0	0.16	6.82	50.81	58.64	0.3～0.4	20.95	0.00	18.82	9.48
0～0.1	16.37	65.04	5.06	4.91	0.4～0.5	6.30	0.00	2.76	15.06
0.1～0.2	21.45	26.86	6.38	3.05	0.5～0.6	0.52	0.00	0.01	4.14
0.2～0.3	34.22	1.28	16.16	4.63	0.6～0.7	0.03	0.00	0.00	0.08

根据不同年份库区周边 NDVI 平均值，得到工程周边生物数量指标 $R_{BIO,N}$ 的现状指标值为 0.32；$R_{BIO,N}$ 的对照指标值为 0.28，比现状值低 0.04。可见小浪底水利枢纽运行后，除蓄水初期库区周边植被相对较差外，经过多年恢复植被状况已经优于 1990 年水平。

从近期资料来看，在水库蓄水和小浪底水利枢纽管理中心绿化养护工作的共同作用下，目前小浪底水利枢纽库区两岸林草茂密、郁郁葱葱，一片生机盎然，重现绿水青山（见图 6.2-1）。

据统计小浪底国家水利风景区（包括小浪底水利枢纽及其配套工程西霞院反调节水库）内共有鸟类 155 种，数量最多时有 5 万多只，其中水禽类 95 种，是河南省能记录到的水禽种类最多的区域。目前小浪底库区内有鱼类 191 种，隶属于 15 目、32 科、116 属。种类以鲤科鱼类为主，有 87 种，其次是鳅科鱼类，有 27 种。随着小浪底库区周边生态环境的不断改善，冬春季在小浪底库区停留、越冬的候鸟数量和种类不断增加，库区周边地方政府通过监测、投食、禁航等多种措施保护候鸟栖息环境。芦苇丛中，大量水鸭、灰鹤、白鹭等候鸟盘旋飞翔，呈现着生态自然和谐之美（见图 6.2-2）。

图 6.2-1　小浪底库区植被现状

图 6.2-2　小浪底库区鸟类资源现状

6.2.4　生物资源保护的生态服务价值

生态服务价值评估是生态环境保护、生态功能区划、环境经济核算和生态补偿决策的重要依据和基础。虽然国内外就生态服务价值的评估方法开展了大量的研究工作，但尚未形成一套统一的评估体系，方法的不同也导致研究结果之间存在较大差异，从而限制了对生态服务功能及其价值的客观认知。目前，生态服务价值核算可以大致分为两类，即基于单位服务功能价格的方法（以下简称"功能价值法"）和基于单位面积价值当量因子的方法（以下简称"当量因子法"）。功能价值法即基于生态服务功能量的多少和功能量的单位价格得到总价值，此类方法通过建立单一服务功能与局部生态环境变量之间的生产方程来模拟小区域的生态服务功能。但是该方法的输入参数较多、计算过程较为复杂，更为重要的是对每种服务价值的评价方法和参数标准也难以统一。当量因子法是在区分不同种类生态服务功能的基础上，基于可量化的标准构建不同类型生态系统各种服务功能的价值当量，然后结合生态系统的分布面积进行评估。相对服务价值法而言，当量因子法较为直观易用，数据需求少，特别适用于区域和全球尺度生态服务价值的评估。

本书通过当量因子法评估小浪底水利枢纽管理区植树造林产生的生态服务价值。研究方法及参数依据中国科学院地理科学与资源研究所谢高地等的研究成果。生态服务来自生态系统的物流、能流和信息流，对生态服务价值进行评估首先要把复杂结构和过程分解为有限的几种功能，这些功能要能产生代表人类从中所获得的包括资源供给、环境调节、文化娱乐及生产支持等直接和间接的利益，归纳现有已经识别出的生态服务类型。谢高地等将生态服务概括为供给服务、调节服务、支持服务、文化服务 4 个一级类型，在一级类型之下进一步划分出 11 种二级类型。其中，供给服务包括食物生产、原材料生产和水资源供给 3 个二级类型；调节服务包括气体调节、气候调节、净化环境、水文调节 4 个二级类型；支持服务包括土壤保持、维持养分循环、维持生物多样性 3 个二级类型；文化服务则主要为提供美学景观服务 1 个二级类型。谢高地等给出了不同生态系统的单位面积生态服务价值当量，见表 6.2－2。

表 6.2－2　　　　　　　　　　单位面积生态服务价值当量[139]

生态系统分类		供给服务			调节服务				支持服务			文化服务
一级分类	二级分类	食物生产	原材料生产	水资源供给	气体调节	气候调节	净化环境	水文调节	土壤保持	维持养分循环	维持生物多样性	提供美学景观
农田	旱地	0.85	0.40	0.02	0.67	0.36	0.10	0.27	1.03	0.12	0.13	0.06
	水田	1.36	0.09	−2.63	1.11	0.57	0.17	2.72	0.01	0.19	0.21	0.09
森林	针叶	0.22	0.52	0.27	1.70	5.07	1.49	3.34	2.06	0.16	1.88	0.82
	针阔混交	0.31	0.71	0.37	2.35	7.03	1.99	3.51	2.86	0.22	2.60	1.14
	阔叶	0.29	0.66	0.34	2.17	6.50	1.93	4.74	2.65	0.20	2.41	1.06
	灌木	0.19	0.43	0.22	1.41	4.23	1.28	3.35	1.72	0.13	1.57	0.69
草地	草原	0.10	0.14	0.08	0.51	1.34	0.44	0.98	0.62	0.05	0.56	0.25
	灌草丛	0.38	0.56	0.31	1.97	5.21	1.72	3.82	2.40	0.18	2.18	0.96
	草甸	0.22	0.33	0.18	1.14	3.02	1.00	2.21	1.39	0.11	1.27	0.56
湿地	湿地	0.51	0.50	2.59	1.90	3.60	3.60	24.23	2.31	0.18	7.87	4.73
荒漠	荒漠	0.01	0.03	0.02	0.11	0.10	0.31	0.21	0.13	0.01	0.12	0.05
	裸地	0.00	0.00	0.00	0.02	0.00	0.10	0.03	0.00	0.00	0.02	0.01
水域	水系	0.80	0.23	8.29	0.77	2.29	5.55	102.24	0.93	0.07	2.55	1.89
	冰川积雪	0.00	0.00	2.16	0.18	0.54	0.16	7.13	0.00	0.00	0.01	0.09

谢高地等将 1 个标准生态系统生态服务价值当量因子定义为 1hm² 全国平均产量的农田每年自然粮食产量的经济价值，其意义在于体现生态系统对生态服务贡献相对大小的潜在能力。谢高地等定义 1 个生态服务价值当量因子的经济价值量等于当年全国平均粮食单产市场价值的 1/7（指在没有人力投入的自然生态系统提供的经济价值是现有单位面积农田提供的食物生产服务经济价值的 1/7），由此便可将当量因子表转换成生态服务单价表。当量因子经济价值的计算公式如下：

$$D = \frac{1}{7} \sum_{i=1}^{n} \frac{m_i p_i q_i}{M} \tag{6.2-1}$$

式中：D 为 1 个当量因子的经济价值，元/hm²；i 为作物种类，$i = 1 \sim n$；p_i 为 i 种作物全国平均价格，元/t；q_i 为 i 种作物单产，t/hm²；m_i 为 i 种作物面积，hm²；M 为 n 种作物总面积，hm²。

2008 年，小浪底水利枢纽管理中心组织制订涵盖小浪底水利枢纽管理区、西霞院反调节水库管理区、马粪滩备料场（又称翠绿湖区域）的生态保护规划，初步明确枢纽管理区"一轴、两带、三区"的空间布局。2009 年起开始生态保护规划项目设计并组织实施。截至 2018 年年底，累计种植草木总面积达 564.48hm²，基本完成规划确定的生态建设任务。

经过多年的建设，从小浪底大坝到西霞院反调节水库坝下，形成长约 16km 的生态景观带。枢纽管理区"一轴、两带、三区"的空间布局和"文化小浪底、休闲翠绿湖、生态西霞院"的功能格局基本形成，林草覆盖率达到 47%。拥有以黄河飞瀑、黄河故道、翠绿湖和西霞院南北岸湿地为代表的水文景观；囊括远峰、悬崖、沟谷溪潭等地貌特色的地文景观；日出、夕照、雨凇、雪景、彩虹等天象景观；涵盖约 743 种植物种类，阔叶林、针叶林、灌丛及草丛为主的植物景观。

小浪底水利枢纽管理区植树造林以针叶乔木、阔叶乔木和草地为主，属于针阔混交和草原两种二级生态系统，由表 6.2 - 2 可知每种生态系统的单位面积生态服务价值当量。通过 2018 年全国稻谷、小麦和玉米 3 种主要粮食作物的价格、产量和种植面积计算 1 个当量因子的经济价值 D，为 1974.78 元/hm²。得到 2018 年小浪底水利枢纽管理区植树造林产生的生态服务价值（见表 6.2 - 3）。小浪底水利枢纽管理中心种植的 564.48hm² 草木在 2018 年产生的生态服务价值为 2154.7 万元，主要体现在气候调节、水文调节、土壤保持和维持生物多样性等方面。

表 6.2 - 3　　　　小浪底水利枢纽管理区植树造林产生的生态服务价值　　　　单位：万元

生态系统分类	供给服务			调节服务				支持服务			文化服务	总计
	食物生产	原材料生产	水资源供给	气体调节	气候调节	净化环境	水文调节	土壤保持	维持养分循环	维持生物多样性	提供美学景观	
针阔混交	27.3	62.6	32.6	207.3	620.1	175.5	309.6	252.3	19.4	229.3	100.6	2036.8
草地	2.3	3.3	1.9	11.9	31.2	10.2	22.8	14.4	1.2	13.0	5.8	117.9
总计	29.7	65.9	34.5	219.2	651.3	185.8	332.4	266.7	20.6	242.4	106.4	2154.7

6.3 生态经济效益评估

6.3.1 影响机制

依托小浪底水利枢纽工程建造了小浪底国家水利风景区，通过发展旅游业创造了生态经济价值。小浪底国家水利风景区（以下简称"景区"）位于黄河中游最后一段峡谷的出口处，南距河南省洛阳市 40km，北距河南省济源市 30km，是依托小浪底水利枢纽及其配套工程——西霞院反调节水库建设的水库型水利风景区。经过多年开发建设，景区已经形成较完善的资源体系，于 2003 年经水利部批准形成国家水利风景区（水综合〔2003〕470 号），2008 年经国家旅游局批准为国家 AAAA 级风景区（旅发〔2008〕62 号）。

景区中枢纽管理区占地面积 11.41km²，小浪底和西霞院水库在正常蓄水位时（小浪底正常蓄水位 275m，西霞院正常蓄水位 134m）水域面积 300.1km²（小浪底水域面积 279.6km²，西霞院水域面积 20.5km²）。建设范围包括：小浪底水利枢纽管理区的生产、生活区，面积 4.67km²，西霞院反调节水库的办公区，面积 0.05km²，南北岸游憩区面积 1.04km²。保护范围包括：小浪底大坝及其附属设施区和西霞院大坝及其附属设施区，面积 1.62km²，小浪底库区征地红线范围和坝址以上、回水末端库区两岸（包括干、支流）土地征用线以上至第一道分水岭之间的土地，面积 480.57km²；西霞院大坝及附属设施区用地面积 0.56km²，西霞院库区征地红线范围和两岸（包括干、支流）土地征用线以外 200m，面积 29.93km²；生态林地用地面积 3.47km²。

小浪底水利枢纽工程建设期间，原小浪底建管局高度重视水土保持和环境保护工作，严格按照国家批准的方案开展水土保持和环境保护。2001 年年底主体工程基本完工时，又选择专业设计单位对小浪底水利枢纽管理区的环境整治进行总体规划，在完成既有的水土保持和环境保护任务的同时，进一步对枢纽管理区整体生态环境进行提升，坚持工程、生物、环境等多措并举，科学合理进行开展生态环境建设，取得显著成效。景区 1998 年首次对外开放，2001 年景区封闭，进行全景区生态涵养，2003 年再次对外开放。西霞院反调节水库 2008 年年底基本完工，原小浪底建管局在按照批准的方案开展水土保持和环境保护工作的同时，同步开展涵盖小浪底水利枢纽管理区、西霞院反调节水库管理区、马粪滩备料场（又称翠绿湖区域）的生态保护规划编制，初步明确小浪底国家水利风景区的"一轴、两带、三区"空间布局。

小浪底国家水利风景区景色秀丽，自然景观与人工景观和谐交融，形成了众多特色风景（见图 6.3-1），为游人提供了丰富的旅游休闲服务：

（1）小浪底水利枢纽有长 1667m、体积 5185 万 m³ 的亚洲第一土石大坝；有世界上最大的地下厂房、进水塔、消力塘。小浪底巍巍大坝将大河拦腰截断，锁住了黄龙，昔日的峡谷激流变成了高峡平湖。

（2）小浪底坝后生态保护区有众多水面、树木和草坪，亭台楼阁，小桥流水，鸟语花香，环境优雅。景区南门是不锈钢制作的五朵浪花构筑的"逐浪高"景点。下行到移民故居，这里曾是当地人祖祖辈辈生活的地方，抗战窑洞和抗日碉堡向人们诉说着往事。黄河故道现改造成 272 亩的湖面。一座九曲桥连接起湖心岛和原黄河故道南北两岸。工程文化区小浪底大坝剖面模型、巨型轮胎展示、65t 大型自卸车、14.5m 高的钢模台车，让人们回想到小浪底水利枢纽建设期间的鏖战场面。

图 6.3-1 小浪底国家水利风景区自然、人文与工程交汇的美丽景观

（3）小浪底水利枢纽工程纪念广场七个造型各异的雕塑，展示着参加小浪底水利枢纽工程建设的业主、国际Ⅰ标、国际Ⅱ标、国际Ⅲ标、机电安装标承包商、设计、监理、工程移民等风采；美丽的花架长廊向游人展示现代园林艺术；黄河微缩景观以栩栩如生的直观形象展示了自然景观黄河源头、壶口瀑布和人文景观龙羊峡、青铜峡、刘家峡、万家寨、三门峡、小浪底等黄河上具有代表性的工程，展示了人民治黄的伟大成就。

（4）出水口观景台是观赏小浪底水利枢纽调水调沙的绝佳之处，从排沙洞、明流洞和孔板洞喷涌而出的巨大飞瀑，如黄龙腾空而起，如玉龙从天而降，带着呼啸的风声和震耳欲聋的轰鸣，潜入世界上最大的消力塘，翻滚搏杀，掀起排排巨浪，咆哮着向黄河下游冲去，其磅礴之势，惊心动魄，叹为观止。

（5）景区以小浪底水利枢纽工程为依托，充分挖掘黄河文化、水利文化、工程科技、水情教育、爱国主义教育等文化科技元素，建设有小浪底文化馆、爱国主义教育基地展示厅、工程文化广场、鸟馆、白蚁展览馆等设施，制作了《大河圆梦》《小浪底赋》《鹤舞霞飞》等宣传片、小浪底系列歌曲等，编制景区研学方案、研学手册，设计开发研学旅游产品，并针对研学团队出台了专项门票优惠政策。科普文化教育以河南省中小学在校学生为基础，辐射全国在校学生，推出系列文化产品，丰富研学活动内容，有效发挥"全国中小学生研学实践教育基地""国家水情教育基地""爱国主义教育基地"传播教育作用。

6.3.2 评估指标与数据来源

鉴于不同计算方法得到的生态经济价值差别较大，这里通过游客数量来量化生态经济指标 R_{ECN}。同时，采用旅行费用法计算货币价值，作为生态经济评估的参考数据。现状指标值采用 2019 年数据量化，游客数量来自小浪底国家水利风景区管理部门公布的 2019 年统计数据。旅行费用法所需数据来自《中国统计年鉴》旅游相关数据。如果没有小浪底水利枢纽将无法形成水利风景区，可以认为生态经济指标 R_{ECN} 的对照指标值为 0。

6.3.3 风景区生态经济效益

1. 生态经济指标量化

20 世纪 90 年代末至 2003 年，经原小浪底建管局近 5 年的大规模投入和建设，景区基础设施及生态环境得到极大提升，具备对外开放条件。2003 年河南省政府组织原小浪底建管局、洛阳市政府、济源市政府等召开小浪底旅游发展专题协调会，明确以小浪底建管局为主，济源、洛阳旅游管理部门参与的景区运行管理模式，并保持至今，并在当年对外开放。门票为 60 元/张，2015 年调整为 50 元/张。西霞院反调节水库管理区 2015 年对外开放，门票为 40 元/张。2019 年景区接待游客约 70 万人次。得到生态经济指标 R_{ECN} 的现状指标值为 70 万人，对照指标值为 0。

2. 旅行费用法得到的生态经济效益

根据式（4.3-14），采用旅行费用法时，景区的休闲旅游价值主要包括游客出行成本 C_j、游客出行时间成本 C_c 和消费者剩余价值 C_s 三个部分。

（1）游客出行成本 C_j。旅行费用包括游客到景点的交通费用、游客在整个旅行中所花费的住宿费用和门票和景点的各种服务费用。按照全国平均水平计算，小浪底国家水利风景区接待的 70 万游客花费的旅游费用 C_j 为 6.48 亿元。

（2）游客出行时间成本 C_c。旅客旅游时间花费价值，是因旅游活动而不能工作而损失的价值，具体计算方法是用单位时间的机会工资乘以旅行总时间表示，一般取实际工资的 30%～50% 作为旅客的机会工资[138]，这里按照 40% 来计算。假设往返和游览小浪底国家水利风景区所需的时间为 1d，根据全国平均工资水平，得到小浪底国家水利风景区接待的 70 万游客的旅游时间花费价值 C_c 为 0.22 亿元。

（3）消费者剩余价值 C_s。消费者剩余是指消费者消费一定数量的某种商品愿意支付的最高价格与这些商品的实际市场价格之间的差额。根据国内学者的研究，消费者剩余价值约占旅客旅行费用的 10%[138]。因此，小浪底国家水利风景区接待的 70 万游客的消费者剩余价值 C_s 为 0.65 亿元。

根据式（4.3-14），得到小浪底国家水利风景区 2019 年发挥的旅游休闲价值为 7.35 亿元。

6.4　碳减排效益评估

6.4.1　影响机制

在全球气候变化研究中，水电通常被视为没有温室气体产生的能源生产方式。水能资源直接由一次能源转化为水电，不消耗矿物资源和水资源，且不产生二氧化碳（CO_2）、二氧化硫（SO_2）及烟尘污染物，对于节能减排目标的实现具有重大作用。水力发电既可减少二氧化碳（CO_2）的排放，又可减少化石能源的消耗。

河南省电力系统几乎为一个纯火电系统，调峰问题一直突出，火电污染问题也十分严重。小浪底水利枢纽地处河南省电网负荷中心，电站投运后显著改善电网的运行条件，提高电网的调峰能力。小浪底水利枢纽水电站装机 6 台，总装机容量 1800MW。按照规划，小浪底水利枢纽保证出力在水库运行前 10 年为 283.9MW，10 年后为 353.8MW；多年平均发电量在水库运行前 10 年为 45.99 亿 kW·h，10 年后为 58.51 亿 kW·h；年平均可节约标准煤 155 万～192 万 t，减轻环境污染。小浪底水电站规模大，调节性能好，可以承担电网的调峰任务，在下游西霞院反调节工程建成后调峰作用更大。扣除 1 台常年检修容量后，小浪底水电站可承担电网的调峰容量，在水库运行的前 10 年为 1200～1500MW，10 年后为 1400～1500MW，将缓解电网调峰容量不足带来的一系列问题，弥补火电机组承接负荷慢的缺点，提高电网的供电质量。

6.4.2　评估指标与数据来源

将水力发电代替火力发电的二氧化碳减排量作为碳减排指标 R_{CAR}，同时分析水力发电减少的二氧化硫、烟尘和氮氧化物的排放量以更加全面地展示水力发电在减少温室气体排放上发挥的作用。

通过小浪底水利枢纽运行至今的发电数据来反映累计碳减排效益。1999 年 12 月 26 日首台机组并网发电，因此将现状指标值计算时段设为 2000—2019 年，发电数据来自小浪底水利枢纽管理中心统计数据。如果没有小浪底水利枢纽将无法进行水力发电，可以认为碳减排指标 R_{CAR} 的对照指标值为 0。

6.4.3　碳减排效益

1. 碳减排指标量化

截至 2019 年年底，小浪底水利枢纽上网电量已达 1090 亿 kW·h。随着火电机组技术的提高，火电站标准煤耗也逐年降低，根据《中国电力年鉴 2014》《中国电力年鉴 2017》，本次计算时段内标准煤耗采用 330g/（kW·h）（我国将每千克含热量 7000 大卡的煤定义为标准煤）。根据国家发展改革委公布的 2008—2014 年中国低碳技术化石燃料并网发电项目区域电网基准线排放因子，黄河流域电网基准线排放因子可参考值 0.9tCO₂/（MW·h）。根据式（4.3-15）～式（4.3-18），计算得到相当于减少标准煤耗 3603 万 t，减少 CO_2 排放量 9873 万 t、减少 SO_2 排放量 88 万 t，减少烟尘排放量 37 万 t，减少 NO_x 排放量 75 万 t（见图

6.4-1）。加之小浪底水利枢纽电站的调峰运行，其环境效益将更加显著。

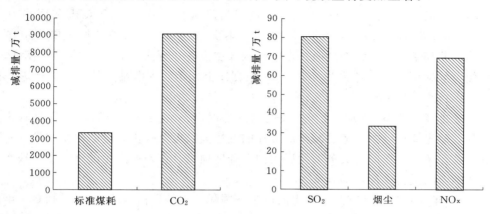

图 6.4-1　小浪底水利枢纽工程水力发电减排效益

2. 水力发电的总效益

小浪底水电清洁能源不仅有发电所带来的直接经济效益，还有对生态环境节能减排所带来的量化经济效益。

（1）直接经济效益。黄河干流主要水电站现行的上网电价为 0.115～0.347 元/(kW·h)，大多数在 0.3 元/(kW·h) 以下；全国火电站标杆上网电价为 0.27～0.47 元/(kW·h)，黄河流域水电站供电范围内火电站标杆上网电价为 0.27～0.38 元/(kW·h)；光伏标杆上网电价为 0.9～1.0 元/(kW·h)；风电标杆上网电价为 0.51～0.61 元/(kW·h)。通过以上看出，在调查的现状各类电站的上网电价中，水电站上网电价最低，不能反映水电作为清洁可再生能源、运用灵活的优势。根据《水利建设项目经济评价规范》（SL 72—2013）的要求，采用影子电价法计算水力发电的直接经济效益。

1）火电站工程的投资及运行费估算。根据《中国电力年鉴 2016》，统计分析了近些年建成的平顶山电站、彭城电厂、井冈山电站、大同电厂、锦州电厂、临涣电厂的投资情况，火电站单位概算投资为 3317～4938 元/kW，决算投资 3245～4937 元/kW，两个阶段差别不大。参考南水北调西线工程、古贤水利枢纽工程，以及黄河流域其他项目前期工作中经济评价采用的参数，同时考虑水电站的建设地点、时间等因素，本次发电效益分析替代火电站的工程投资采用 4500 元/kW、火电站的年运行费率取 5%。

2）火电站标准煤耗及价格。根据《中国电力年鉴 2014》《中国电力年鉴 2016》等资料，本次采用火电站标准煤耗 330g/(kW·h)。煤炭价格是影响发电效益的重要因素之一。从近些年国际煤炭价格和国内煤炭价格的走势来看，煤炭价格变化幅度比较大。在 2008 年之间有一个稳定的上升变化，在 2008 年，煤炭价格经历了一个急剧上升和迅速降低的过程，之后又缓慢上升。折合成标准煤后，2003—2010 年各年的标准煤价为 334～904 元/t，平均为 629 元/t。综合以上分析，并参考近 10 年完成的水电站工程前期工作中采用的标准煤价格，本次标准煤价格采用 650 元/t。

3）水电站与火电站的发电量关系及火电站利用小时数。根据水火电站的检修特点以及其厂用电量情况的差别，水火电站电量系数取 1.05。根据统计资料，火电站年利用小时数在 5000～5300h，水电站一般不超过 3500h。根据本次调查的资料分析，水电站设计时装机利用小时数一般为 2000～5000h，黄河流域大中型电站实际装机利用小时数为 2000～4700h、龙羊峡 3700h、小浪底 2900h。本次考虑到黄河流域装机主要集中在大中型水电站，尤其是干流的大中型电站在电网调峰中发挥了重要作用，为体现其容量效益，本次替代火电站年利用小时数采用 4000h。根据以上拟定的火电站参数，计算得影子上网电价为 0.45 元/(kW·h)。

（2）减排经济效益。2005 年初生效的《京都议定书》推出一个基于市场双赢的清洁发展机制，即先承担减排义务、减排成本高的发达国家可以提供先进的减排技术及必要的配套资金，在暂不承担减排义务的发展中国家开展项目合作，所产生的减排量经核实后可算作发达国家的减排指标，即碳交易。

自 2005 年《京都定义书》正式生效以来，国际碳交易价格持续上涨，到 2008 年 CO_2 交易价格达到 30 美元/t 左右，折合人民币 200 元/t 左右，2012 年后受金融危机的影响，碳交易价格开始下滑。但可以预计人们对环境保护意识日益增强，碳交易价格的下滑不会是一个趋势，只是暂时的。国内碳交易市场刚刚起步，碳交易市场价格差别比较大，其中北京市、深圳市 CO_2 交易价格为 30～60 元/t。有分析人士指出，我国碳交易市场价格偏低，不利于企业节能转型，理想的 CO_2 交易价格为 200～300 元/t，此时企业将面临成本压力，刺激企业采取清洁节能设施。综合考虑，本次 CO_2 交易价格采用 200 元/t。

根据国家发展和改革委员会公布的 2008—2014 年中国低碳技术化石燃料并网发电项目区域电网基准线排放因子，黄河流域电网基准线 CO_2 排放因子取 0.9t/(MW·h)。经计算，水电站减排效益为 0.18 元/(kW·h)。

（3）总效益。小浪底水电站首台机组自 2000 年开始发电，截至 2019 年年底，累计发电量超过 1090 亿 kW·h。按照 2017 年的价格水平，小浪底水电站累计直接产生发电效益 490.92 亿元，节能减排效益 197.19 亿元。详见图 6.4-2 和表 6.4-1。

表 6.4-1　　　　　　　　　　小浪底水电站发电效益计算成果表

年份	年发电量/(亿 kW·h)		效益计算/亿元		
	总电量	调峰电量	直接经济效益	减排效益	效益小计
2000	6.38		2.87	1.15	4.03
2001	21.07		9.49	3.81	13.3
2002	32.7		14.72	5.91	20.64
2003	36.68	8.55	16.51	6.63	23.15
2004	50.01	20.92	22.52	9.04	31.56
2005	50.26	19.9	22.63	9.09	31.72
2006	58.06	19.79	26.14	10.5	36.64
2007	58.81	20.61	26.48	10.63	37.11
2008	55.44	20.18	24.96	10.02	34.99
2009	50.14	18.76	22.57	9.07	31.64
2010	51.77	18.9	23.31	9.36	32.67

续表

年份	年发电量/(亿 kW·h)		效益计算/亿元		
	总电量	调峰电量	直接经济效益	减排效益	效益小计
2011	62.26	22.24	28.03	11.26	39.29
2012	90	30.37	40.52	16.27	56.79
2013	77.71	28.14	34.99	14.05	49.04
2014	58.33	22.1	26.26	10.55	36.81
2015	64.13	25.26	28.87	11.6	40.47
2016	41.33	14.73	18.61	7.48	26.09
2017	49.8	16.5	22.41	9.01	31.42
2018	88.22	29.34	39.71	15.96	55.67
2019	87.35	29	39	16	55
合计	1090.45	365.34	490.92	197.19	688.15

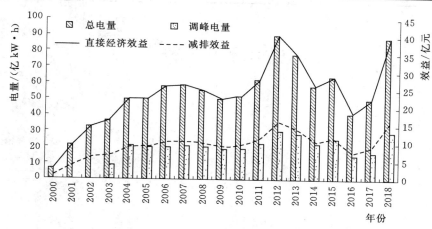

图 6.4-2 小浪底水利枢纽历年水力发电直接效益及减排效益

6.5 小结

本章评估了小浪底水利枢纽在库区周边产生的生态效益。小浪底水利枢纽蓄水后起到了降低库区周边气温、增大空气湿度的气候调节作用,有利于库区周边植物生长、改善了生态环境,发挥了旅游休憩价值、发展了生态经济,也通过水力发电减少了温室气体排放。采用情景对比法进行评估,结果显示(见表 6.5-1):

(1)局地气候。2010—2018 年间,小浪底水利枢纽的建设运行降低了库区周边气温 0.6℃、提高了相对湿度 4.44%,小浪底水利枢纽蓄水后降低了库区周边气温,增加了空气湿度,在一定程度上抵御了区域干旱化、改善了局地气候条件。

(2)生物资源。典型年 NDVI 值反映了小浪底水利枢纽运行后植被覆盖有所增加,已经超过了 1990 年水平。

（3）生态经济。小浪底水利枢纽蓄水后形成了秀丽的风景，塑造了国家 AAAA 级风景区和国家水利风景区，2019 年吸引 70 万游客前来观光，当年创造了 7.35 亿元旅游休闲价值。

（4）碳减排。2000—2019 年小浪底水利枢纽上网电量已达 1090.45 亿 kW·h，相当于减少 CO_2 排放量 9873 万 t，产生发电效益 688.15 亿元，其中减排效益 197.19 亿元。

表 6.5-1　　　　　　　小浪底水利枢纽在工程周边的生态效益评估指标值

指　　标	指　标　内　涵	指标值	
		现状指标值	对照指标值
平均气温指标 $R_{CLI,T}$	多年平均气温/℃	14.69	15.29
平均相对湿度指标 $R_{CLI,H}$	多年平均相对湿度/%	59.73	55.29
工程周边生物数量指标 $R_{BIO,N}$	NDVI 平均值	0.32	0.28
生态经济指标 R_{ECN}	2019 年游客数量/万人	70	0
碳减排指标 R_{CAR}	CO_2 减排量累计值/万 t	9873	0

第7章

小浪底水利枢纽对下游河道内的生态效益评估

在黄河干流已建大型水利枢纽工程中，小浪底水利枢纽位于最末端，对坝址至河口间约 900km 河道内生态环境具有重要影响。

7.1 对水文情势的影响评估

7.1.1 影响机制

水库通过存储和下泄水资源改变了下游的水文情势。黄河上中游修建了大量水利工程，对黄河下游的水文情势造成一些影响。特别是 1999 年黄河实施水量统一调度以来，上中游水利工程对黄河下游水文情势的影响可能会进一步加强。这里通过分析进出小浪底水利枢纽的水量及过程变化来区分三门峡断面以上的水利枢纽工程及小浪底水利枢纽对黄河下游水文情势的影响。

（1）进入小浪底水利枢纽以下河道的水量变化。三门峡断面位于小浪底水利枢纽上游，其观测流量可视为小浪底水利枢纽的入库流量。如表 7.1 - 1 和图 7.1 - 1 所示，20 世纪 70—80 年代三门峡断面实测水量较为丰沛，虽然部分年份来水较少，但 20 世纪 70 年代和 80 年代年均水量均超过 350 亿 m³，最枯的 1987 年水量也超过 200 亿 m³。20 世纪 90 年代三门峡断面处的水资源量进一步减少，年均水量降至 236.6 亿 m³，汛期水量较 20 世纪 70—80 年代减少近一半，非汛期水量减少约 30 亿 m³。这一时段黄河下游断流频发，河道内生态环境问题突出。

表 7.1 - 1　　　　　　三门峡断面不同时期实测径流量变化　　　　　　单位：亿 m³

时　段	年水量	汛期水量	非汛期水量	时　段	年水量	汛期水量	非汛期水量
1970—1979 年	356.8	194.9	161.9	1990—1999 年	236.6	103.6	133.0
1980—1989 年	364.5	205.4	159.1	2000—2016 年	217.1	102.0	115.1

进入 21 世纪后，进入黄河下游的河川径流量相较于频繁断流的 20 世纪 90 年代进一步衰减。2000 年小浪底水利枢纽投入运行后，流经三门峡断面的年水量相较于 20 世纪 90 年代进一步下降，年均水量减少 19.5 亿 m³，其中汛期水量基本不变，仅减少 1.6 亿 m³；非汛期水量下降较多，减少 17.9 亿 m³。

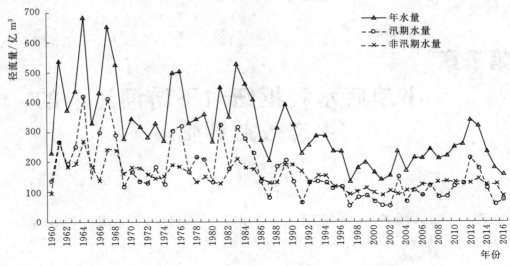

图 7.1-1　三门峡断面实测径流量变化

（2）小浪底水利枢纽入库与出库过程变化。对比小浪底水利枢纽运行前后小浪底水利枢纽出库和入库过程，分析小浪底水利枢纽对水文情势的影响作用。小浪底断面位于小浪底水利枢纽下游，其观测流量可被视为小浪底水利枢纽出库流量；高村断面和利津断面位于黄河下游。

历史上黄河下游断流频发，4—6月处于枯水期末，水库存蓄水量较少，且是下游引黄灌溉用水高峰期，因此4—6月是黄河下游断流的高发时段。针对4—6月小浪底水利枢纽上下游主要断面流量过程开展分析（见图7.1-2～图7.1-5，表7.1-2）。

1997年小浪底水利枢纽尚未运行，是黄河下游断流最严重的一年。1997年4—6月三门峡断面和小浪底断面流量过程和总水量基本一致，小浪底断面总水量仅比三门峡高0.5亿 m³。4—5月高村断面流量过程和小浪底断面基本一致，6月流量低于小浪底断面，总水量比小浪底断面减少3.0亿 m³。4—6月利津断面频繁断流，总水量仅8.8亿 m³，相比高村断面减少20.5亿 m³。

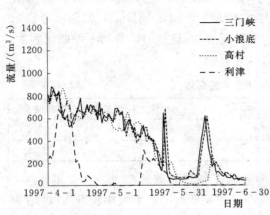

图 7.1-2　1997 年小浪底水利枢纽上下游
断面流量过程变化

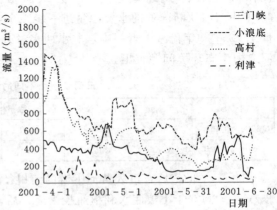

图 7.1-3　2001 年小浪底水利枢纽上下游
断面流量过程变化

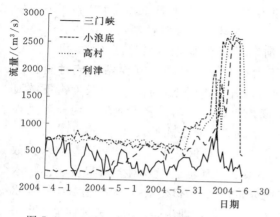

图 7.1-4　2004 年小浪底水利枢纽上下游
断面流量过程变化

图 7.1-5　2016 年小浪底水利枢纽上下游
断面流量过程变化

表 7.1-2　　　　　　　　　　小浪底水利枢纽上下游断面 4—6 月水量　　　　　　　　　　单位：亿 m³

年份	三门峡	小浪底	高村	利津	年份	三门峡	小浪底	高村	利津
1997	31.9	32.3	29.3	8.8	2004	29.0	76.4	75.6	49.9
2001	25.2	56.9	38.8	6.2	2016	22.5	47.4	41.1	11.0

2000 年小浪底水利枢纽投入运行。2001 年、2004 年和 2016 年三门峡断面 4—6 月总水量均低于 1997 年，其中 2016 年 4—6 月总水量比 1997 年减少 9.4 亿 m³。但是这些年份黄河下游均没有发生断流现象。经过小浪底水利枢纽的调蓄，2001 年、2004 年和 2016 年小浪底水利枢纽出库流量过程（小浪底断面）和入库流量过程（三门峡断面）间存在较大差异，绝大多数时段小浪底断面流量高于三门峡断面。在总水量上，2001 年、2004 年和 2016 年 4—6 月小浪底水利枢纽出库水量分别比入库水量高 31.7 亿 m³、47.5 亿 m³ 和 24.9 亿 m³，分别是入库水量的 2.3 倍、2.6 倍和 2.1 倍。

2001 年、2004 年和 2016 年高村断面相较于小浪底断面水量分别减少 18.0 亿 m³、0.8 亿 m³ 和 6.3 亿 m³；利津断面相较于高村断面水量分别减少 32.7 亿 m³、25.7 亿 m³ 和 30.1 亿 m³。这反映了统一调度以来黄河下游引黄水量并未减少，反而有所增加。

综上所述，实施水量统一调度以来，小浪底水利枢纽多年平均入库流量并未增加，汛期和非汛期多年平均入库水量均有所减少，由此水量统一调度并没有增加黄河下游水量；经过小浪底水利枢纽调蓄，小浪底水利枢纽出库流量过程与入库过程间存在较大差异，在下游需水高峰期向下游补水。由此可见小浪底水利枢纽在改变黄河下游水文情势上发挥了十分关键的作用。

7.1.2　评估指标与数据来源

河道内水文情势的评估指标包括径流过程指标和生态流量指标。

（1）径流过程指标。水是河流生态系统最重要的组成部分，是生物栖息的环境、物质传输的介质，连续的水流是维持河流物质流、能量流和信息流连通的必要条件。河流断流会导致严重的生态灾难，造成栖息地丧失、水生生物死亡、湿地萎缩、咸水入侵等多种生态问题。1972—1986年，沿黄省区无序引水，下游地区发生经常性断流，期间有十年发生断流，累计断流145d。1988—1998年，黄河下游断流加剧，累计断流54次，共计888d，年均断流长度394km。其中，1997年下游断流最为严重，利津站断流时间长达226d，断流河段最远上延至距河口704km的河南省开封市附近，断流河段长度占下游河长的90%。从黄河下游实际情况出发，将年均断流天数和年均预警天数均作为径流过程指标分别记为 $I_{FLW,R1}$ 和 $I_{FLW,R2}$，评价断面为利津断面，计算公式见式（4.3-19）。

（2）生态流量指标。生态流量指标包括生态需水水量保证率 $I_{FLW,EV}$ 和生态需水天数保证率 $I_{FLW,ED}$。作为一个不完全年调节水库，小浪底水利枢纽工程对多年尺度生态供水量的影响相对较小，但它改变了径流过程的年内分布，因此对该工程主要分析其生态需水天数保证率，评估断面为利津断面。将生态需水分成3类，即生态基流、关键期最小生态需水和关键期适宜生态需水。生态基流是指为维持河流基本形态和基本生态功能的河道内最小流量，采用《黄河流域（片）河湖生态水量（流量）研究》成果；4—6月是黄河下游水生生物繁殖的关键期，这一时段需要提供比较大的生态流量塑造适宜的产卵场，关键期生态需水采用《黄河流域综合规划（2012—2030年）》成果。生态基流、关键期最小生态需水和关键期适宜生态需水的天数保证率分别记为 $I_{FLW,ED1}$、$I_{FLW,ED2}$ 和 $I_{FLW,ED3}$，计算公式见式（4.3-21）。

水文情势的年际变化较大，需要通过长系列数据进行量化，采用2000—2018年利津断面实测日径流量化现状指标。采用水文替代法，用2000—2018年三门峡断面实测日径流量替代小浪底断面实测日径流，然后根据分析时段内下游实测区间入流量、取水量、退水量、水量损失等数据进行水量平衡计算，得到没有小浪底水利枢纽时利津断面的径流过程，从而量化对照指标值。

7.1.3 对径流过程的影响

1. 对河道断流的影响评估

在实施全河水量统一调度的背景下，自2000年小浪底水利枢纽投入运用以来，截至2020年年底黄河下游已经实现了连续21年不断流（见图7.1-6）。其中2001年、2002年和2016年小浪底水利枢纽入库水量与严重断流的1997年水量差别不大，但下游并未出现断流现象。

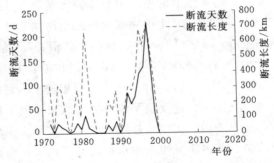

图7.1-6 黄河下游河道断流情况变化

为了明确小浪底水利枢纽在保障下游不断流中发挥的作用，对比分析有无小浪底水利枢纽时下游断流情况，结果如表7.1-3和图7.1-7所示，没有小浪底水利枢纽时，2000—2016年间花园口断面仅2年不发生断流，高村断面与利津断面每年均发生断流；花园口断面平均每年断流4.53d，年内最长断流天数为12d（2008年）；高村断面平均每年断流16.65d，年内最长断流天数为53d（2001年）；利津断面平均每年断流90.71d，年内最长断流天数为169d（2002年）。

表7.1-3　　　　　　没有小浪底水利枢纽时下游各断面断流天数　　　　　　单位：d

年份	花园口	高村	利津	年份	花园口	高村	利津
2000	5	30	111	2010	3	13	70
2001	9	53	161	2011	7	22	88
2002	2	11	169	2012	0	16	91
2003	0	17	113	2013	4	8	82
2004	3	6	53	2014	3	12	83
2005	6	20	70	2015	1	9	67
2006	3	10	59	2016	4	14	116
2007	8	14	83	2000—2016年均值	4.53	16.65	90.71
2008	12	19	70	2010—2016年均值	3.14	13.43	85.29
2009	7	9	56				

本次评估所用断面为利津断面，所用时段为2010—2016年，径流过程指标 $I_{FLW,R1}$ 的现状指标值为0d；径流过程指标 $I_{FLW,R1}$ 的对照指标值为85.29d，接近持续断流的1991—1999年年均断流天数（100.11d），将导致生物数量与多样性锐减、污染加剧、湿地萎缩、咸水入侵等生态灾难。可见小浪底水利枢纽运行后，有效遏制了黄河下游频繁断流的局面，对于维持黄河下游生态健康具有重要意义。

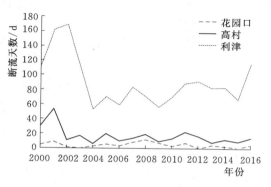

图7.1-7　没有小浪底水利枢纽时下游各断面断流情况

2. 对河道预警的影响评估

预警流量是预防黄河断流、避免严重生态破坏的下限流量。黄河下游花园口、高村和利津断面的预警流量分别为 $150m^3/s$、$120m^3/s$ 和 $30m^3/s$。对比分析有无小浪底水利枢纽时下游预警情况，结果如表7.1-4和图7.1-8～图7.1-10所示。

表7.1-4　　　　　　有无小浪底水利枢纽时下游各断面预警天数　　　　　　单位：d

年份	有小浪底水利枢纽			无小浪底水利枢纽		
	花园口	高村	利津	花园口	高村	利津
2000	0	2	36	33	61	126
2001	13	25	5	45	77	163
2002	0	4	10	18	36	183
2003	14	2	56	24	44	136
2004	0	0	0	6	18	58
2005	0	0	0	24	31	71
2006	0	0	0	10	24	69

续表

年份	有小浪底水利枢纽			无小浪底水利枢纽		
	花园口	高村	利津	花园口	高村	利津
2007	0	0	0	18	28	86
2008	0	0	0	25	36	74
2009	0	1	0	14	19	63
2010	0	0	0	12	26	80
2011	1	0	0	23	36	98
2012	0	0	0	7	31	95
2013	0	0	0	14	21	90
2014	0	0	0	11	25	88
2015	0	0	0	4	19	70
2016	0	0	0	17	35	121
2000—2016 年均值	1.65	2.00	6.29	17.94	33.35	98.29
2000—2016 年保证率	1.00	0.99	0.98	0.95	0.91	0.73
2010—2016 年均值	0.14	0.00	0.00	12.57	27.57	91.71
2010—2016 年保证率	1.00	1.00	1.00	0.97	0.92	0.75

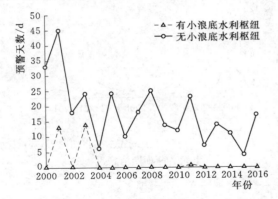

图 7.1-8　有无小浪底水利枢纽时
花园口断面预警天数

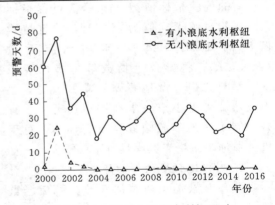

图 7.1-9　有无小浪底水利枢纽时
高村断面预警天数

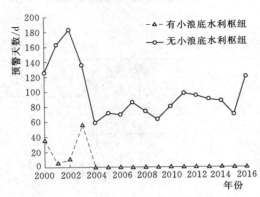

图 7.1-10　有无小浪底水利枢纽时利津
断面预警天数

有小浪底水利枢纽时，2000—2016 年花园口断面仅 3 年出现低于预警流量的现象，2004 年来几乎没有低于预警流量的现象发生，年均预警天数 1.65d；没有小浪底水利枢纽时，花园口断面每年预警天数均高于有小浪底水利枢纽的情况，每年均发生低于预警流量的现象，年均预警天数 17.94d，是有小浪底水利枢纽时的 10.9 倍，2001 年预警天数长达 45d。

有小浪底水利枢纽时，2000—2016 年高村断面有 5 年出现低于预警流量的现象，

2004 年来几乎没有低于预警流量的现象发生，年均预警天数 2.00d；没有小浪底水利枢纽时，高村断面每年预警天数均高于有小浪底水利枢纽的情况，每年均发生低于预警流量的现象，年均预警天数 98.29d，占全年天数的 27%，是有小浪底水利枢纽时的 15.6 倍，2001 年预警天数长达 77d。

有小浪底水利枢纽时，2000—2016 年利津断面有 4 年出现低于预警流量的现象，2004 年来已经没有低于预警流量的现象发生，年均预警天数 6.29d；没有小浪底水利枢纽时，利津断面每年预警天数均高于有小浪底水利枢纽的情况，每年均发生低于预警流量的现象，年均预警天数 33.35d，占全年天数的 9%，是有小浪底水利枢纽时的 16.7 倍，2002 年预警天数长达 183d。

本次评估所用断面为利津断面，所用时段为 2010—2016 年，径流过程指标 $I_{FLW,R2}$ 的现状指标值为 0d，对照指标值为 91.71d。可见小浪底水利枢纽运行后，显著减少了下游出现枯水小流量的风险。

3. 极端小流量的变化

对小浪底、花园口和利津 3 个断面 1950—2016 年逐年最小日径流量的分析结果显示（见图 7.1-11）：3 个断面在 20 世纪 60—90 年代间频繁出现极小的年最小日径流量，其中利津断面尤为严重，20 世纪 70—90 年代间多数年份最小日径流量为 0；自 2000 年小浪底水利枢纽投入运用以来，各断面年最小日径流量显著提升，利津断面再未出现零流量现象。

对小浪底、花园口和利津 3 个断面 1950—2016 年逐年最小月径流量的分析结果显示（见图 7.1-12）：小浪底和花园口断面在 20 世纪 60 年代和 90 年代频繁出现较低的最小月径流量；利津断面在 20 世纪 60—90 年代间频繁出现较低的最小月径流量，20 世纪 90 年代尤为严重，1992 年和 1994—1997 年最小月流量为 0，1998 年和 1999 年最小月径流量也接近 0；自 2000 年小浪底水利枢纽投入运用以来，各断面年最小月径流量显著提升，利津断面再未出现零流量现象，2000—2002 年最小月径流量相对较小，为 30～50m³/s，2003 年后，除水量较少的 2011 年和 2016 年外，其他年份最小月径流量均高于 100m³/s；小浪底断面最小月径流量在 2004 年后均高于 230m³/s；花园口断面最小月径流量在 2005 年后均高于 280m³/s。

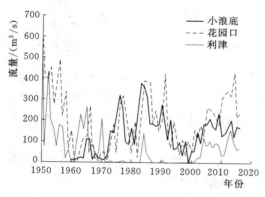

图 7.1-11　下游断面最小日径流量变化

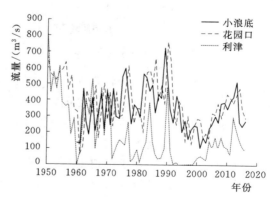

图 7.1-12　下游断面最小月径流量变化

IHA 是用来评估水文情势变化的常用指标体系，通过对比评估时段的指标值和天然情况下的指标值来反映水文情势的变化情况（见表 4.3-1）。选择 IHA 指标体系中的最小 1d 平均流量、最小 3d 平均流量和最小 7d 平均流量来反映小浪底水利枢纽运行后低流量事件的变化情况。小浪底、花园口和利津断面以上最早建设运行的水利枢纽是三门峡水利枢纽。三门峡水利枢纽于 1960 年竣工运行，将三门峡水利枢纽竣工前的河川径流近似视为天然河川径流。由于小浪底断面监测资料时间较短，缺少 1960 年前的径流资料，仅对花园口和利津断面开展分析。

花园口断面统计结果显示（见图 7.1-13）：1949—1959 年间花园口断面最小 1d 平均流量、最小 3d 平均流量和最小 7d 平均流量均较大，超过 340m³/s；在人类活动剧烈影响的 1987—1998 年间，最小 1d 平均流量、最小 3d 平均流量和最小 7d 平均流量均减少 50% 以上，最小 1d 平均流量不足 150m³/s；小浪底水利枢纽运行后，2000—2016 年间最小 1d 平均流量、最小 3d 平均流量和最小 7d 平均流量均回升了 20% 以上，流量均高于 220m³/s，恢复至 1949—1959 年的 65%～71%。

利津断面统计结果显示（见图 7.1-14）：1949—1959 年间利津断面最小 1d 平均流量、最小 3d 平均流量和最小 7d 平均流量分别为 193m³/s、210m³/s 和 249m³/s；在人类活动剧烈影响的 1987—1998 年间，最小 1d 平均流量、最小 3d 平均流量和最小 7d 平均流量分别为 1m³/s、2m³/s 和 6m³/s，严重偏离了天然情况，仅为天然水平的 0.5%～2.3%；小浪底水利枢纽运行后，2000—2016 年间最小 1d 平均流量、最小 3d 平均流量和最小 7d 平均流量均有所回升，达到天然水平的 32.6%～36.6%。

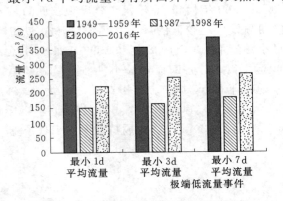

图 7.1-13　花园口断面极端低流量变化

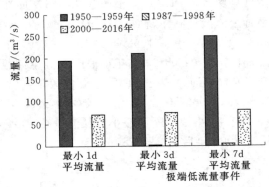

图 7.1-14　利津断面极端低流量变化

小浪底水利枢纽运行后低流量事件的流量量级增大，从而基本保障了河道内有一定的基流，维持自然河流的水温、溶解氧与化学成分，为水生生物生存、越冬与繁衍提供了一定的栖息空间和觅食场所；也基本保障了河流湿地的地下水位和土壤湿度；基本保障了河口咸水浓度在可接受范围内。

黄河断流不仅引发了河道萎缩、水生物减少、湿地减少等问题，还直接导致黄河造陆功能衰退，海岸线蚀退加快（见图 7.1-15）。经过小浪底水利枢纽的调蓄，黄河下游已连续 21 年不断流（见图 7.1-16）。黄河下游不断流的 21 年，也是黄河为我国恢复生态、建设生态家园的 21 年。黄河下游河道曾经土地干涸，无水无鱼，如今河道充盈、水草丰茂、芦苇成林。黄河不断流还保证了鱼类产卵育幼期的生态用水，水生生物的多样性正得到恢复；增加了河口地区的入海水量，初步遏制了黄河三角洲湿地面积急剧萎缩的势头，对三角洲湿地生态系统的完整性、生物多样性及稳定性产生了较为积极的影响。黄河不断流为我国绘制了一幅绿色生态画卷，为世界江河治理与保护、人与自然和谐共生提供了范例。

图 7.1-15　黄河下游历史断流情景

图 7.1-16　小浪底水利枢纽泄水情景

7.1.4　对生态流量的影响

1. 下游生态需水水量保证率变化

由于黄河多沙的特性，河道内生态需水量包括汛期输沙水量、维持中水河槽水量和非汛期生态需水量，经综合分析，《黄河流域综合规划（2012—2030 年）》提出黄河下游河道多年平均河道内生态需水量利津断面应在 220 亿 m³ 左右，其中汛期在 170 亿 m³ 左右；非汛期生态需水量宜在 50 亿 m³ 左右。

利津断面年生态需水水量保证率变化过程如图 7.1-17 所示，1985 年以前利津断面年生态需水量几乎可以得到完全满足；1986—1996 年间，虽然部分年份生态需水量无法得到完全满足，但缺口较小，多数年份生态需水水量保证率不低于 0.7，平均年生态需水

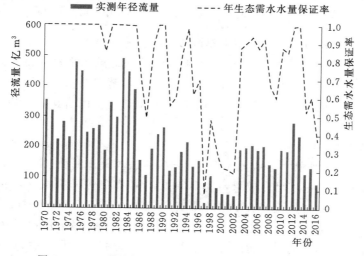

图 7.1-17　利津断面年生态需水水量保证率变化过程

水量保证率为 0.76；1997—2002 年间生态需水量缺口较大，平均年生态需水水量保证率仅为 0.25，1997 年生态需水水量保证率仅为 0.08，在生态需水水量保证率最高的 1998 年也仅为 0.48；2003 年以后年生态需水水量保证率明显提升，2003—2013 年间生态需水量缺口较小，部分年份可以得到完全满足，平均年生态需水水量保证率达到 0.87；2014—2016 年生态需水量缺口再次加大，平均年生态需水水量保证率降至 0.50，这一现象主要是因为 2014—2016 年为干旱年份，天然径流量偏少，小浪底水利枢纽入库流量也显著减少。

利津断面非汛期生态需水水量保证率变化过程如图 7.1-18 所示：除 1988 年和 1992 年有少量缺水外，1994 年前其他年份非汛期生态需水量均可以得到完全满足；1995—2002 年间非汛期生态需水水量保证率显著下降，平均非汛期生态需水水量保证率降至 0.51，1997—1999 年非汛期生态需水水量保证率不足 0.50，2002 年保证率仅 0.25；2003 年以后非汛期生态需水水量保证率明显提升，2003—2015 年非汛期生态需水得到完全满足，2016 年由于来水偏少非汛期生态供水有轻微的不足。

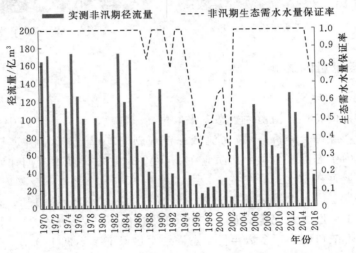

图 7.1-18　利津断面非汛期生态需水水量保证率变化过程

由于小浪底水利枢纽工程是不完全年调节水库，进入黄河下游的水量受到上游多年调节水库影响。如表 7.1-1 所示，2000 年以来进入黄河下游的水量并没有高于 20 世纪 90 年代，但由于上游龙羊峡水利枢纽发挥年际调节作用，蓄丰补枯，从而提高了枯水年利津断面生态需水水量保证率。因此，对于小浪底水利枢纽，仅评估其对下游生态需水天数保证率的影响。

2. 对生态基流的影响评估

《黄河流域（片）河湖生态水量（流量）研究》根据利津断面已有成果保证程度分析，确定利津断面生态基流采用已有成果，为 50m³/s。根据有关研究成果，黄河河口河段洄游鱼类洄游和生长期对河道流速及水深的要求分别为 0.3～0.5m/s 和 1m 以上。根据利津断面水文测验，流量为 50m³/s 左右时，最大水深可达 1m，最大流速可达 0.5m/s 左右，可基本满足淡水鱼类越冬期对洄游通道的最低要求。采用《黄河流域水资源保护规划》成果，花园口断面和高村断面生态基流分别为 200m³/s 和 150m³/s。对比分析有无小浪底水利枢纽时下游控制断面生态基流天数保证率，如表7.1-5和图7.1-19～图7.1-21所示。

表7.1-5　　　　有无小浪底水利枢纽时下游各断面生态基流不满足天数　　　　单位：d

年份	有小浪底水利枢纽			无小浪底水利枢纽		
	花园口	高村	利津	花园口	高村	利津
2000	5	14	78	54	69	136
2001	28	36	61	61	85	171
2002	26	11	122	28	47	200
2003	58	38	153	47	63	141
2004	0	0	0	16	21	62
2005	0	0	0	33	36	74
2006	0	0	0	18	30	74
2007	0	0	0	26	34	91
2008	1	0	0	33	39	82
2009	0	1	0	22	26	66
2010	0	0	4	21	31	83
2011	1	0	8	31	39	100
2012	0	0	0	8	36	98
2013	0	0	0	20	28	96
2014	0	0	0	17	30	98
2015	0	0	0	8	23	78
2016	0	0	0	26	48	125
2000—2016年均值	7.00	5.88	25.06	27.59	40.29	104.41
2010—2016年均值	0.14	0.00	1.71	18.71	33.57	96.86
2000—2016年天数保证率	0.98	0.98	0.93	0.92	0.89	0.71
2010—2016年天数保证率	1.00	1.00	1.00	0.95	0.91	0.73

有小浪底水利枢纽时，2000—2016年花园口断面有6年生态基流发生破坏，平均每年有7d实测径流低于生态基流，生态基流天数保证率0.98，2000—2003年生态基流破坏天数较多，年内生态基流最高破坏58d（2003年），2004年后生态基流基本得到完全满足；无小浪底水利枢纽时，2000—2016年花园口断面每年均存在不满足生态基流的现象，每年生态基流破坏天数不低于8d，年内生态基流最高破坏61d（2001年），平均每年不满足

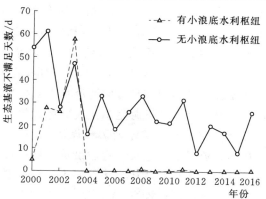

图7.1-19　花园口断面生态基流不满足天数变化

生态基流的天数上升至 27.59d，是有小浪底水利枢纽时的 3.9 倍，除 2003 年外其余 16 年生态基流破坏天数均高于有小浪底水利枢纽时的破坏天数，生态基流天数保证率降至 0.92。

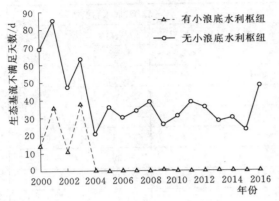

图 7.1-20　高村断面生态基流不满足天数变化

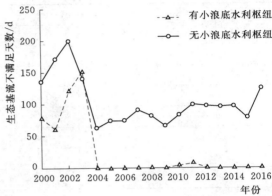

图 7.1-21　利津断面生态基流不满足天数变化

有小浪底水利枢纽时，2000—2016 年高村断面有 5 年生态基流发生破坏，平均每年有 5.88d 实测径流低于生态基流，生态基流天数保证率 0.98，2000—2003 年生态基流破坏天数较多，年内生态基流最高破坏 38d（2003 年），2004 年后生态基流基本得到完全满足；如果没有小浪底水利枢纽，2000—2016 年高村断面每年均存在不满足生态基流的现象，每年生态基流破坏天数不低于 21d，年内生态基流最高破坏 85d（2001 年），平均每年不满足生态基流的天数上升至 40.29d，是有小浪底水利枢纽时的 6.9 倍，所有年份生态基流破坏天数均高于有小浪底水利枢纽时的破坏天数，生态基流天数保证率降至 0.89。

有小浪底水利枢纽时，2000—2016 年利津断面有 6 年生态基流发生破坏，平均每年有 25.06d 实测径流低于生态基流，生态基流天数保证率 0.93，2000—2003 年生态基流破坏天数较多，年内生态基流最高破坏 153d（2003 年），2004 年后生态基流基本得到完全满足；如果没有小浪底水利枢纽，2000—2016 年利津断面每年均存在不满足生态基流的现象，每年生态基流破坏天数不低于 62d，年内生态基流最高破坏 200d（2002 年），平均每年不满足生态基流的天数上升至 104.41d，是有小浪底水利枢纽时的 4.2 倍，除 2003 年外其余 16 年生态基流破坏天数均高于有小浪底水利枢纽时的破坏天数，生态基流天数保证率降至 0.71。

本次评估所用断面为利津断面，所用时段为 2010—2016 年，生态需水天数保证率 $I_{FLW,EDl}$ 的现状指标值为 1.00，年均破坏 1.71d；对照指标值为 0.73，年均破坏 96.86d。生态基流长期得不到满足将使河流水生生物群落遭受到无法恢复的破坏。小浪底水利枢纽运行后，显著缩短了下游生态基流破坏天数。

3. 对关键期生态需水的影响评估

河川径流是鱼类生长发育和沿黄湿地维持的关键和制约因素之一，根据重点河段保护鱼类繁殖期、生长期对径流条件要求及沿黄洪漫湿地水分需求，考虑黄河水资源条件和水资源配置实现的可能性，《黄河流域综合规划（2012—2030 年）》确定了重要断面关键期生态需水量，分别给出了维持生物基本生存的最小生态需水和维持生物繁衍的适宜生态需水（见表 7.1-6）。黄河下游关键期生态需水控制断面为花园口和利津，关键期为 4—6 月，花园口断面关键期生态需水高于利津断面。

表 7.1-6　　　　　　　　黄河下游主要断面关键期生态需水　　　　　　　单位：m³/s

断面	需水等级划分	4月	5月	6月
花园口	适宜	320		
	最小	200		
利津	适宜	120	250	
	最小	75	150	

（1）关键期最小生态需水。对比分析有无小浪底水利枢纽时下游控制断面关键期最小生态需水天数保证率，结果如图 7.1-22 和图 7.1-23 所示。有小浪底水利枢纽时，2000—2016 年花园口断面 4—6 月最小生态需水保证率均高于无小浪底水利枢纽时的保证率。有小浪底水利枢纽时，除 2000 年外最小生态需水均得到完全满足；无小浪底水利枢纽时，所有年份最小生态需水均存在破坏，年均最小生态需水天数保证率为 0.91，部分年份最小生态需水天数保证率不足 0.7（2000 年、2001 年）。

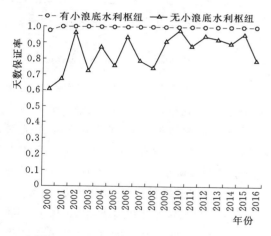

图 7.1-22　花园口断面最小生态需水
天数保证率变化

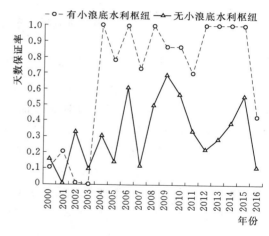

图 7.1-23　利津断面最小生态需水
天数保证率变化

2000—2016 年 17 年中有 14 年有小浪底水利枢纽时利津断面 4—6 月最小生态需水天数保证率高于无小浪底水利枢纽时的保证率。有小浪底水利枢纽时，2000—2016 年年均生态需水天数保证率 0.69，2000—2003 年生态需水天数保证率较低，2004 年后生态需水天数保证率显著升高，2004—2015 年生态需水天数保证率均高于 0.7，但 2016 年又降至 0.43；无小浪底水利枢纽时，2000—2016 年年均生态需水天数保证率仅 0.32，17 年中仅 5 年保证率高于 0.4，生态需水天数保证率最高仅 0.69（2009 年）。

本次评估所用断面为利津断面，所用时段为 2010—2016 年，生态需水天数保证率 $I_{FLW,ED2}$ 的现状指标值为 0.86，年均破坏 13.00d；对照指标值为 0.35，年均破坏 58.86d。

（2）关键期适宜生态需水。对比分析有无小浪底水利枢纽时下游控制断面关键期适宜生态需水天数保证率，结果如图 7.1 - 24 和图 7.1 - 25 所示。有小浪底水利枢纽时，2000—2016 年花园口断面 4—6 月适宜生态需水保证率均高于无小浪底水利枢纽时的保证率。有小浪底水利枢纽时，除 2000 年和 2003 年外适宜生态需水均得到完全满足，年均适宜生态需水天数保证率为 0.99；无小浪底水利枢纽时，所有年份适宜生态需水均存在破坏，年均适宜生态需水天数保证率为 0.71，1/3 的年份适宜生态需水天数保证率不足0.6，2003 年、2007 年和 2016 年适宜生态需水天数保证率不足 0.5。

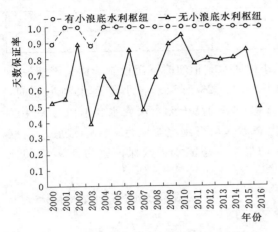

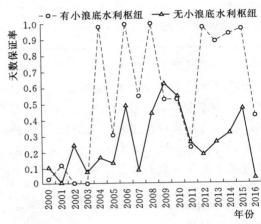

图 7.1 - 24　花园口断面适宜生态需水天数保证率变化　　图 7.1 - 25　利津断面适宜生态需水天数保证率变化

2000—2016 年 17 年中有 11 年有小浪底水利枢纽时利津断面 4—6 月适宜生态需水天数保证率高于无小浪底水利枢纽时的保证率。有小浪底水利枢纽时，2000—2016 年年均生态需水天数保证率为 0.56，多数年份生态需水天数保证率较低，17 年中仅 7 年保证率超过 0.8，另有 7 年保证率不足 0.4，2002 年和 2003 年关键期没有 1d 能够满足适宜生态需水；无小浪底水利枢纽时适宜生态需水天数保证率进一步降低，2000—2016 年年均保证率仅 0.26，17 年中有 11 年保证率低于 0.3，生态需水天数保证率最高仅 0.63（2009 年）。

本次评估所用断面为利津断面，所用时段为 2010—2016 年，生态流量指标 $I_{FLW,ED3}$ 的现状指标值为 0.71，年均破坏 26.71d；对照指标值为 0.30，年均破坏 63.71d（见表7.1 - 7）。可见小浪底水利枢纽的运行为下游提供了更加适宜的生态流量过程，更加有利于栖息地维护和水生生物生存繁衍。

表 7.1 - 7　　　有无小浪底水利枢纽时下游断面关键期生态需水不满足天数　　　单位：d

年份	最小生态需水				适宜生态需水			
	有小浪底水利枢纽		无小浪底水利枢纽		有小浪底水利枢纽		无小浪底水利枢纽	
	花园口	利津	花园口	利津	花园口	利津	花园口	利津
2000	2	81	35	76	10	88	43	81
2001	0	72	30	90	0	80	41	90
2002	0	90	3	61	0	91	10	69
2003	91	25	82	11	91	55	84

续表

年份	最小生态需水				适宜生态需水			
	有小浪底水利枢纽		无小浪底水利枢纽		有小浪底水利枢纽		无小浪底水利枢纽	
	花园口	利津	花园口	利津	花园口	利津	花园口	利津
2004	0	0	11	63	0	1	28	76
2005	0	20	22	78	0	63	40	79
2006	0	0	6	36	0	0	13	47
2007	0	25	19	80	0	41	47	83
2008	0	0	23	46	0	0	29	51
2009	0	12	8	28	0	43	10	34
2010	0	12	2	39	0	43	5	41
2011	0	27	11	60	0	70	21	67
2012	0	0	5	71	0	2	18	74
2013	0	0	7	65	0	10	19	67
2014	0	0	0	56	0	6	18	62
2015	0	0	4	40	0	3	13	48
2016	0	52	19	81	0	53	46	87
2000—2016 年均值	0.12	28.35	14.06	61.88	1.24	40.29	26.82	67.06
2010—2016 年均值	0.00	13.00	8.14	58.86	0.00	26.71	20.00	63.71
2000—2016 年天数保证率	1.00	0.69	0.85	0.32	0.99	0.56	0.71	0.26
2010—2016 年天数保证率	1.00	0.86	0.91	0.35	1.00	0.71	0.78	0.30

4. 高流量脉冲过程变化

汛期发生的洪水过程极大地塑造了河流生境的多样性，对维持河流生态系统纵向和横向的连通性、维持岸边物种的种群生存能力至关重要。洪水过程可以塑造并维护河道整体形态，提高河道连通性及造床输沙能力，并增加向下游输送的养分，促进地表水与地下水的转化，维持河流与湿地、湖泊的连通。这一过程的消失，会使得洪泛平原在洪水泛滥时缺少补给水源，湿地萎缩。鱼类无法进入洪泛平原繁殖、育肥，水生生物的食物网结构遭到破坏。岸边植被因为没有定期的淹没条件其恢复能力降低甚至消失，减慢植被的生长速度。

分析小浪底水利枢纽运行前后小浪底断面高流量过程变化，典型年对比结果如图 7.1-26 所示。1961 年人类活动对黄河水文情势的干扰相对较小，在汛期会发生峰值流量 4000m³/s 以上的洪水；而在人类活动影响剧烈的 2001 年，本应发生高流量的汛期流量偏小，且极其平坦，缺少天然的涨落变化；2013 年小浪底水利枢纽调水调沙运用在 6 月下旬和 7 月下旬塑造了高流量过程，峰值流量达到 4000m³/s 以上，与 1961 年相当。

小浪底水利枢纽调水调沙塑造的高流量事件能够冲刷下游河道，维护下游河道形态，对于河流生态健康具有重要意义。同时，高流量适度增加了水生生物栖息地数量，提高了下游河道与河口的动态连通性，加强物质与能量间的交换；促使下游河流湿地及河口湿地地下水的补给。

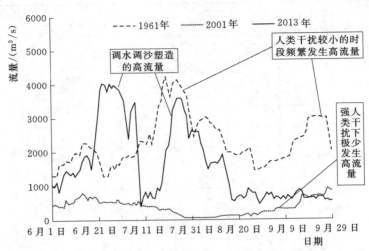

图 7.1-26　典型年小浪底断面高流量过程对比

7.2　对地貌形态的影响评估

7.2.1　影响机制

　　黄河是世界上最难治理的河流之一。黄河的突出问题是水少、沙多，水沙关系不协调。黄河下游河道长期处于强烈的淤积抬升状态，小浪底水利枢纽运用前河床平均每年抬高 0.05～0.10m，现行河床普遍高出堤外两岸地面 4～6m，最大高出 13m，形成所谓的"地上悬河"，称之为"一级悬河"。随着大量水利枢纽工程的修建和人类活动的加剧，从 20 世纪 80 年代以来，黄河下游河道大洪水漫滩的机遇相对减少，而中小洪水和枯水期间泥沙淤积主要发生在主河槽和嫩滩上，远离主河槽的滩地因水沙交换作用不强，淤积厚度较小，堤根附近淤积更少，致使河道平滩水位明显高于主槽两侧滩地，甚至主河槽平均高程高于两侧滩地，形成了"槽高、滩低、堤根洼"的"二级悬河"。

　　1986 年以后，由于龙羊峡和刘家峡水利枢纽的建成与运用，加之沿黄工农业用水的大量增加及降雨量减少等因素的影响，黄河下游来水来沙条件发生了显著的变化，径流量减少、流量过程调平、汛期和非汛期水量比例改变、洪水频次和洪峰流量降低，致使下游河道主河槽严重淤积萎缩，平滩流量显著减小，由 20 世纪 80 年代中期以前平滩流量约 6000～8000m³/s 减小为目前的 3000m³/s 左右，一些河段甚至不足 2000m³/s，小洪水条件下即可造成大范围漫滩。由于主河槽的严重淤积和"二级悬河"局面的不断加剧，进一步增加了河道防洪的负担和河道治理的难度。洪水漫滩后，堤防偎水，部分河段存在较大的顺堤行洪，部分河段则有发生滚河的可能，使堤防发生冲决和溃决的可能性增加。主河槽过流能力的减小，使小洪水漫滩概率增大，滩地淹没加重了滩区群众的财产损失，形成所谓小流量-高水位-大灾害的局面。在黄河下游河道治理中，不仅要保证遇大洪水时的防洪安全，同时还要考虑遇小洪水（2000～3000m³/s）时的防洪安全，这是进入20世纪90年代以来黄河下游河道治理中遇到的新情况。这种形势还有不断加剧的趋势，成为21世纪初期黄河下游防洪治理面临的关键问题之一。

泥沙淤积给黄河下游带来了诸多生态环境问题。泥沙淤积使河道过流能力减小，增加了洪水漫滩和大堤决口的风险，进而由防洪问题引发栖息地破坏、生物死亡、水土流失等生态问题。其次，植物与底栖动物需要稳定的基质作为栖息环境，频繁的泥沙冲淤会造成地貌环境不断改变，不利于植物与底栖动物生存，且植物的缺失导致底栖动物和鱼类丧失了食物来源。泥沙冲淤往往引起河流的摆动，改变了原有的流速、流向、水深等水动力条件，可能会破坏鱼类产卵育幼所需的水动力条件。

黄河泥沙处理的手段主要有"拦、排、放、调、挖"。其中，"调"就是指调水调沙。自2002年小浪底水利枢纽开始调水调沙调度，泄放一定历时的大流量洪水过程，冲刷下游河道，扩大河槽过流能力，逐步调整河床形态，稳定河势，减小了防洪风险，避免了主河槽频繁摆动造成的生态危机。小浪底水利枢纽工程建成以后，通过拦沙和调水调沙，使出库水沙过程趋于协调，遏制了下游河床逐年抬高的趋势，扩大了主槽过流能力，降低了两岸堤防决口风险，减小了洪水漫滩淹没的概率，有效地保护了黄河下游两岸及河道滩区的生态安全。

7.2.2　评估指标与数据来源

河流地貌形态的评估指标包括冲淤量指标 $I_{GEO,S}$ 和最小平滩流量指标 $I_{GEO,B}$，前者反映了地貌形态变化的原因，后者反映了地貌形态变化的结果。

冲淤量指标 $I_{GEO,S}$ 代表了下游河道年泥沙冲淤量的多年平均值，计算公式见式（4.3-22），负值代表冲刷、正值代表淤积，需要用多年数据进行量化，本次采用2000—2018年平均值，此处采用水文年，即从一年的7月至下一年6月为一个水文年，因此计算时段共计18年。现状指标值基于实测数据采用断面法量化；对照指标值采用数值模拟法量化，建立黄河下游一维水沙数学模型，采用2000年汛前黄河下游汛前地形和床沙级配资料和2000—2018年（水文年）三门峡＋黑石关＋武陟水文站水沙资料，开展无小浪底水利枢纽条件下的下游河道冲淤变化模拟计算。

最小平滩流量指标 $I_{GEO,B}$ 代表了评估时段内小浪底水利枢纽坝址至河口之间平滩流量的最小值，计算公式见式（4.3-25）。现状指标值用实测数据量化，评估时段为2010—2019年；对照指标值采用历史回溯法量化，评估时段为2002—2009年。

7.2.3　对河道冲淤的影响

1. 黄河下游河道一维水动力学模型构建

根据式（4.4-1）～式（4.4-4）建立黄河下游河道一维水动力学模型。一维模型验证采用黄河下游铁谢至河口河段，该河段全长约830km。主要控制站有花园口、夹河滩、高村、孙口、艾山、利津等。

地形资料采用黄河下游铁谢至河口河段1976年实测大断面资料，1976年黄河下游铁谢至河口共有104个实测大断面，平均断面间距约8.3km。水文资料采用1976—2010年小浪底实测水沙及黄河下游沿岸引水引沙资料作为验证计算的水文资料。1976 年 7 月至 1999 年 6 月，进入黄河下游水量 343.55 亿 m³，沙量 9.35 亿 t；1999 年 7 月至 2010 年 6 月，进入黄河下游水量 231.1 亿 m³，沙量 0.93 亿 t。河道冲淤资料采用 1976—2010 年黄河下游利津以上河段累计淤积泥沙 16.84 亿 t，其中 1976—1999 年淤积 35.96 亿 t，年均淤积量为 1.56 亿 t，2000 年小浪底水利枢纽投运后至 2010 年利津以上河段累计冲刷泥沙 19.12 亿 t，年均冲刷泥沙 1.74 亿 t。

表 7.2-1 和图 7.2-1 给出了冲淤量计算值与实测值的对比。从计算结果来看，数学模型计算成果和实测成果吻合较好，除部分河段由于冲淤量较小相对误差较大外，其他河段冲淤量误差均在 20％以内。

表 7.2-1　　　　　　　　1991—2010 年期间计算河段累计冲淤量验证成果

时段	河段	实测值/亿 t	计算值/亿 t	误差/亿 t	相对误差/％
1976—1999 年	花园口以上	4.16	4.35	0.19	4.57
	花园口至高村	20.62	20.76	0.14	0.68
	高村至艾山	7.89	7.70	−0.19	−2.41
	艾山至利津	3.29	3.26	−0.03	−0.91
	利津以上	35.96	36.07	0.11	0.31
	利津至河口	0.26	0.23	−0.03	−11.54
1999—2010 年	花园口以上	−4.93	−4.88	0.05	−1.01
	花园口至高村	−8.59	−8.44	0.15	−1.75
	高村至艾山	−2.71	−2.68	0.03	−1.11
	艾山至利津	−2.88	−2.85	0.03	−1.04
	利津以上	−19.12	−18.85	0.27	−1.41
	利津至河口	−0.36	−0.37	−0.01	2.78
1976—2010 年	花园口以上	−0.78	−0.53	0.24	−30.77
	花园口至高村	12.03	12.32	0.29	2.41
	高村至艾山	5.18	5.02	−0.16	−3.09
	艾山至利津	0.41	0.41	0.00	0.00
	利津以上	16.84	17.22	0.38	2.26
	利津至河口	−0.10	−0.14	−0.04	—

2. 冲淤量指标量化

根据下游河道断面法冲淤量计算结果，小浪底水利枢纽运用以来（1999 年 10 月至 2019 年 4 月），黄河下游各个河段均发生了冲刷，利津以上河段累计冲刷量为 28.62 亿 t，各河段冲淤量分布如图 7.2-2 所示。冲刷主要集中在高村以上河段，累计冲刷泥沙 20.17 亿 t，占 70.5％；高村至艾山河段冲刷相对较少，累计冲刷泥沙 4.30 亿 t，占 15.0％；艾山至利津河段冲刷泥沙 4.15 亿 t，占 14.5％。年内河道冲刷主要发生在汛期，汛期下游河道共冲刷泥沙 17.81 亿 t，占 62.2％，非汛期下游河道共冲刷泥沙 10.81 亿 t，占 37.8％。

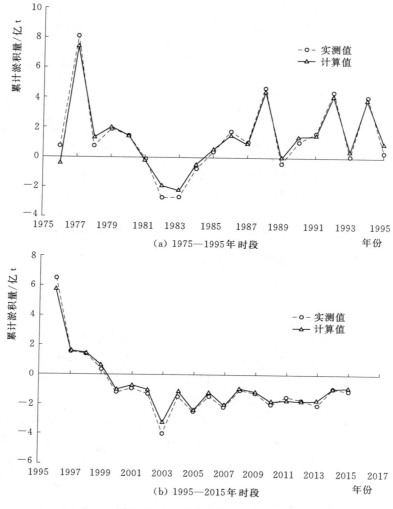

(a) 1975—1995年时段

(b) 1995—2015年时段

图 7.2-1 模型冲淤验证成果

小浪底水利枢纽实际运用条件下，评估时段内下游河道累计冲刷泥沙 28.20 亿 t，年均冲刷 1.57 亿 t。利用黄河下游一维水沙数学模型得到的无小浪底水利枢纽条件下的下游河道冲淤变化模拟计算结果显示，2000—2018 年（水文年）黄河下游河道累计淤积量可达到 9.2 亿 t，年均淤积 0.51 亿 t（见图 7.2-3）。

综上所述，冲淤量指标 $I_{GEO.S}$ 现状指标值为 -1.57 亿 t，对照指标值为 0.51 亿 t。说明小浪底水利枢纽拦沙和调水调沙调度

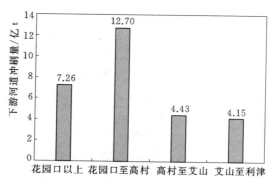

图 7.2-2 小浪底水利枢纽运用以来黄河下游河道各河段累计冲刷量分布图

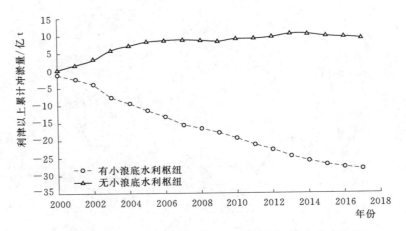

图 7.2-3　有无小浪底水利枢纽下黄河下游累计冲淤量变化对比

对下游河道起到了很好的减淤作用，年均减淤 2.08 亿 t。

7.2.4　对平滩流量的影响

1. 最小平滩流量指标量化

小浪底水利枢纽运用后，黄河下游各断面平滩流量变化如图 7.2－4 所示。主槽是排洪输沙的主要通道，其过流能力大小直接影响到黄河下游河道防洪安全。平滩流量是反映主槽过流能力的重要参数，也是维持河槽排洪输沙功能的关键技术指标。平滩流量越小，主槽过流能力及对河势的约束能力越低，防洪难度越大。经分析，2002 年汛初以来，下游河道在经历长时段的水库拦沙和 19 次调水调沙冲刷后，各主要断面平滩流量增加 1700～4700m³/s，最小平滩流量已由 2002 年汛前的 1800m³/s 增加至 2019 年的 4300m³/s 左右，下游河道主槽行洪输沙能力得到明显提高。

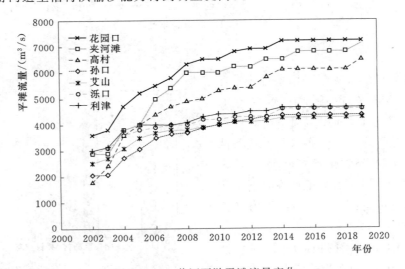

图 7.2-4　黄河下游平滩流量变化

综上所述，最小平滩流量指标 $I_{GEO.B}$ 现状指标值为 $4300\mathrm{m^3/s}$（2019 年艾山断面），对照指标值为 $1200\mathrm{m^3/s}$（2002 年高村断面）。小浪底水利枢纽的拦沙和调水调沙作用，遏制了下游河床持续淤积抬升的趋势，使下游河道主槽行洪输沙能力得到明显提高，河势更趋于稳定，为黄河下游河道水生生物提供了更宽阔、更稳定、更多样化的栖息场所；河槽行洪能力的增加，减小了洪水漫滩、河道堤防决口的风险，一定程度上降低了洪水对周边区域生态环境破坏的风险。

2. 同流量水位变化

受河槽冲刷的影响，各断面的同流量水位都明显下降，与 2000 年相比，2018 年各主要断面 $3000\mathrm{m^3/s}$ 水位下降了 $1.11\sim2.38\mathrm{m}$，水位降幅较大的河段主要在高村断面以上，孙口断面以下河段水位降幅相对较小，见表 7.2－2。

表 7.2－2　　　　　　2000—2018 年下游河道同流量（$3000\mathrm{m^3/s}$）水位变化　　　　单位：m

年　份	断　面						
	花园口	夹河滩	高村	孙口	艾山	泺口	利津
2000	93.83	77.38	63.51	48.65	41.80	31.40	14.24
2001	93.65	77.22	63.40	48.65	41.85	31.50	14.24
2002	93.53	77.12	63.40	48.65	41.85	31.50	14.24
2003	93.53	77.36	63.70	49.07	42.05	31.40	14.24
2004	93.24	77.00	63.44	48.95	41.75	31.12	13.95
2005	92.98	76.85	63.00	48.65	41.43	30.85	13.70
2006	92.70	76.70	62.60	48.50	41.05	30.50	13.40
2007	92.50	75.85	62.40	48.25	40.95	30.35	13.40
2008	92.40	75.58	62.30	48.25	40.95	30.35	13.30
2009	92.23	75.45	62.05	48.13	40.80	30.15	13.00
2010	92.23	75.45	61.85	47.80	40.80	30.15	13.00
2011	92.23	75.35	61.75	47.75	40.75	30.15	13.00
2012	92.05	75.20	61.75	47.60	40.75	30.15	13.00
2013	92.05	75.20	61.50	47.60	40.75	30.15	13.00
2014	91.75	75.20	61.34	47.54	40.55	29.85	12.88
2015	91.75	75.10	61.34	47.54	40.55	29.85	12.88
2016	91.75	75.00	61.34	47.54	40.55	29.85	12.88
2017	91.75	74.34	60.43	46.85	39.84	29.55	12.58
2018	91.75	75.00	61.34	47.54	40.55	29.85	12.88
水位变化（2000—2018 年）	−2.08	−2.38	−2.17	−1.11	−1.25	−1.55	−1.36

3. 横断面变化

黄河下游河道横断面形态复杂，变化剧烈。横断面形态主要为典型的复式断面，由主槽和滩地组成。花园口、夹河滩、高村、孙口、艾山、泺口、利津 7 个断面形态变化分别如图 7.2－5～图 7.2－11 所示。小浪底水利枢纽运用后，各水文测站断面的主河槽过水面积明显增大，断面形态也趋于窄深。河道横向调整主要集中在主河槽，滩地冲淤变化小，且主要断面的主河槽均未发生明显的摆动。从断面的变化可以看出，小浪底水利枢纽运用以来，下游河道河势总体趋于稳定，避免了河势的频繁摆动，为下游滩区、河槽生物提供稳定的栖息环境。

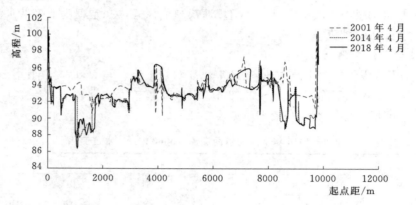

图 7.2 - 5　花园口断面套绘

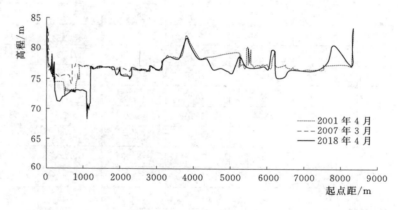

图 7.2 - 6　夹河滩断面套绘

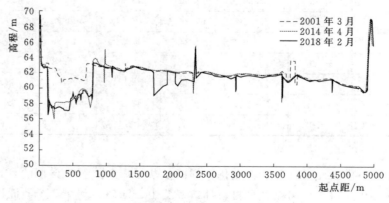

图 7.2 - 7　高村断面套绘

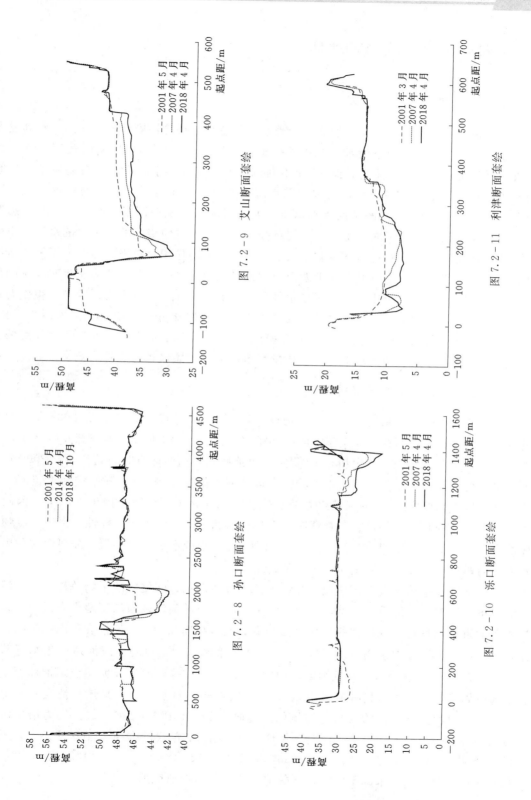

图 7.2-8　孙口断面套绘

图 7.2-9　艾山断面套绘

图 7.2-10　泺口断面套绘

图 7.2-11　利津断面套绘

141

7.3　对生物资源的影响评估

7.3.1　影响机制

多年以来，随着社会经济的发展，受来水情势变化、环境污染、过度捕捞、水利建设等多重因素影响下，黄河下游水生态遭受一定程度的损坏。1999 年以来的黄河水资源统一管理和调度保证了黄河下游连续 20 年不断流，保障了下游生态流量的日趋满足，有效地改善了黄河下游水生态环境，为水生态系统的修复和改善提供了良好的栖息生境。同时，从 2002 年开始，依托小浪底水利枢纽开展的黄河水量统一调度、调水调沙及生态调度等系列实践活动，把不同来源区、不同量级、不同泥沙颗粒级配的不平衡的水沙关系塑造成协调的水沙过程，对黄河下游防洪减灾起到了重要的作用，也极大地改变了下游水沙条件及河道边界条件，不可避免对下游河道湿地产生重要影响。鱼类作为水生态系统的顶端物种，是河流生态系统改善的顶级指示物种，河流湿地作为陆生生态系统与水生生态系统的过程区域，是珍稀水禽等鸟类的重要栖息地。通过对比分析下游河流湿地面积变化、鱼类物种多样性及栖息生境变化，可定量评估小浪底水利枢纽对下游河道生物群落的影响，对于黄河下游重要栖息地保护、探讨维持黄河河流健康途径具有重要意义。

7.3.2　评估指标与数据来源

鱼类是河道内生态系统的关键指示物种。20 世纪 60 年代、80 年代和 2008 年均进行过黄河下游鱼类种类调查，本次于 2018—2019 年开展了黄河下游鱼类资源及栖息生境同步监测。由于 20 世纪 60 年代和 80 年代距离小浪底水利枢纽运行时间较长，且 2008 年黄委提出"把水资源管理与调度的重点转向实现黄河功能性不断流"，开始实施了黄河生态调度（河口生态调度），在向河口生态补水的同时也补充了下游河道内生态水量，因此本次采用 2019 年和 2008 年鱼类调查资料来反映现状和历史下游生物多样性。河道内生物多样性指标 $I_{BIO,D}$ 采用式（4.3-3）计算，即令 $I_{BIO,D}$ 等于淡水鱼类种类数。分河南省和山东省两个河段进行统计，分别记为 $I_{BIO,D1}$ 和 $I_{BIO,D2}$。

可以借助遥感影像资料评估现状和历史河流湿地面积，间接反映生物数量。河流湿地是黄河下游天然湿地的主要类型，孕育了黄河下游重要的河流及滩涂湿地生态系统，是珍稀水禽的重要栖息地，其规模的变化直接影响着湿地结构和功能的发挥和生态系统的良性循环。因此通过河道内生物数量指标 $I_{BIO,N}$ 评估小浪底水利枢纽对下游河道内生物群落的影响评估，$I_{BIO,N}$ 计算公式采用式（4.3-12），即令 $I_{BIO,N}$ 等于河流湿地面积。指标值采用历史遥感影像解译，现状指标值采用 2018 年资料量化，对照指标值采用小浪底水利枢纽运行前的 20 世纪 90 年代的资料进行量化。选取 Landsat TM/ETM＋数据作为沿岸湿地土地利用的数据源，分别对 20 世纪 80 年代、20 世纪 90 年代、2018 年卫星遥感影像进行解译，条带号或行编号分别为 126/36、125/36、124/36、123/36、123/35、122/35、122/34、121/34，数据来源于中国科学院地理科学与资源研究所。

7.3.3　对生物多样性的影响

1. 2018—2019 年生物资源调查结果

用玛格列夫物种丰富度指数（D）、香农-威纳多样性指数（H）和皮卢均匀度指数（J）对鱼类多样性进行分析，计算公式见式（4.3-4）、式（4.3-5）和式（4.3-7）。对河南省和山东省黄河段渔获物的鱼类多样性分析见表 7.3-1。

表 7.3-1　　　　　　　　　　　　鱼类多样性分析

断面	玛格列夫物种丰富度指数 D		香农-威纳多样性指数 H		皮卢均匀度指数 J	
	2018	2019	2018	2019	2018	2019
河南段	4.85	4.95	4.39	3.55	0.67	0.50
山东段	3.28	3.60	3.15	2.87	0.45	0.45

从表 7.3-1 黄河下游河南、山东两段的物种多样性分析来看，河南段的物种多样性指数，丰富度指数、均匀度指数均高于山东省利津段，表明河南段物种丰富，群落多样性较高，种群间分布均匀度好，山东段物种多样性表现一般，群落结构简单；对 2018 年、2019 年的结果进行比较，河南段除丰富度指数略有增加外，多样性和均匀度指数减小，说明该河段鱼类群落有整体缩小的趋势，抗风险能力降低；山东段仅多样性指数减少，丰富度指数增加，均匀度指数持平，说明变化环境对山东段鱼类群落组成影响相对较小。

2. 黄河下游鱼类优势种群分析

用由平卡斯相对重要性指数（Index of Relative Importance，IRI）来分析优势种：

$$IRI = (N + W)F \qquad (7.3-1)$$

式中：N 为数量百分比；W 为重量百分比；F 为出现频率。

IRI 大于 1000 为优势种，100～1000 为主要种，10～100 为常见种，1～10 为一般种，小于 1 为稀有种。

2019 年 4 月 19 日至 6 月 3 日河南省巩义至花园口河段优势种分析见表 7.3-2，山东省利津段优势种分析见表 7.3-3。黄河下游河南段优势种为鳘条；主要种 5 种：鲤、鲫、鲶、黄颡鱼和翘嘴鲌；其他 30 种的 IRI 值均小于 100，为常见种。黄河下游山东段优势种为鳘条；主要种 5 种，分别是银鮈、鲶、鲫、鲤和赤眼鳟，其他 17 种的 IRI 值均小于 100，为常见种。

可以看出河南和山东段优势种均为鳘条，因此优势种群小型化趋势明显；鲶鱼在两河段都作为主要种存在，认为黄河流速变缓，小型鱼类增多，鲶鱼捕食难度降低，有利于其种群扩大，排除人为原因分析认为鲶鱼在黄河鱼类组成中比重还会增大。

表 7.3-2　　　　　　　　　　黄河下游河南段优势种群分析

鱼类名称	尾数/尾	体重/g	出现频次	尾数占比/%	重量占比/%	频次占比/%	IRI	类型
鳘条	308	3553	6	48	8	30	1701	优势种
鲤	47	20332	3	7	48	15	832	主要种
鲫	73	4741	6	11	11	30	680	主要种

续表

鱼类名称	尾数/尾	体重/g	出现频次	尾数占比/%	重量占比/%	频次占比/%	IRI	类型
鲶	18	5875	4	3	14	20	335	主要种
黄颡鱼	25	1743	7	4	4	35	282	主要种
翘嘴鲌	6	895	6	1	2	30	101	主要种
其他（30 种）	159	5104						
总计	638	42242						

表 7.3 - 3　　　　　　　　　　　黄河下游山东段鱼类优势种群分析

鱼类名称	尾数/尾	体重/g	出现频次	尾数占比/%	重量占比/%	频次占比/%	IRI	类型
鳘条	157	3407	6	26	19	27	1220	优势种
银鮈	241	1640	4	40	9	18	893	主要种
鲶	12	3713	8	2	20	36	809	主要种
鲫	52	2683	5	9	15	23	530	主要种
鲤	12	3228	5	2	18	23	446	主要种
赤眼鳟	26	1728	7	4	9	32	438	主要种
其他（17 种）	100	1936						
总计	600	18334	22					

3. 生物多样性指标量化

2018—2019 年黄河下游鱼类资源调查数据显示，黄河下游河南段调查到淡水鱼类 54 种，山东段调查到淡水鱼类 48 种。2008 年中国科学院水生生物研究所在该年春季和秋季对黄河干流刘家峡水利枢纽以下至黄河口之间的重要河段和水库进行的生态调查结果显示[140]，黄河下游河南段调查到淡水鱼类 31 种，山东段调查到淡水鱼类 24 种。

因此，生物多样性指标 $I_{BIO,D1}$（河南段）的现状指标值为 54，对照指标值为 31，现状值比对照值增加 74%；生物多样性评估指标 $I_{BIO,D2}$（山东段）的现状指标值为 48，对照指标值为 24，现状值比对照值增加 1 倍。

4. 相对于 20 世纪 60 年代的鱼类组成变化

根据中国科学院动物研究所李思忠先生《黄河鱼类志》报道黄河有土著淡水鱼类 147 种（以 1965 年资料和标本为主）。其中，黄河下游河南段有淡水鱼类 112 种（4 种分布状态不确定，引进养殖品种 3 种）；山东段有淡水鱼类 125 种（分布状态不确定 3 种，引进养殖品种 2 种），有海水和半咸水鱼类 33 种。

与历史资料相比，黄河渔业资源的变化表现在资源结构和资源量等方面。河南段渔业资源品种由 112 种降到 54 种，品种的损失量达到 51.8%，品种下降趋势明显；外来物种增多 5 种，水域渔业生物优势种类组成、优势种和空间分布均发生了的变化。山东段由 125 种降到 48 种，资源品种的损失量达到 61.6%，下降趋势明显；外来物种增多，水域渔业生物优势种类组成、优势种和空间分布均发生了的变化。

7.3.4 对生物栖息地的影响

这里通过河流湿地面积间接反映生物数量。黄河下游湿地是洪水泥沙的副产品，是河道行洪的一部分，随河道变迁而变迁，其形成发展、演变与河流水沙条件、河道边界条件息息相关。特殊的地理位置和独特的社会背景使黄河下游河流湿地具有区别于其他湿地类型的基本特征，包括季节性、地域分布性呈窄带状、人类活动干扰极强等。作为典型的河流洪泛型湿地，河流湿地是黄河下游天然湿地的主要类型，孕育了黄河下游重要的河流及滩涂湿地生态系统，是珍稀水禽的重要栖息地，其规模的变化直接影响着湿地结构和功能的发挥和生态系统的良性循环，因此选取河流湿地面积作为评估指标，分析小浪底水利枢纽对黄河下游陆生生物群落的影响。

黄河下游河流湿地包括河流水面和河漫滩湿地两部分。20 世纪 80 年代，黄河下游花园口至利津河段河流湿地总面积为 97900hm²，其中河流水面面积为 54000hm²，占 55.2%；河漫滩湿地为 43900hm²，占 44.8%。20 世纪 90 年代河流湿地总面积为 57400hm²，其中河流水面面积为 41400hm²，占 72.1%；河漫滩湿地为 16000hm²，占 27.9%。2018 年河流湿地总面积为 80200hm²，其中河流水面面积为 61500hm²，占 76.7%；河漫滩湿地为 18700hm²，占

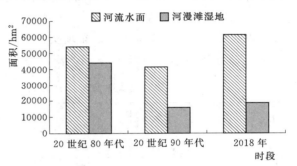

图 7.3-1　不同时期黄河下游河流湿地面积变化

23.3%。不同时期黄河下游河流湿地面积变化如图 7.3-1 所示。

综上所述，河道内生物数量指标 $I_{BIO,N}$ 现状指标值为 80200hm²，对照指标值为 57400hm²，现状值比对照值增加 40%。

7.4 对防洪安全的影响评估

7.4.1 影响机制

1. 对洪水灾害的影响机制

黄河洪水历来是中华民族的心腹之患，也是黄河沿岸地区生态的最大威胁。黄河洪水灾害在远古时期就非常严重，传说在帝尧时期，黄河流域经常发生洪水，商民族居住在黄河下游，为避黄河洪水灾害也曾数迁其都。周定王五年（公元前 602 年），黄河下游大决徙，是迄今所知最早的一次黄河大改道。战国魏襄王十年（公元前 309 年）是洪水漫溢危害的最早一次记载。之后，随着河床的淤积抬高，洪水决溢之害日益增多，公元前 602—1938 年的 2540 年期间，有记载的黄河决口次数多达 1590 次，即社会上经常流传的"三年两决口"。现行下游河道为 1855 年铜瓦厢决口改道后形成的，至今已行河 151 年。根据历史洪泛情况，按照现在的地形地物分析，黄河一旦决口，将会水沙俱下，向北打乱海河

水系，向南打乱淮河水系，灾害影响范围涉及冀、鲁、豫、皖、苏 5 省、24 个地区（市）、110 个县（市），总面积约 12 万 km²，人口约 1.3 亿人；受灾的黄淮海平原生态环境将遭到毁灭性破坏，河渠淤塞，良田沙化，淹没区生物大量死亡，区域环境长期难以得到恢复。其中，1938 年黄河决口，造成 5400km² 黄泛区，饥荒连年、饿殍遍野，形成了"百里不见炊烟起，唯有黄沙扑空城"的凄惨景象，不仅造成巨大的生命财产损失，且受灾区域的生态环境遭到严重破坏。

人民治黄以来，虽然黄河下游河道伏秋大汛岁岁安澜，保障了黄河两岸堤防不决口，但 1949—1999 年，黄河下游滩区仍遭受严重洪水漫滩 29 次，历年受灾情况详见表 7.4-1。洪水灾害损失以 1958 年、1976 年、1982 年和 1996 年最为严重。1958 年发生了新中国成立来的最大洪水，进入汛期后，黄河流域即连续降雨，花园口站先后出现多次洪峰。从 7 月 14 日开始，晋陕区间和三门峡至花园口区间干支流连降暴雨，7 月 17 日花园口出现洪峰流量 22300m³/s 的大洪水，是自 1919 年黄河有水文记载以来最大的洪水。黄河下游东坝头以下的低滩区基本上全部上水，东坝头以上局部漫滩。淹没村庄 1708 个，受灾人口为 74.08 万人，淹没耕地 20.65 万 hm²，淹没房屋 29.53 万间。

表 7.4-1　　　　　　黄河下游滩区 1949 年以来受灾情况统计表

年份	花园口洪峰流量 /(m³/s)	淹没村庄 /个	受灾人口 /万人	淹没耕地 /万 hm²	淹没房屋 /万间
1949	12300	275	21.43	2.98	0.77
1950	7250	145	6.90	0.39	0.03
1951	9220	167	7.32	1.68	0.09
1953	10700	422	25.20	4.66	0.32
1954	15000	585	34.61	5.12	0.46
1955	6800	13	0.99	0.24	0.24
1956	8360	229	13.48	1.81	0.09
1957	13000	1065	61.86	13.19	6.07
1958	22300	1708	74.08	20.32	29.53
1961	6300	155	9.32	1.65	0.26
1964	9430	320	12.80	4.82	0.32
1967	7280	45	2.00	2.00	0.30
1973	5890	155	12.20	3.86	0.26
1975	7580	1289	41.80	7.61	13.00
1976	9210	1639	103.60	15.00	30.80
1977	10800	543	42.85	5.58	0.29
1978	5640	117	5.90	0.50	0.18
1981	8060	636	45.82	10.18	2.27
1982	15300	1297	90.72	14.50	40.08
1983	8180	219	11.22	2.85	0.13
1984	6990	94	4.38	2.53	0.02
1985	8260	141	10.89	1.04	1.41

年份	花园口洪峰流量 /(m^3/s)	淹没村庄 /个	受灾人口 /万人	淹没耕地 /万hm^2	淹没房屋 /万间
1988	7000	100	26.69	6.83	0.04
1992	6430	14	0.85	6.34	—
1993	4300	28	19.28	5.02	0.02
1994	6300	20	10.44	4.59	—
1996	7860	1374	118.80	16.51	26.54
1997	3860	53	10.52	2.20	—
1998	4700	427	66.61	6.15	—
合计		13275	892.56	170.15	153.52

黄河下游滩区既是滞洪沉沙的场所，也是现有 190 万群众赖以生存的家园，洪水漫滩不仅威胁滩区群众的生命财产安全，造成区域经济发展落后，形成了黄河下游贫困带，同时也会带来严重的生态问题。长时间的洪水淹没，导致农田绝收、房屋被毁、生产生活设施被摧毁，洪水过后，水退沙留，导致大量生物死亡、区域植被难以得到恢复，大量垃圾、漂浮物滞留带来新的污染，甚至引发疾病。

小浪底水利枢纽建成运行后，其设计防洪库容 40.5 亿 m^3，与黄河干流的三门峡水利枢纽，支流伊洛河上的陆浑、故县水利枢纽，支流沁河上的河口村水利枢纽，共同组成以小浪底水利枢纽为核心的中游五库联合防洪调度工程体系。

防洪调度的主要目的在于保护黄河下游两岸及滩区人民的生命财产安全，同时也间接保护了相应地区的生态环境。防洪调度的生态作用主要体现在两个方面：①对花园口流量超 10000m^3/s 的大洪水实施调度，将洪峰流量控制在下游河道设防流量以内，确保下游河道两岸堤防不决口，避免了堤防决口带来的淹没区生态灾难；②利用小浪底水利枢纽剩余库容较大的优势，对花园口流量 4000～10000m^3/s 的中小洪水进行削峰滞洪，尽量控制洪水不上滩，减少下游滩区的淹没损失，间接保护了滩区的生态环境。

（1）大洪水防御重在确保堤防不决口。黄河下游为世界著名的地上悬河，河道堤内河床普遍高出堤外地面 4～6m，最大高差达到 13m。一旦黄河发生决口，将会水沙俱下，如天河倒灌，水流冲击破坏力强，将对洪水泛滥区域造成严重的生命财产损失，洪水过后，水退沙留，泥沙的掩埋使得地区生态环境长期难以恢复。当黄河中下游发生大洪水时，首先通过中游五库联合调度，削减洪峰流量，后期视洪水上涨情况，相机启用下游北金堤、东平湖滞洪区进行分洪，将洪峰流量控制在下游河道沿程设防流量以下，确保两岸大堤不决口，保障黄河两岸黄淮海地区的生态安全。

（2）中小洪水防御重在控制洪水不漫滩。目前黄河下游滩区仍居住着约 190 万人口，分布有大量的乡村、农田。洪水上滩之后将破坏淹没区的陆地及滨岸植被，引发水土流失而导致土地贫瘠沙化，破坏部分生物的栖息地，或直接导致鱼类、底栖动物等水生生物的死亡。洪水裹挟着大量的泥沙、农药残留物、城市生活废水、生活垃圾、工业废渣等污染物，容易造成淹没区严重的水污染问题，洪水过后往往留下大量的垃圾、废弃物，地表植被也会因被泥沙淤埋而致死亡。小浪底水利枢纽工程投入运行后，实际入库水沙量与设计值相比明显偏少，目前水库运行超过 20 年，其累计淤积量为 34.5 亿 m³，占设计拦沙库容的 45.7%，淤积速度相对较慢，水库剩余拦沙库容仍较大。利用其剩余库容较大的便利条件，对中小洪水进行有效控制，通过削峰滞洪，尽量使洪峰流量降至下游河道最小平滩流量以下，避免了洪水的大面积漫滩，有效保护了滩区的生态环境。

2. 对冰凌洪水的影响机制

黄河下游河道自西南向东北流动，受上下段河道纬度差异，以及河道上宽下窄的边界条件影响，山东河段（下段）封河时间较河南河段（上段）提早约 10d，开河时间却比河南河段晚近 20d，导致河道凌汛期冰凌灾害频发，严重威胁河道堤防安全，进而对洪水漫溢地区造成生态影响。封河期因冰凌阻水，泄流不畅，增加河道槽蓄水量；开河期上段先开，冰水及前期槽蓄水量一起下泄，下段尚未解冻，容易形成冰塞、冰坝，水位快速升高，造成凌汛，引发洪水，破坏堤防，造成区域洪水淹没，进而破坏生物栖息地，导致生物死亡、水土流失等系列生态问题。黄河下游河道上宽下窄，封河期槽蓄水量大部分集中在上段，下段河道窄深而弯多，容易卡冰壅水，进一步加重了凌汛的威胁。

凌汛灾害是黄河最难防御的灾害之一，其突发性强，具有很大的不确定性，有时发展异常迅猛，加之天寒地冻，抢险十分困难。据《黄河防洪志》统计，1855—1955 年的 100 年中，黄河下游山东省境内有 29 年凌汛发生决溢，决口近百处。1949 年以后，河口地区还发生了 2 次凌汛堤防决口事件，山东省长清、平阴地区还出现过 1 次凌汛洪水大面积漫滩。

1955 年 1 月 1 日，黄河下游封冻上首发展到河南省荥阳市汜水河口，累计封冻长度 623km，总冰量约 1 亿 m³，河道最大槽蓄水增量为 9.65 亿 m³。1 月中旬封冻河段自上而下开河，1 月 24 日开河至花园口断面时，日平均流量 830m³/s，随着沿程水量释放增加，28 日泺口断面流量增至 2900m³/s。29 日 3 时凌峰抵达利津王庄险工下首，凌水受阻很快形成冰坝，上游 90km 的河道水位陡涨，29 日 18 时 30 分，利津断面水位最高达 15.31m，较水位起涨前高 4.29m，超过保证水位 1.5m，部分河段的水面接近堤顶。在高水位浸泡下，部分地段堤身出现严重坍塌，29 日 23 时，利津县五庄大堤发生溃决，口门最宽时 305m，水深达 6m，最大流量约 1900m³/s。31 日凌晨 1 时，五庄下游 2km 处又有一段堤防溃决。两处堤防溃决造成左岸利津县、滨县和沾化县 360 个村庄的 58.67khm² 耕地被淹，倒塌房屋 5355 间，受灾人口 17.7 万人。

黄河下游防凌调度所需防凌库容约 35 亿 m³，由小浪底、三门峡两库联合承担，其中小浪底水利枢纽防凌库容为 20 亿 m³，并在防凌调度过程中优先使用。在防凌调度期，利用水库防凌库容进行蓄泄调节，维持凌期下游河道流量过程平稳，保障下游河道封河、开河的平顺过渡，避免因凌汛险情而引发洪水，间接保护凌汛期黄河下游两岸及河道滩区的生态安全。

（1）封河期：加大下泄流量，形成封河高冰盖，增大冰下过流能力。凌汛前通过小浪底水利枢纽预蓄部分水量，在黄河下游封河前，下泄较大流量，避免黄河下游小流量封河，确保下游封冻后冰盖下具备较大的过流能力，为维持凌期下游过流稳定奠定基础。

（2）稳封期：控制水库下泄流量，维持下游河道过流平顺稳定。待黄河下游河道封冻稳定后，水库防凌进入控制运用阶段，根据下游封冻情况和冰下过流能力，逐步减小下泄流量，直到安全开河。即在下游河道封河后，逐步减小浪底水利枢纽的出库流量，考虑区间加水、用水后凑泄花园口流量达到封河期控泄流量，同时兼顾下游河道的生态和供水需求。

（3）开河期：水库适度拦蓄，减小下泄流量，形成"文开河"。在下游开河的当旬进一步控制小浪底水利枢纽出库流量，凑泄花园口流量不大于开河流量；封冻河段全部开通以后视来水和下游用水情况逐步加大出库流量。泄水时先行泄放三门峡水利枢纽的蓄水，之后才是小浪底水利枢纽蓄水。通过水库调度，减小山东河段泄水压力，使得开河过程平顺，避免发生严重的冰塞、冰坝，造成滩区淹没或堤防缺口险情，间接保护了区域的生态安全。

7.4.2 评估指标与数据来源

防洪安全的评估指标包括防洪指标和防凌指标两类。根据黄河下游洪水灾害和冰凌灾害特征，将下游河道防洪标准和典型洪水洪峰流量作为防洪指标，分别记为 $I_{FLD,W1}$ 和 $I_{FLD,W2}$，计算公式见式（4.3-26）和式（4.3-27）；将封河长度和未封河年份比例作为防凌指标，分别记为 $I_{FLD,I1}$ 和 $I_{FLD,I2}$，计算公式见式（4.3-28）和式（4.3-29）。

下游河道防洪标准根据历史洪水资料、水利枢纽库容和运用方式等计算得到，与时间尺度没有明显关系。对于典型洪水洪峰流量，采用 2000—2018 年间 9 场洪峰流量较大典型洪水花园口断面实测洪峰流量量化现状指标值；采用水文替代法，用没有经过水库调蓄的流量过程量化对照指标值。

对于封河长度和未封河年份比例，采用 2000—2017 年实测资料量化现状指标值；采用历史回溯法，基于 1950—1999 年实测资料量化对照指标值。

7.4.3 对洪水灾害的影响

1. 对下游河道防洪标准的影响评估

人民治黄以来，随着大批防洪工程相继建成并投入运用，逐步提高了黄河下游的防洪标准，至小浪底水利枢纽建成运用前，黄河下游防洪标准达到了近 60 年一遇。1949—1999 年，共发生了 7 次花园口断面洪峰流量超过 10000m³/s 的洪水，洪峰流量最大为 22300m³/s（约 30 年一遇），由于防洪工程体系初见成效，确保了黄河下游历年汛期黄河大堤不决口，使黄淮海地区生态免于灾难，但仍发生了 29 次严重的洪水漫滩，对滩区生态环境带来巨大影响。特别是 1996 年洪水，其洪峰流量仅 7860m³/s，但受灾人数达百万以上，淹没村庄数量仅次于 1958 年和 1976 年，淹没耕地面积也仅次于 1958 年，典型的小洪大灾，滩区淹没水深大，对区域生态环境造成了严重的影响。小浪底水利枢纽建成运用后，将黄河下游防洪标准由近 60 年一遇提高至近 1000 年一遇。

综上所述，防洪指标 $I_{FLD,W1}$ 现状指标值为 1000 年一遇，对照指标值为 60 年一遇。说明小浪底水利枢纽的防洪调度大大提升了黄河下游河道的洪水防御能力，确保了黄河下游伏秋大汛岁岁安澜，也为黄河下游两岸黄淮海地区生态环境构建了坚固的安全屏障；同时利用小浪底水利枢纽拦沙期大量剩余库容对中小洪水进行调控，大幅度削峰滞洪，基本避免了洪水上滩淹没，也间接地保护了滩区的生态环境。

2. 对典型洪水洪峰流量的影响评估

2003 年、2005 年、2007 年、2010—2013 年、2018 年间发生了 9 场洪峰流量较大的洪水，花园口断面最大洪峰流量为 7800m³/s，见表 7.4-2。通过小浪底水利枢纽的调节，消减了洪峰流量，调整了洪水过程，尽量控制下泄流量不超过下游河道最小平滩流量，减轻了下游滩区的防洪压力，降低了因洪水漫滩造成滩区生态环境破坏的风险。

表 7.4-2　小浪底水利枢纽运用以来花园口站 4000m³/s 以上洪水调度情况统计表

洪水开始时间	洪水结束时间	潼关实测		小浪底水利枢纽运用情况		花园口断面洪峰流量	
		最大含沙量/(kg/m³)	洪峰流量/(m³/s)	最大出库流量/(m³/s)	最大蓄量/亿 m³	无小浪底水利枢纽/(m³/s)	有小浪底水利枢纽/(m³/s)
2003-8-27	2003-10-28	265	4220	2340	29.9	6310	2980
2005-9-30	2005-10-13	36.8	4480	1940	18.3	6180	2780
2007-7-19	2007-8-19	85.2	2070	3070	3.3	4360	4270
2010-7-24	2010-7-30	199	2750	2270	3.26	7800	3100
2010-8-4	2010-8-29	364	2810	2560	8.67	5290	3040
2011-9-2	2011-10-6	13.4	5800	1660	56.6	7560	3220
2012-8-16	2012-10-6	28.9	5350	3520	59.1	5320	3350
2013-7-12	2013-8-2	160	2730	3810	11.4	4930	3830
2018-7-13	2018-7-23	21.5	4620	3950	3.94	4380	4230

以 2010 年 7 月洪水调度为例，并与 1996 年 8 月洪水对比，分析小浪底水利枢纽工程建设前后的影响。2010 年 7 月洪水洪峰流量为 7800m³/s（花园口断面），与 1996 年 8 月洪水洪峰流量 7860m³/s 相近，但两场洪水造成的影响却是天差地别。

（1）1996 年洪水过程。7 月底至 8 月上旬，西风带主槽分裂多股弱冷空气向东南移动，西太平洋副热带高压（简称副高）加强北抬，加上 8 号台风的影响，黄河晋陕区间和三门峡至花园口区间（简称三花区间）及泾河、渭河下游分别出现三场强降雨过程：一是 7 月 31 日至 8 月 1 日，晋陕区间大部分地区降中到大雨，局部暴雨，暴雨区主要分布在黄河干流及西部各支流的中下游，该降雨形成的洪水为花园口站 1 号洪峰三门峡以上来水；二是 8 月 2—4 日，三花区间普降大暴雨，全区 3d 平均降雨量达 97mm，其中洛河 102mm，沁河 79mm，三花区间干流 99mm，大于 50mm 笼罩整个三花区间及临近地区共约 5.7 万 km²，这场降雨在三花区间形成的洪水和三门峡以上的来水组成了花园口的 1 号洪峰；三是 8 月 8—9 日，晋陕区间大部降中到大雨，局部暴雨，雨区主要分布在黄河干流及两岸各支流的下游地区，本次降雨形成的洪水组成了花园口的 2 号洪峰。

黄河下游 1 号洪峰由三门峡以上来水和三花区间暴雨洪水组成，伊洛河出现自 1984 年以来最大洪水，黑石关断面洪峰流量为 1980m³/s，沁河武陟断面 5 日 8 时洪峰流量为 1500m³/s，为 1982 年以来的最大流量。干流洪水与伊洛沁河洪水汇合，形成了 1 号洪峰，5 日 15 时 30 分花园口断面洪峰流量为 7860m³/s。2 号洪峰主要来自黄河龙门以上的晋陕区间，13 日 3 时 30 分花园口断面洪峰流量 5560m³/s。两个洪峰在孙口断面附近合并为一次洪水过程，孙口断面 15 日 0 时洪峰流量为 5800m³/s。洪水在下游演进过程中，河南、山东两省滩区几乎全线进水，甚至连 1855 年铜瓦厢改道后形成且 141 年未曾漫滩的原阳高滩和中牟高滩均大面积上水。

（2）2010 年洪水过程。2010 年 7 月下旬，泾渭河、伊洛河普降中到大雨，局部暴雨，泾渭河累计日平均降雨 51.6mm，伊洛河日降雨分别为 43.3mm、39.2mm。受本次强降雨影响，伊河东湾断面 24 日洪峰流量 3750m³/s，为 1975 年以来最大流量，同时也是历史第二大洪峰；渭河华县断面 26 日洪峰流量 2040m³/s，最大含沙量 459kg/m³，潼关断面最大含沙量 199kg/m³。根据汛情变化，本次洪水可分为防洪调度和水沙调控调度两个阶段，7 月 24 日 12 时至 7 月 25 日 22 时为伊洛河洪水防洪调度阶段；7 月 25 日 22 时至 8 月 3 日 8 时为水库群联合水沙调控调度阶段。小浪底水利枢纽在防洪调度阶段按 400m³/s 控泄运用。在水沙调控阶段按先凑泄再冲泄运用，自 7 月 24 日 8 时至 8 月 3 日 8 时，小浪底水利枢纽库水位由 217.34m 抬升至 218.11m，蓄量增加 0.41 亿 m³。水库群联合水沙调控调度阶段小浪底具体调度为：25 日 22 时起出库流量按 800m³/s 凑泄；26 日 2 时开始出库流量按 1000m³/s 凑泄；26 日 6 时起按 1700m³/s 凑泄；26 日 8 时进一步增大到 1800m³/s。针对 26 日 8 时黑石关断面流量由退至 1250m³/s 突然增大到 1380m³/s，26 日 9 时小浪底水利枢纽下泄流量调减至 1500m³/s 凑泄；26 日 16 时至 27 日 4 时按 1700～1800m³/s 凑泄。27 日 2 时判断异重流已排沙出库，为避免洪峰增值影响，27 日 4 时按 1500m³/s 凑泄，同时要求流量分配为排沙洞泄流 1200m³/s，发电泄流 300m³/s；27 日 10 时后凑泄流量加大至 2100m³/s，同时要求流量分配为排沙洞泄流 1500m³/s，发电泄流 600m³/s；29 日 0 时后凑泄流量加大至 2200m³/s，同时要求 3 条排沙洞全开；根据花园口断面流量过程，30 日 13 时调整出库流量为 2100m³/s，18 时调整为 2000m³/s，31 日 8 时调整为 1900m³/s，8 月 1 日 16 时调整为 2100m³/s，2 日 8 时水沙调控过程结束，小浪底水利枢纽出库流量减至 1000m³/s，3 日 8 时小浪底水利枢纽按 400m³/s 下泄，转入正常运用。

2010 年 7 月下旬至 8 月上旬发生的洪水属高含沙洪水，根据实时水情通过凑泄、冲泄组合运用，陆浑、故县水利枢纽在洪水后期进行了冲泄运用，小浪底水利枢纽实际排沙量为 0.26 亿 t、排沙比 34.4%。由于此次入库洪水含沙量高，若无小浪底水利枢纽拦截控制，洪水漫滩将有大量的泥沙淤积在滩地，对滩区生态环境造成严重影响。通过水库群实际调度，黄河下游各站流量均控制在 3000m³/s 以下，支流伊洛河流洪水控制在 1500m³/s 以下，能保障黄河下游及支流伊洛河的防洪安全，完全避免了下游洪水的漫滩，避免了高含沙洪水漫滩所带来的生态破坏。

综上所述，防洪指标 $I_{FLD,W2}$ 现状指标值为 2780～4270m³/s，对照指标值为 4360～7800m³/s。综合来看，小浪底水利枢纽工程建成投入运行后，不仅大幅度提升了下游河道的防洪标准，构筑了黄河下游两岸堤外防洪保护区的生态安全屏障，且通过小浪底水利枢纽调节 4000～10000m³/s 的中小洪水，避免了洪水漫滩，有效地保护了滩区的生态安全。水库防洪调度间接地保护了黄河下游广大地区的生态环境，这即是工程最大的生态效益之一。

7.4.4　对冰凌灾害的影响

1. 小浪底水利枢纽运行前下游凌汛情况

1950—1999 年，共有 42 个防凌年度发生了封河，封河年份约占 86%。下游河段起始流凌日期最早发生在 11 月 30 日，最晚发生在 1 月 22 日，多年平均为 12 月 19 日。初始封冻日期最早发生在 12 月 3 日，最晚发生在 2 月 16 日，多年平均首封日期为 1 月 1 日。最早解冻开通日期是 1 月 3 日，最晚是 3 月 18 日，多年平均是 2 月 11 日，下游各河段水文站测验河段的初始封冻日期和解冻日期不一样，习惯上把全河段初始封冻日期到全河段解冻开通日期所经历的时间称为封冻历时；平均封河历时为 49d，封河历时最长的年份为 1957 年，历时 82d。这一时段黄河下游多年平均封河长度为 254km，黄河下游最大封河长度为 703km，发生在 1969 年。

下游冰凌洪水一般峰低、量小、历时短，洪水过程线呈三角形。凌峰流量一般为 1000~2000m³/s，实测最大值不超过 4000m³/s。洪水总量一般为 6 亿~10 亿 m³。洪水历时一般为 7~10d。下游冰凌洪水流量虽小，但水位高。凌峰流量一般自上而下沿程逐渐增大。一般情况下槽蓄水增量大，则凌洪凌峰亦大且历时长，反之凌洪凌峰小历时短。冰塞冰坝是黄河下游产生凌汛威胁的根本原因，黄河下游的冰坝一般高出水面 2~3m，高的可达 4~5m。冰坝持续时间一般是 1~2d，短的几小时，长的可十几天。黄河下游发生比较严重的冰坝有 9 次，导致黄河下游河口地区仍发生 2 次堤防决口，1 次大范围洪水漫滩现象，对区域生态环境带来严重威胁。

2. 小浪底水利枢纽运行前下游凌汛情况

小浪底水利枢纽自 2000 年 12 月开始防凌调度运用，黄河下游进入小浪底水利枢纽防凌运用为主的阶段，黄河下游凌情大幅缓解。具体表现在：①自小浪底水利枢纽开展防凌运用以来，下游来水偏少，供水配水量较大，冬季气温偏高，加之调水调沙运用等，逐步改善了主槽过流能力，为避免形成较严重凌汛壅水漫滩灾害提供了有利条件；②由于加强了河道工程（浮桥）管理以及必要时采用了爆破等人工破冰措施，凌情总体形势比较平稳，封河期与开河期没有形成较严重冰塞、冰坝及其壅水漫滩造成灾害的情况；③水库防凌调度考虑了沿程引水对河道流量的影响，与沿程引水工程建立了密切的调控关系，保证了凌汛期内下游沿程水量平衡递减。

小浪底水利枢纽运用后，下游基本没有发生重大的凌汛险情，凌汛基本情况见表 7.4-3。2000—2017 年，共有 12 个防凌年度发生了封河，封河年份约占 71%。初始封冻日期最早发生在 12 月 9 日，最晚发生在 1 月 21 日。最早解冻开通日期是 1 月 27 日，最晚是 2 月 28 日，平均封河时间为 38d，封河历时最长的年份为 2010 年，历时 70d。这一时段黄河下游多年平均封河长度为 114km，最大封河长度为 331km。

17 个防凌年度中，有 9 年以放水为主，最大补水量为 13.1 亿 m³，有 8 年水库以蓄水为主，最大蓄水量 18.2 亿 m³。小浪底水利枢纽动用的防凌库容未超过规定的要求，水位处于规定运用范围内，且基本以小浪底水利枢纽为主。下游河道有 12 年封河，其中 1 年为"两封两开"，1 年为"三封三开"。在封冻年份中，封河期、开河期均比较平稳，未出现比较严重的冰塞、冰坝等凌汛险情。2000—2017 年间小浪底水利枢纽剩余库容大，可有效地控制凌汛期下泄流量，出库水温比建坝前明显增高，基本解除了黄河下游的凌汛威胁。

表 7.4－3　　小浪底水利枢纽运用以来凌汛期水库蓄水情况及下游河道封冻情况

凌汛期	凌汛期总蓄水量/亿 m³	下游河道封冻情况				
		首封日期	开河日期	封河历时/d	封河长度/km	封河上首
2000—2001 年	−4.0	未封冻				
2001—2002 年	11.2	1 月 3 日	2 月 21 日	50	124.20	
2002—2003 年	16.2	12 月 9 日	12 月 18 日	10	10.25	东营市垦利区义和险工 1 号坝
		12 月 24 日	2 月 18 日	57	330.60	菏泽市牡丹区河道上界
2003—2004 年	−3.0	12 月 25 日	1 月 27 日	34	1.50	济阳县托头船破冰
2004—2005 年	15.3	12 月 27 日	2 月 28 日	64	233.30	
2005—2006 年	5.1	12 月 22 日	12 月 22 日	1	3.15	东营市垦利区护林控导 2 号坝
		1 月 6 日	1 月 29 日	55	57.40	滨州市滨城区王庄子险工
		2 月 4 日	2 月 16 日	13	43.72	滨州市滨城区
2006—2007 年	10.5	1 月 7 日	2 月 5 日	30	45.35	卞庄险工 5 号坝
2007—2008 年	−3.9	1 月 21 日	2 月 22 日	33	134.82	德州豆腐窝险工
2008—2009 年	−13.1	12 月 22 日	2 月 10 日	51	173.87	济南天桥泺口闸口
2009—2010 年	−1.3	12 月 27 日	2 月 21 日	57	255.37	鄄城郭集控导
2010—2011 年	−3.2	12 月 16 日	2 月 23 日	70	302.32	菏泽鄄城县杨集上延工程
2011—2012 年	−2.2	未封冻				
2012—2013 年	−15.7	未封冻				
2013—2014 年	11.6	未封冻				
2014—2015 年	−13.0	未封冻				
2015—2016 年	18.2	1 月 14 日	2 月 12 日	30	218.00	聊城东阿位山险工
2016—2017 年	15.2	1 月 21 日	1 月 28 日	8	6.70	崔家控导河段

3. 防凌指标量化

综上所述，防凌指标 $I_{FLD,I1}$（封河长度）现状指标值为 114km，对照指标值为 254km，小浪底水利枢纽运行后封河长度缩短了 55%；防凌指标 $I_{FLD,I2}$（未封河年份比例）现状指标值为 29%，对照指标值为 14%，小浪底水利枢纽运行后未封河年份比例大幅提升。小浪底水利枢纽运行后河道易封易开，未形成严重的冰塞、冰坝等冰凌灾害，也未发生大的冰凌洪水；避免了滩区的洪水淹没，以及栖息地破坏、生物死亡、水土流失等系列生态问题。可见，小浪底水利枢纽建成运用后，与三门峡水利枢纽联合调度，基本上解除了黄河下游凌汛威胁，有效地保护了凌汛期下游滩区及黄河两岸地区的生态环境安全。

7.5　小结

本章评估了小浪底水利枢纽在下游河道内产生的生态效益。采用情景对比法进行评估，结果显示（见表 7.5-1）：

表 7.5-1　　　　　　　　小浪底水利枢纽在下游河道内的生态效益评估指标值

指　　标	指标内涵	指标值	
		现状指标值	对照指标值
径流过程指标 $I_{FLW.R1}$	年均断流天数/d	0	85.29
径流过程指标 $I_{FLW.R2}$	年均预警天数/d	0	91.71
生态需水天数保证率 $I_{FLW.ED1}$	生态基流天数保证率	1.00	0.73
生态需水天数保证率 $I_{FLW.ED2}$	关键期最小生态需水天数保证率	0.86	0.35
生态需水天数保证率 $I_{FLW.ED2}$	关键期适宜生态需水天数保证率	0.71	0.30
冲淤量指标 $I_{GEO.S}$	下游河道年均泥沙冲淤量/亿 t	−1.57	0.51
最小平滩流量指标 $I_{GEO.B}$	评估时段下游河道最小平滩流量/(m³/s)	4300	1800
河道内生物多样性评估指标 $I_{BIO.D1}$	下游河南段淡水鱼类种类/种	54	31
河道内生物多样性评估指标 $I_{BIO.D2}$	下游山东段淡水鱼类种类/种	48	24
河道内生物数量评估指标 $I_{BIO.N}$	下游河流湿地面积/hm²	80200	57400
防洪指标 $I_{FLD.W1}$	下游河道防洪标准	1000 年一遇	60 年一遇
防洪指标 $I_{FLD.W2}$	典型洪水洪峰流量/(m³/s)	2780~4270	4360~7800
防凌指标 $I_{FLD.I1}$	年均封河长度/km	114	254
防凌指标 $I_{FLD.I2}$	评估时段未封河年份的比例/%	29	14

（1）水文情势。有小浪底水利枢纽时，保证了利津断面连续 21 年不断流，2010—2016 年没有出现低于预警流量的现象，如果没有小浪底水利枢纽，利津断面年均预警天数将达到 91.71d，其中年均断流 85.29d，小浪底水利枢纽的运行有效解决了黄河下游频繁断流的问题，避免了严峻的生态灾难；有小浪底水利枢纽时，下游利津断面生态基流几乎得到完全满足，而没有小浪底水利枢纽时利津断面平均每年有 96.9d 流量低于生态基流；在 4—6 月水生生物繁殖育幼的关键期，如果没有小浪底水利枢纽，最小生态需水年均破坏天数将从 13d 增加至 59d，适宜生态需水年均破坏天数将从 27d 增加至 64d，意味着多数时段难以为水生生物繁衍提供适宜的水文与栖息条件。

（2）地貌形态。如果没有小浪底水利枢纽，黄河下游河道将从年均冲刷泥沙 1.57 亿 t 转变为年均淤积 0.51 亿 t；小浪底水利枢纽运行以来，下游河道过流能力显著提升，同流量水位下降 1.11~2.38m，最小平滩流量从 1800m³/s 增加到 4300m³/s。通过小浪底水利枢纽的减淤调度，使下游河道主槽行洪输沙能力得到明显提高，避免了大洪水漫滩淤积，并随着下游河道防洪、控导工程体系逐步完善，河势趋于稳定，为黄河下游河道水生生物提供了宽阔、稳定的栖息场所。

（3）生物资源。与小浪底水利枢纽实施黄河生态调度（河口生态调度）之初的 2008 年相比，2019 年黄河下游河南段淡水鱼类种类从 31 种增加至 54 种、山东段淡水鱼类种类从 24 种增加至 48 种。与小浪底水利枢纽运行前的 20 世纪 90 年代相比，下游河流湿地面积从 57400hm² 增加至 80200hm²。虽然历史回溯法无法排除控制捕捞、增殖放流等因素的影响，但小浪底水利枢纽通过调节下泄流量保障了下游河道不断流、增加了生态需水天数保证率，无疑为生物栖息地和多样性的修复塑造了有利条件。

（4）防洪安全。小浪底水利枢纽建成运行后，将黄河下游河道防洪标准由近 60 年一遇提升至近 1000 年一遇，典型洪水洪峰流量从 4360～7800m³/s 降至 2780～4270m³/s，为黄河下游两岸 12km² 保护区构建了生态安全屏障，避免了黄河决溢、水沙俱下造成严重的生态灾难；利用小浪底水利枢纽剩余较大的拦沙库容对 4000～10000m³/s 的中小洪水进行了有效控制，基本保证了该量级洪水不上滩，保护了滩区的生态安全。小浪底水利枢纽设计防凌库容 20 亿 m³，经防凌调度，凌汛期黄河下游年均封河长度大幅度缩短，仅为建库前的 45%；河道易封易开，未封冻年份占 29%，较建库前提高了约 1 倍；未形成严重的冰塞、冰坝等冰凌灾害，避免了滩区被洪水淹没，以及栖息地破坏、生物死亡、水土流失等系列生态问题，保护了下游滩区及两岸相关区域的生态环境。

第8章

小浪底水利枢纽对河口及近海的
生态效益评估

8.1 黄河河口及近海生态监测

8.1.1 黄河三角洲湿地监测

黄河河口位于渤海湾与莱州湾之间，属于弱潮、多沙和摆动频繁的堆积性河口，分布有中国暖温带最完整、最广阔、最年轻湿地生态系统。它结构复杂、生物多样性丰富，被誉为"金三角"地带。黄河三角洲因其特殊的地理位置、优越的自然资源、独特的历史变迁使其在我国生态安全战略中具有特殊的地位与作用。

为了监测黄河三角洲地区的动态变化，同时基于多种遥感传感器数据实行连续检测，并生产高质量的信息产品。随着不同需求层次用户的逐渐增长，以一种简单的方式对影像进行分类，或者说以一种更容易的方式获取土地利用覆盖产品已成为遥感应用的趋势。本研究引入和发展德国宇航中心开发的一种基于成对对象和像元的自动分类链（TWinned Object and Pixel based Automated classification Chain，TWOPAC）技术进行土地利用（覆盖）快速自动分类。TWOPAC 技术利用 C5.0 决策树算法，生成一个包含了计算光谱阈值的规则集，以判断特征空间如何被分割为分类系统中指定的类型。TWOPAC 以开源的 C5.0 决策树算法为基础，根据训练数据自动构建决策树，这与其他已知的商业图像处理软件相比具有显著的优势。针对黄河三角洲湿地生态系统特征，本研究对分类决策树算法进行了改进，提高了不同湿地类型的提取精度。TWOPAC 方法显示了在大尺度数据处理上的巨大潜力，其利用强大的服务器处理能力，可以快速生成可比较的、标准化的分类结果，尤其对于那些占用巨大内存的计算尤其有优势。

为了准确提取分析黄河三角洲湿地的时空变化特征，从湿地分布的地貌空间格局以及湿地水文特点及湿地覆盖特征，将河口湿地分为天然湿地和人工湿地两大类。其中，天然湿地又分为河流、滩涂、芦苇草甸、芦苇沼泽、柽柳芦苇灌丛和芦苇翅碱蓬灌丛 6 种；人工湿地分为水库、坑塘水面、养殖水面和盐田 4 种。在此基础上，根据影像色调、纹理及环境背景特征，结合野外调查数据，建立湿地遥感解译标志库，开展 1986 年、1992 年、1996 年、1998 年、2000 年、2002 年、2004 年、2006 年、2008 年、2010 年、2013 年、2015 年、2016 年、2017 年、2018 年等不同历史时期湿地遥感解译，典型年份黄河三角洲湿地解译成果如图 8.1-1 所示。

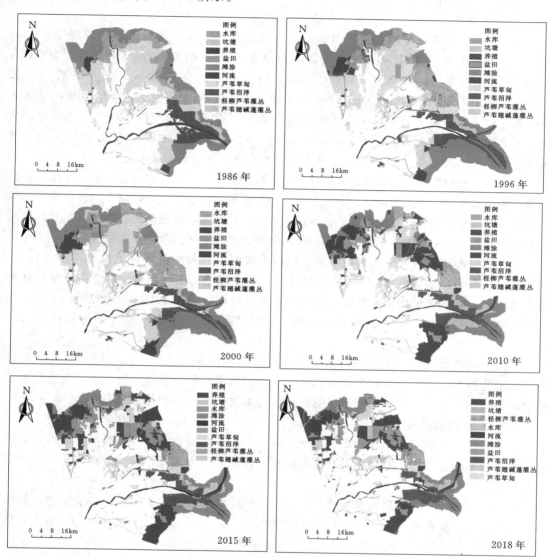

图 8.1-1　黄河三角洲湿地土地利用变化

8.1.2　黄河三角洲陆生植物监测

　　黄河三角洲是世界上暖温带保存面积最大、最完善的新生湿地生态系统。它结构复杂、生物多样性丰富，被誉为"金三角"地带。由于气候因素、人口的急剧增加，以及人类不合理的开发利用，黄河三角洲湿地出现了一系列生态环境问题，导致整个生态系统的稳定性减弱，影响了一个区域的生态安全，甚至威胁人类自身的健康与发展。为实现区域内湿地生态系统的良性发展，开展黄河三角洲湿地生态监测及评估体系建设，为进一步揭示黄河三角洲湿地生态系统健康机理，阐明湿地有效保护和恢复机制，为湿地生态系统的有效管理和制定保护对策提供科学依据。

1. 区域概况

黄河三角洲国家级自然保护区是我国暖温带最完整、最广阔、最年轻的湿地生态系统，位于山东省东营市黄河入海口处，渤海湾南岸和莱州湾西岸（N37°35′～38°12′，E118°33′～119°20′），总面积 15.3 万 hm²，属于温带大陆性季风气候，年平均气温12.3℃；年平均降水量为 555.9mm，多集中在 7—8 月；年蒸发量为 1962.1mm，是降水量的 3.6 倍。区域内地势平坦，自然坡降 1/8000～1/12000，生态格局时空变化迥异，湿地类型多样，湖泊、河口、潮沟等常年淹水湿地占总湿地面积的 63.06%，芦苇湿地、潮上带盐碱湿地、灌丛湿地、草甸湿地等季节性水淹湿地占总湿地面积的 36.94%。

黄河三角洲土壤形成时间较短，机械组成以粉沙为主，沙黏层次变化复杂。土壤质地以轻壤土和中壤土为主，土壤类型以潮土和盐土为主。研究区淡水缺乏，地下水位较浅，水质矿化度较高，土壤向积盐方向发展，湿地植被群落演替频繁，且逆向演替明显。主要试验区位于黄河三角洲国家级自然保护区刁口河尾闾保护区和现行流路湿地生态恢复区。

黄河三角洲植被具有种类组成单调、植被形成时间较短、群落稳定性差等基本特征。主要特点表现为：①植被组成以草本植物为主，木本植物所占比例很小，并以禾本科和菊科成分为主；②湿生植物和盐生植物是构成三角洲植被的主要建群种和优势种；③植物群落结构单一，功能低下，抵御自然灾害的能力不强，容易受各种人为干扰和自然力的破坏。

黄河三角洲植被目前受多种因素的影响，如淡水资源不稳定、风暴潮袭击、油田开发、污染等原因，黄河三角洲湿地面积、土地覆盖快速变化，生态系统脆弱，很容易导致植被逆向演替的发生。采取适当措施对湿地进行生态修复与管理是很有必要的。

2. 站网布设范围及原则

站网布设范围包括黄河三角洲及近海，其中黄河三角洲指渔洼以下黄河三角洲，具体范围参考清水沟流路右岸管理界限和刁口流路左岸管理界限确定；其中近海指黄河水沙资源及调水调沙影响范围。

2019 年 7 月 9—16 日进行现场调查，沿垂直于海岸线拟设 6 条样带，80 个生态观测站位。围绕黄河三角洲水文-地下水-土壤-植被响应关系，布设样带。主要考虑的因素为：样带沿盐度梯度，样带沿河流，样带沿水井，样带的典型性和自然性，可操作性等。

样带设置时应遵循以下原则：

（1）尽可能地选择未受或少受人为干扰的地段。

（2）沿着水盐浸梯度变化的方向设置。

（3）典型性和代表性，即使有限的调查面积能够较好地反映出植物群落的基本特征。

（4）自然性，即人为干扰和动物活动影响相对较少的地段，并且较长时间不被破坏，如流水冲刷、风蚀沙埋、过度放牧和开垦等。

（5）可操作性，即选择易于调查和取样的地段，避开危险地段。

3. 野外植物生态调查

（1）调查方法。野外调查依据国家林业和草原局 2010 年 1 月编制的《全国湿地资源调查技术规程（试行）》和 2011 年 10 月河南省林业厅制定的《河南省湿地资源调查实施细则》进行。

每条样带内每一类植物群系布设样方数量不少于 3 个。

乔木植物样方面积为 $400m^2$（20m×20m）（注：树高不小于 5m）；灌木植物平均高度不小于 3m 的样方面积 $16m^2$（4m×4m），平均高度在 1~3m 之间的样方面积 $4m^2$（2m×2m），平均高度 1m 的样方面积 $1m^2$（1m×1m）；草本（或蕨类）植物平均高度不小于 2m 的样方面积 $4m^2$（2m×2m），平均高度在 1~2m 范围的样方面积为 $1m^2$（1m×1m），平均高度 1m 的样方面积为 $0.25m^2$（0.5m×0.5m）；苔藓植物样方面积 $0.25m^2$（0.5m×0.5m）。

如果植物群落在垂直结构上，出现两个或两个以上的不同层次，即群落中出现乔木层、灌木层、草本层、蕨类层与苔藓层不同层次的组合，则需进行分层调查。在分层调查中，首先要确定主林层（能反映出群落总体外貌的层次），进行主林层植物样方调查，最后在主林层样方内选择有代表性的地方设置次林层的样方，进行各个次林层的样方调查。

监测指标与记录内容包括：样方序号、海拔高度、经纬度、积水状况、小生境等；植物群系、主林层、样方面积；植物名称及其数量特征（乔木与灌木：平均冠幅、平均高度、平均胸径、株数；草本、蕨类与苔藓：平均盖度、平均高度、株数）。

（2）植物样品采集及处理。在每个样点随机选取 1m×1m 样方（灌木为 4m×4m）。采用计数法确定群落总密度，灌木用游标卡尺和标杆逐棵记录其地径和树高，草本植物分别数出每种植物的数量并用直尺测量每种植物的平均高度。将草本植物地上绿色部分齐地面刈割并分种存放于塑封袋中，将其立枯与凋落物分别收集于塑封袋中，带回实验室分别称量其鲜重。然后在 65℃烘箱中烘干至恒重，称量其干重。

8.1.3 河口近海多要素同步监测

1. 监测站位

依据《海洋调查规范》（GB 12763—2007）等相关技术要求，近海水生态系统监测站位布设应遵守以下原则：

（1）全面覆盖原则，调查断面方向大体应与海岸垂直，站位布设在规定水域内总体分布均匀，各站位位置距离适中，能够满足相关调查操作的需求。

（2）代表性原则，数据结果能够反映各监测因子的分布特征和变化规律。

（3）连续性原则，尽可能沿用历史测站，适当利用海洋断面调查测站，照顾测站分布的均匀性和岸边固定站衔接。

（4）重点突出原则，在河口附近等主要影响区域或生态环境敏感区应加大站位密度。

（5）相邻两测站的站距，应不大于所研究海洋过程空间尺度的一半，在所研究海洋过程的时间尺度内，每一测站的观测次数应不少于两次，如条件允许，应尽量缩小时、空观测间隔。

参考以上站位布设原则，根据黄河水沙对近海影响特点及规律，以现行流路入海口为主，兼顾刁口河故道入海口，充分考虑水深梯度以及底质类型变化，以河口为中心沿等深线扇形区域布设近海水生态监测站位 66 个。

2. 监测要素及设备

调查的内容包括水文（水温、盐度、水深）、水质〔pH、溶解氧（DO）、化学需氧量（COD）、硝酸盐氮（$NO_3^- - N$）、亚硝酸盐氮（$NO_2^- - N$）、铵态氮（$NH_4^+ - N$）、总氮（TN）、活性磷酸盐（$PO_4 - P$）、总磷（TP）、硅酸盐（$SiO_3 - Si$）〕、叶绿素 a、浮游植物、浮游动物、底栖生物、鱼卵仔稚鱼和渔业资源等，现场调查所用的主要仪器见表 8.1 - 1。

表 8.1 - 1　　　　　　　　　　　　　　现场调查的主要仪器

调查内容	现场调查所用主要仪器
水文	温盐深仪、回声测深仪
水质	采水器、棕色磨口硬质玻璃瓶、广口瓶、聚乙烯瓶、量筒、过滤器、抽滤装置、滤膜、锥形瓶
沉积物	抓斗式采泥器、绞车、接样盘
叶绿素 a	采水器、量筒、过滤器、抽滤装置、滤膜、锥形瓶
浮游植物	浅水Ⅲ型浮游生物网、流量计、铅锤、样品瓶
浮游动物	浅水Ⅰ型浮游生物网、流量计、铅锤、样品瓶
底栖生物	抓斗式采泥器、绞车、套筛、样品瓶
鱼卵仔稚鱼	浅水Ⅰ型浮游生物网、流量计、样品瓶
渔业资源	底拖网、样品袋

3. 监测方法

近海水生态监测主要包括水温、盐度、水深、pH、COD、DO、BOD_5、无机氮、磷酸盐、叶绿素 a、浮游生物的种类组成、浮游生物的生物量组成和分布、密度组成和分布等。调查所用船只为拖网渔船，船上均装有船载 DGPS 定位仪、探鱼仪、雷达、底层拖网 2 套、起网绞车 2 套。样品的现场采集、保存、测定和分析等过程参照《海洋监测规范》（GB 17378—2007）、《海洋调查规范》（GB 12763—2007）、《海洋生物生态调查技术规程》（国家海洋局）技术规范与标准进行。

（1）水文。水文和水环境调查项目的采样、运输、分析方法和技术要求按《海洋监测规范》（GB 17378—2007）和《海洋调查规范》（GB 12763—2007）规定进行。

（2）初级生产力的测定。初级生产力是评价水域生产力大小的一项十分重要的指标，是资源调查不可或缺的一部分。本次调查选用叶绿素 a 测定法作为初级生产量测定的方法。该方法是以植物体叶绿素浓度的高低来测算水域初级生产力。具体方法为：每次采集水样 1000mL，经孔径 $0.45\mu m$ 的滤膜过滤后，干燥冷藏保存，带回实验室采用分光光度法进行分析，按杰弗里-汉弗莱方程式计算叶绿素 a 的含量。

（3）浮游生物。浮游生物调查包括浮游植物与浮游动物调查。浮游动物采用大型浮游生物网水柱垂直采集，网长 280cm、网口内径 80cm，网口面积 $0.5m^2$，网筛绢规格 0.507mm；浮游植物采用小型浮游生物网水柱垂直采集，网长 280cm、网口内径 37cm，网口面积 $0.1m^2$，网筛绢规格 0.077mm。调查海域均为浅海，故浮游动物与浮游植物均从底层垂直拖至表层。网采样品均用 5%甲醛溶液固定后带回实验室，进行种类鉴定和定量分析。记录种类组成及平均生物量（mg/m^3）。

（4）鱼卵仔稚鱼。鱼卵仔稚鱼调查使用浅水Ⅰ型浮游生物网，自底至表垂直拖取。样品用5％甲醛溶液固定（肉眼发现鱼卵则用酒精固定）后，带回实验室分析和鉴定。

（5）游泳生物。调查按《国家海洋生物资源调查规范》执行。使用400马力双拖的拖网渔船进行。一般情况下，在距标准站位置2～3n mile时放网，经1h拖网后正好到达标准站位置或附近。放网时间以停止曳纲投放，曳纲着底开始受力时为准。拖网中尽可能保持拖网方向朝着标准站位，并注意周围船只动态和调查船的曳纲是否正常等，若出现不正常曳纲时，视情况改变拖向或立即起网。临起网前准确测定船位，起网过程中两船的卷网速度一致，起网时间以起网机开始卷收曳纲的时间为准。如遇严重破网等重大渔捞事故导致渔获物大量减少时，重新曳网。

近海水生生态调查及水样测定如图8.1-2所示。

（a）采样　　　　　　　　　　（b）固定

（c）水样测定1　　　　　　　　（d）水样测定2

图8.1-2　近海水生生态调查及水样测定

8.2　小浪底水利枢纽对河口生态系统影响评估

8.2.1　影响机制

黄河三角洲是海陆交界、淡咸水交汇地带，是水沙两相河流、水盐两相运移、海陆两相作用、河海两相交汇等多种物质、能量体系交汇的界面，受黄河独特的水沙条件、海洋和陆地的交互作用、复杂的动力机制等影响，形成了其独特的多类生态系统交错分布格局，包括陆地生态与海洋生态系统、淡水生态系统与咸水生态系统、陆生生态系统与水生生态系统、人工生态系统与天然生态系统等。黄河三角洲是以新生湿地为主体的生态系统，在黄河水沙、海洋、陆地等多种动力系统共同作用下，黄河携带泥沙不断淤积，加上河口摆动和河堤决口、改道，致使黄河三角洲地区形成了我国面积最大，仍在动态发展的原生湿地生态系统。

（1）黄河是黄河三角洲生态环境及典型生态界面的塑造者。黄河三角洲体的形成是黄河不断决口、改道、分流、冲淤积泥沙填充渤海凹陷的结果，黄河尾闾流路的摆动过程即是黄河三角洲形成的过程，泥沙是黄河三角洲形成的物质基础，河流动力是输送泥沙的重要动力。黄河径流是形成和维持黄河三角洲原生湿地生态系统的主导因素，是原生湿地主要的淡水资源，黄河水资源是维持黄河三角洲生态系统发展和稳定的最基本条件。

（2）黄河水沙资源是黄河三角洲生态系统形成和演替的根本动力。黄河水沙及河口河道冲淤变化与三角洲生态系统尤其是湿地生态系统关系密切，黄河水沙资源是黄河三角洲各类生态系统赖以生存发育和演变的根本，是形成和维持黄河三角洲湿地生态系统的主导因素，是三角洲生态系统顺向演替的根本动力。黄河水沙资源影响着黄河三角洲地貌、水文、土壤、植被的分异过程和演变过程，进而影响黄河三角洲植被演替及生态系统演替，形成了自海域向内陆和以黄河河床为中心的演替系列。

（3）人类活动是影响黄河三角洲生态系统演替的最活跃因子。随着对黄河三角洲经济开发的不断深入，人为因素对黄河三角洲生态系统演替的影响作用越来越明显，使得这一地区生态系统及植被演替趋于复杂，特别是人为的不合理干扰，打乱了甚至逆转了自然状态下的生态系统和植被顺向演替规律，形成了人类活动发展模式，导致自然湿地面积萎缩、景观破碎化程度加深、土壤盐渍化严重等生态系统退化现象。但同时，适当、合理的人工干扰又是黄河三角洲生态系统尤其是湿地生态系统保护和修复的重要措施，将阻止受损生态系统逆向演替过程，并积极促进其向顺向演替方向发展。如黄河调水调沙、河口生态调度、刁口河恢复过水及湿地补水、湿地保护工程建设等，对河口生态系统尤其是湿地生态系统的水文、土壤、植被等方面产生了重要影响，对已退化的湿地生态系统具有重要的修复作用。

综合以上分析，黄河三角洲生态系统影响因子复杂，其中黄河是黄河三角洲地貌类型的主要塑造者，是黄河三角洲典型生态界面形成的主导因子；黄河水沙资源是黄河三角洲各类生态系统赖以生存发育和演变的根本，是形成和维持黄河三角洲水生态系统的主导因素，是三角洲生态系统顺向演替的根本动力；人类活动是影响黄河三角洲生态系统演替的最活跃因子，人为不合理的干扰，将打乱甚至逆转了自然状态下的生态系统和植被顺向演替规律，合理的人工干扰，如调水调沙、生态调度等将积极促进生态系统顺向演替，对黄河三角洲生态系统保护与修复具有重要意义。

8.2.2　对三角洲生态补水的影响

1. 评估指标与数据来源

受到水文测站的限制，这里采用调水调沙期间三角洲具备生态补水条件的多年平均天数来表征河口三角洲生态补水指标 $E_{FLO,D}$，采用式（4.3-32）进行计算。采用 2002—2015 年利津断面实测径流资料量化现状指标值；采用水文替代法，用 2002—2015 年三门峡断面实测日径流量替代小浪底断面实测日径流，然后根据分析时段内下游实测区间入流量、取水量、退水量、水量损失等数据进行水量平衡计算，得到没有小浪底水利枢纽时利津断面的径流过程，从而量化对照指标值。

2. 三角洲生态补水指标量化

黄河淡水是黄河三角洲湿地发育的关键及决定性因素。小浪底水利枢纽为黄河三角洲补水塑造了高流量条件。2008年，黄河水利委员会在调水调沙之际，对现行入海流路清水沟南部的湿地进行生态补水。2009年7月，黄河水利委员会启用黄河故道刁口河流路，探索刁口河流路与清水沟流路交替入海，逐步恢复刁口河流路输水输沙功能，促进黄河三角洲湿地的恢复，实现河口地区生态系统的良性维持。至2014年清水沟流路进行了7次补水，从2010年至2014年刁口河进行了5次补水，起到了良好的效果，遏制了三角洲湿地的快速退化，产生了十分明显的生态效益、经济效益与社会效益。2010—2013年间黄河三角洲生态补水量见表8.2-1。2010—2013年间平均每年调水调沙期向黄河三角洲补水0.56亿 m^3。但黄河三角洲生态需水量较大，黄河水资源保护科学研究院认为年生态补水量至少需达到2.8亿 m^3。

黄河现行入海流路（清水沟）是1976年在东大堤西河口附近破口改道形成的，1996年于清8断面进行了人工改汊，水流沿东北方向入海，整个河道比较顺直。为向保护区引水，在南北岸共启用6处引黄涵闸，南岸启用3个，北岸启用3个，各引水闸达到引水临界流量时利津断面对应流量见表8.2-2。2013—2015年间刁口河流路达到引水临界流量时利津断面对应流量分别为2080 m^3/s，2080 m^3/s 和2850 m^3/s。综合考虑各年情况，此处假设利津断面流量达到2100 m^3/s 时黄河三角洲具备生态补水条件。

表8.2-1　　　　　　　　2010—2013年间黄河三角洲生态补水量

补（过）水区	补水时间	补水天数/d	补水量/万 m^3
清水沟生态恢复区	2010年6月24日—7月6日	13	2041
	2011年6月25日—7月9日	15	2248
	2013年6月24日—7月12日	19	2156
刁口河过水区	2010年6月24日—7月9日	35	3607
	2010年7月17日—8月4日		
	2011年7月1日—7月10日	32	3619
	2011年7月13日—8月3日		
	2013年6月25日—7月10日	15	2620
刁口河尾闾生态恢复区	2010年7月13日—8月7日	26	137
	2011年7月4日—8月8日	36	371

表8.2-2　　　　清水沟流路湿地引水闸达到引水临界流量时利津断面对应流量

闸门	所在位置	闸孔数	清水沟补水对应利津断面最小流量/(m^3/s)			
			2012年	2013年	2014年	2015年
1号闸	南岸	3	2100	2100	2190	3100
2号闸	南岸	2	2100	2100	3380	2550

续表

闸门	所在位置	闸孔数	清水沟补水对应利津断面最小流量/(m³/s)			
			2012 年	2013 年	2014 年	2015 年
3 号闸	南岸	2	—	—	—	3000
1 号闸	北岸	2	2100	2100	3620	2390
2 号闸	北岸	2	2100	2100	2920	2950
3 号闸	北岸	3	1290	2100	1940	2720

小浪底水利枢纽调水调沙期间下泄的水流到达利津断面需要 88～248h，这里取平均时间 7d，分析调水调沙期间有无小浪底水利枢纽对黄河三角洲湿地生态补水的影响。将 2002—2016 年实测径流资料作为有小浪底水利枢纽调水调沙时向黄河三角洲湿地补水的条件；维持三门峡断面入流条件和小浪底水利枢纽以下引黄需水过程不变，将三门峡断面实测径流过程作为没有小浪底水利枢纽时下游入流过程，分析调水调沙时段内向黄河三角洲湿地补水的条件。结果如图 8.2-1 所示：2002—2015 年期间，有小浪底水利枢纽时年均调水调沙 20d，其中 13.43d 具备向黄河三角洲湿地补水的条件；如果没有小浪底水利枢纽调蓄，这段时间内平均每年只有 7.00d 具备补水条件，减少 48%，且每年具有补水条件的天数均低于有小浪底水利枢纽调蓄的情况。

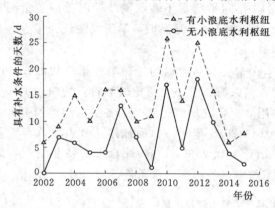

图 8.2-1　调水调沙期间黄河三角洲湿地达到补水条件的天数

综上所述，河口三角洲生态补水指标 $E_{FLO,D}$ 现状指标值为 13.43d，对照指标值为 7.00d，如果没有小浪底水利枢纽，调水调沙期间三角洲具备生态补水条件的天数将会减少近一半。

8.2.3　对三角洲湿地的影响

1. 评估指标与数据来源

借助遥感数据可以对现状和历史三角洲湿地面积进行定量评估。通过河口三角洲生物数量评估指标 $E_{BIOD,N}$ 评估小浪底水利枢纽对黄河三角洲湿地面积的影响，$E_{BIOD,N}$ 计算公式采用式（4.3-12），令 $E_{BIOD,N}$ 等于芦苇沼泽面积。芦苇沼泽是黄河三角洲湿地的主要类型，能够较好地代表黄河三角洲天然湿地结构功能。遥感影像数据来源详见 7.1.1 节。现状指标值采用 2018 年遥感影像数据进行量化；采用历史回溯法，对照指标值采用小浪底水利枢纽河口生态补水初期的 2008 年遥感影像数据进行量化。

2. 河口三角洲生物数量指标量化

芦苇草甸和芦苇沼泽是黄河三角洲湿地的主要类型，具有一定的代表性。因此，可以通过分析芦苇草甸和芦苇沼泽的面积变化规律，可以归纳分析黄河三角洲天然湿地结构功能的变化特点。

芦苇沼泽与芦苇草甸的区别在于水量的多少，水草共存则为沼泽，因干旱水分流失则形成草甸。1986 年以来河口芦苇草甸和芦苇沼泽面积变化如图 8.2－2 所示。可以看出：①芦苇草甸面积减少趋势明显。30 年间一直处于下降趋势，从 1986 年的 59479hm² 减少至 2015 年的 16139hm²，减少速率为 1494hm²/a；到 2017 年又减少为 15650hm²。②芦苇沼泽变化趋势总体呈先减少后增加的趋势。1986—1992 年由于黄河堤防作用，洪泛减少，黄河北岸大面积芦苇沼泽失去洪水补给，造成沼泽湿地面积下降，减少面积为 2300hm²；1992—1996 年随着河口延伸，形成新的沼泽湿地，面积迅速回升至 1747hm²；1996 年以后黄河口门的两次改道使得大汶流自然保护区沼泽湿地失去水沙供应，不断蚀退，同时，新的流路入海水沙不足，无法形成新的沼泽湿地，造成黄河三角洲沼泽湿地退化，至 2008 年沼泽面积达到最小值为 11475hm²；2008 年以来，随着湿地修复力度的加大，沼泽湿地面积迅速回升，2015 年面积为 14075hm²，接近 20 世纪 90 年代初水平；2018 年芦苇沼泽湿地面积已经恢复到 15194hm²。

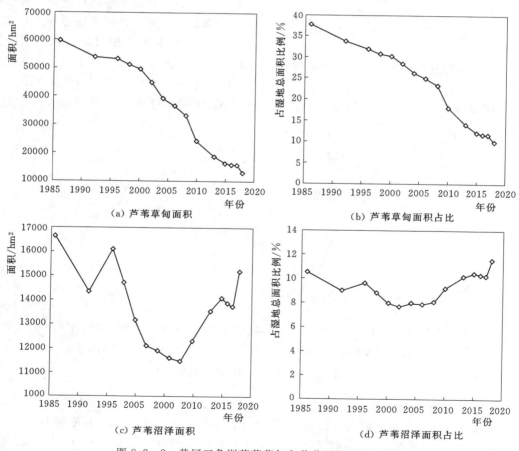

图 8.2－2　黄河三角洲芦苇草甸和芦苇沼泽面积变化

河口三角洲生物数量指标 $E_{\text{BIOD,N}}$ 现状指标值为 15190hm² （2018 年），对照指标值为 11475hm² （2008 年），小浪底水利枢纽的调度为黄河三角洲湿地塑造了良好的补水条件，是芦苇湿地面积增长的重要影响因素。

3. 湿地总面积变化

根据遥感解译结果，黄河三角洲湿地总面积变化趋势如图 8.2-3 所示。可以看出，三角洲湿地总面积呈现出先增加后减小最后保持相对稳定的状态。其中，1986—1996 年间缓慢增长，1998—2010 年迅速减少，2010 年以后变化幅度相对较小。1996 年黄河三角洲湿地总面积达到最大值。

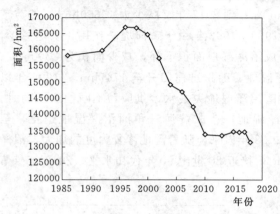

图 8.2-3　黄河三角洲湿地总面积变化

4. 天然湿地面积变化

天然湿地面积及其所占比例变化趋势如图 8.2-4 所示。可以看出，三角洲天然湿地面积变化总体与河口湿地总面积变化趋势保持一致，呈现先缓慢变化再迅速减少最后基本保持相对稳定的趋势。其中，1986—2000 年，由于人类活动影响较弱，天然湿地面积变化幅度较小，所占面积比例均在 90% 以上；2000—2010 年，天然湿地面积迅速减少，2010 年天然湿地面积仅占湿地总面积的 64.5%；2010 年以来，天然湿地面积减少趋势趋于平缓，其面积所占比例稳定在 55% 左右。

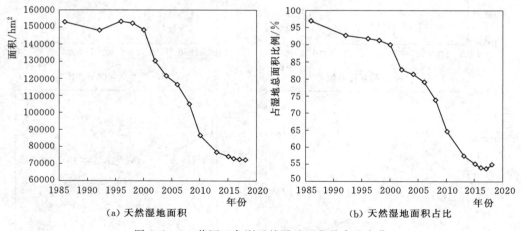

(a) 天然湿地面积　　　　　　　　　　(b) 天然湿地面积占比

图 8.2-4　黄河三角洲天然湿地面积及占比变化

5. 人工湿地面积变化

黄河三角洲人工湿地面积及其所占面积比例如图 8.2-5 所示。图上显示人工湿地面积始终处于增长状态，从 1986 年的 4946hm² 增长到 2015 年的 60461hm²，增速为 1866hm²/a，尤其是 2000—2013 年人工湿地面积增加迅速，但是近五年来人工湿地面积增加速度有所减缓。根据人工湿地转移矩阵分析结果，黄河三角洲人工湿地面积的增加主要由自然湿地转入，其次为海域的围填和耕地的开发占用；而人工湿地向其他用地的转出相对较少。

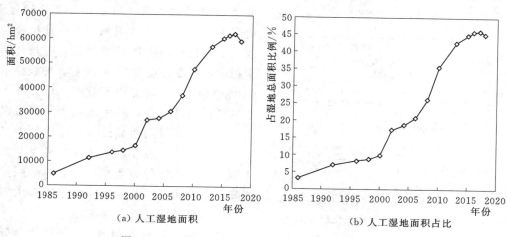

图 8.2-5　黄河三角洲人工湿地面积及其占比变化

综上所述，以小浪底水利枢纽工程为依托，2008 年以来实施的黄河三角洲自然保护区生态调水，以及 2010 年以来实施的刁口河故道过流试验暨生态调水试验，有力改善了三角洲湿地特别是自然保护区湿地的生态水文条件，有效遏制了三角洲湿地总面积及天然湿地面积迅速减小的趋势，芦苇沼泽的面积有了较为明显的增加，河口湿地得到了一定程度的修复和保护，促进了三角洲生态系统的良性发展及黄河健康生命的维持。

8.2.4　对三角洲陆生植被的影响

1. 评估指标与数据来源

令河口三角洲生物多样性评估指标 $E_{BIOD,D}$ 等于黄河三角洲补水核心恢复区调查样地植物种数，采用式（4.3-8）进行量化。数据来自 2010—2019 年实地调查资料，现状指标值采用 2019 年实地调查数据进行量化；采用历史回溯法，对照指标值采用小浪底水利枢纽河口生态补水初期的 2010 年实地调查数据进行量化。

2. 河口三角洲生物多样性评估指标量化

黄河三角洲植物群落大致可分为 5 种，分别为以盐地翅碱蓬占主导地位的翅碱蓬群落；柽柳为优势种的柽柳群落；以芦苇、獐茅占优势地位的草本种群；以刺槐人工林为优势种的乔木群落和农田群落。翅碱蓬群落主要分布在地势低洼、土壤盐分含量较高、靠近海岸线的地段，为现代黄河三角洲处在演替初级阶段的先锋种群，种群的盖度为 8%～100%。柽柳灌丛主要分布在地势相对较高，土壤盐分较高的地段，是盐地翅碱蓬土壤盐度降低后开始出现的群落，土壤的盐分含量比翅碱蓬阶段要低，物种的多样性程度要高，郁闭度范围为 60%～90%，平均高度为 1.5m 左右。草本群落主要由芦苇群落演替而来，土壤条件进一步改善，盐分含量进一步降低，最后形成獐茅为优势种芦苇伴生的群落。群落平均盖度为 90％以上。乔木林群落主要为 20 世纪五六十年代人工种植的刺槐林为主。黄河三角洲植被丰富度分布规律为距离黄河由近到远，植被丰富度呈递减趋势，距离海岸线由近及远，植被丰富度呈递增趋势。

图 8.2-6 为黄河三角洲补水核心恢复区调查样地植被群落丰富度年度变化趋势图。

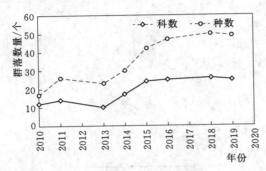

图 8.2-6　黄河三角洲补水核心恢复区调查样地植被群落丰富度年度变化趋势图

由图可知，自 2010 年开始调查样地植物丰富度呈上升趋势，从 2016 年开始，植被开始趋于稳定，科数稳定在 25 科左右，种数稳定在 63 种植物左右。这是由于黄河三角洲补水核心恢复区经过这几年的生态调水，其沿岸周边的生态环境得到明显改善，植物种类经过一定时间的增加逐步稳定下来。此外，2013 年调查样地植物种类数和科数有一个明显的下降，这是由于 2013 年调查时间为 12 月，多数植物已经枯萎凋落所致。

现行流路调查共得到 63 种植物，分属 29 科。其中，禾本科和菊科最多各有 12 种，藜科 5 种，豆科 6 种，蓼科 2 种，苋科 2 种，十字花科 2 种，木贼科、旋花科、茄科、桑科、车前科、伞形科、香蒲科、萝藦科、夹竹桃科、柽柳科、白花丹科、唇形花科、木犀科、杨柳科、茜草科、柳叶菜科、紫草科、堇菜科、蔷薇科、石竹科、莎草科各 1 种。刁口河流路植被调查共得到 44 种植物，分属 24 科。其中，禾本科最多有 10 种，菊科 7 种，藜科 5 种，豆科 2 种；蓼科、苋科、十字花科、木贼科、旋花科、茄科、桑科、车前科、伞形科、香蒲科、萝藦科、夹竹桃科、柽柳科、白花丹科、木犀科、茜草科、柳紫草科、堇菜科、莎草科各 1 种。

综上所述，河口三角洲生物多样性指标 $E_{BIOD,D}$ 现状指标值为 63 种（2019 年），对照指标值为 17 种（2010 年），小浪底水利枢纽河口生态补水调度抬升了河口地下水位、增加了进入黄河三角洲的水量，也有利于提升生物多样性。

3. 植物群落高度分析

植物群落高度能够反映群落中植被的生长状况以及生产力状况。有研究表明植物群落平均高度与群落地上现存量呈明显正相关关系。因此植被群落平均高度能够客观地反映核心恢复区植被的生产力状况。

2010 年以来黄河三角洲补水核心恢复区不同植被样地群落平均高度年际变化如图 8.2-7～图 8.2-9 所示。可以看出，黄河三角洲补水核心恢复区翅碱蓬群落和草本群落自 2010 年生态调水后群落平均高度持续增加，在 2016 年趋于稳定，而柽柳群落 2014—2015 年有略有下降，而 2016 年后又

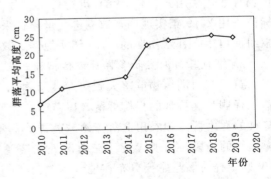

图 8.2-7　黄河三角洲补水核心恢复区调查样地翅碱蓬群落平均高度年度变化图

趋于稳定。这是由于核心补水区每年的淡水补充使得一年生的草本群落和翅碱蓬群落的生长环境持续改善，群落高度持续增加。而柽柳群落为多年生耐盐植物高度生长比较缓慢，因此群落高度变化没有一年生植物高度变化明显，而 2014—2015 年的小幅下降可能是由于 2015 年调查范围有所扩大翅碱蓬群落调查样地增加所致，而 2016 年以后的调查样地与 2015 年相同，且群落平均高度小幅上升并逐渐趋于稳定的趋势也说明淡水的补充对于柽柳植被群落平均高度有正面影响。

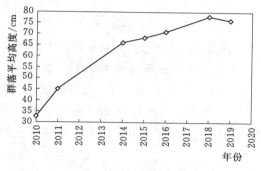

图 8.2 - 8　黄河三角洲补水核心恢复区
调查样地草本群落平均高度
年度变化图

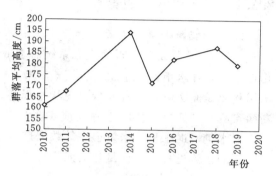

图 8.2 - 9　黄河三角洲补水核心恢复区
调查样地柽柳群落平均高度
年度变化图

综上所述，近年来的三角洲湿地恢复区植被调查结果分析表明，依托小浪底水利枢纽工程开展的黄河三角洲生态补水及生态调度，调查样地植物科数和种数，植物丰富度增加明显，翅碱蓬群落和草本群落自 2010 年来植被群落平均高度持续增加，生物量增加明显，有效促进了三角洲陆生生态系统的维持和改善，对于促进三角洲陆生生态系统的正向演替具有十分重要的意义。

8.3　小浪底水利枢纽对近海生态系统影响评估

8.3.1　影响机制

黄河河口及邻近海域地处渤海湾与莱州湾之间，是黄河与渤海海陆交互作用形成的复杂自然综合体，具有陆海物质交汇、咸淡水混合、水盐过程复杂和生态环境脆弱等显著特征。黄河河口近海水域由于特殊的地理位置和大量的黄河淡水输入，不仅拥有众多的珍稀物种和丰富的渔业资源，也是许多海洋生物的重要栖息地，是鱼、虾、蟹等主要海洋经济物种产卵、育幼和索饵场所，对于维护黄、渤海区渔业资源具有重要作用。

黄河河口及近海水域渔业资源群系的主要种类均具有低盐河口近岸产卵的特性。在黄河河口近海水域已观测有 39 种鱼类在该水域产卵，且大多数为洄游性鱼类，多数近海生物种类的主要产卵期集中在 4—6 月。生活史早期的鱼卵、仔稚鱼是生活史最脆弱的阶段，而盐度对于河口近海水域鱼类种群生存具有关键作用，是控制黄渤海区海洋资源生物分布和资源量的最重要调节因素。黄河入海水量，特别是关键期 4—6 月入海水量是影响近海盐度空间分布的重要因素，一定的入海水量不仅能维持近海区域水盐平衡，还能保持合适的营养盐入海通量，为近海浮游植物的生长提供丰富的营养物质，对河口及近海水域的生态环境具有十分有利的影响。此外，受黄河冲淡水影响的黄河河口近海水域，构成了黄渤海区渔业资源生物最重要的产卵场和育肥场。因此，入海水量及过程的变化直接影响着近海水生生物的生长、发育和繁殖，对于河口近海生态环境平衡的维持具有十分重要的作用。

8.3.2　对入海水量的影响

1. 评估指标与数据来源

每年 4—6 月是渤海近海生态系统需水敏感期，因此用年均 4—6 月利津断面水量来量化近海生态补水指标 $E_{FLO,O}$，采用式（4.3-30）进行计算，计算时段为 2010—2016 年。采用利津断面实测径流资料量化现状指标值；采用水文替代法，用 2010—2016 年三门峡断面实测日径流量替代小浪底断面实测日径流，然后根据分析时段内下游实测区间入流量、取水量、退水量、水量损失等数据进行水量平衡计算，得到没有小浪底水利枢纽时利津断面的径流过程，从而量化对照指标值。

2. 近海生态补水指标量化

利津断面 1950—2019 年长系列 4—6 月径流量及其占全年径流量的百分比如图 8.3-1 所示。关键期径流量总体呈现先减少后增加的趋势，其中，1956—1968 年 4—6 月多年平均径流量为 79.3 亿 m³，占全年径流量的 14.8%；刘家峡水利枢纽单独运行时期（1969—1986 年）多年平均径流量为 33.0 亿 m³，占全年径流量的 10.6%，敏感期径流量及其占比均有一定程度的下降；龙羊峡水利枢纽与刘家峡水利枢纽联合运用时期（1987—1999 年）多年平均径流量进一步降低到 15.8 亿 m³，占全年径流量的 13.2%，较刘家峡单独运行时期有一定程度的增加；小浪底水利枢纽建设运行后（2000—2019 年）多年平均径流量为 38.4 亿 m³，占全年径流量的 22.0%，敏感期径流量及其占比较小浪底水利枢纽运行前均有了较为明显的提升，并且敏感期径流所占百分比超过了天然时期 7.2 个百

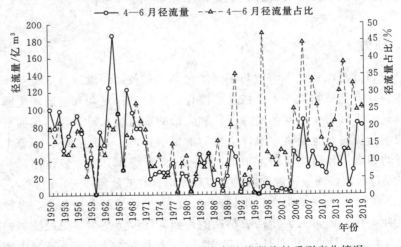

图 8.3-1　利津断面 1950—2019 年入海径流长系列变化情况

分点。进一步分析发现，小浪底水利枢纽运行前的 20 世纪 90 年代至 2003 年，4—6 月径流量及其占比均处于历史上的最低点；2004 年以后，随着小浪底水利枢纽调水调沙工程不断完美，两项指标均有了较为明显的提升，并且稳定在相对稳定的状态。

调算结果显示（见表 8.3-1），有小浪底水利枢纽的情况下，2010—2016 年 4—6 月入海水量多年平均 37.59 亿 m^3；如果没有小浪底水利枢纽的调节，2010—2016 年 4—6 月入海水量多年平均值将降至 13.14 亿 m^3。因此，近海生态补水指标 $E_{FLO,0}$ 现状指标值为 37.59 亿 m^3，对照指标值为 13.14 亿 m^3，小浪底水利枢纽的调节使 4—6 月入海水量增加 24.45 亿 m^3。

表 8.3-1   有无小浪底水利枢纽两种情景下 4—6 月入海水量变化   单位：亿 m^3

时段	有小浪底水利枢纽	无小浪底水利枢纽	时段	有小浪底水利枢纽	无小浪底水利枢纽
2000—2016 年均值	33.83	12.49	2010—2016 年均值	37.59	13.14
2000—2009 年均值	31.20	12.04			

3. 入海流量过程变化

以利津断面 1950—2019 年实测日均流量为基础，分析不同时期入海流量过程变化（见图 8.3-2）。与天然时期相比，刘家峡水利枢纽运行后（1969—1986 年）1000 m^3/s 以下流量天数均有不同程度的增加，1000 m^3/s 以上的流量天数出现不同程度的减少；龙羊峡水利枢纽运行后（1987—1999 年）100 m^3/s 以下的流量天数进一步增加，500 m^3/s 以上的流量天数进一步减少；小浪底水利枢纽运行后（2000—2019 年）100 m^3/s 以下的小流量过程由建库前的 135d 减少到了 57d，100～500 m^3/s 区间的流量天数由 108d 增加到 197d，2000～3000 m^3/s 的流量天数由 11d 增加到了 15d，3000～4000 m^3/s 的流量天数由 1d 增加到了 6d，500～1000 m^3/s 的流量天数则由 68d 下降到 60d，1000～2000 m^3/s 的流量天数由 45d 下降到 30d，4000 m^3/s 以上的流量天数由 1d 下降到 0d。

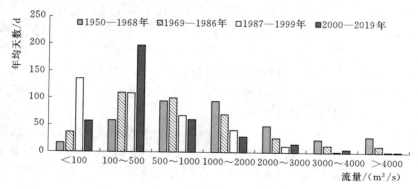

图 8.3-2   不同流量级入海流量天数变化

调算结果显示（见表 8.3-2），有小浪底水利枢纽的情况下，2010—2016 年 4—6 月利津断面小于 100 m^3/s 的年均天数为 11.14d；如果没有小浪底水利枢纽的调节，2010—2016 年 4—6 月利津断面小于 100 m^3/s 的年均天数将增加到 54.86d。

表 8.3-2　　**有无小浪底水利枢纽两种情景 4—6 月利津断面小于 100m³/s 的年均天数**　单位：d

时段	有小浪底水利枢纽	无小浪底水利枢纽	时段	有小浪底水利枢纽	无小浪底水利枢纽
2000—2016 年	25.35	59.53	2010—2016 年	11.14	54.86
2000—2009 年	35.30	62.20			

综上所述，小浪底水利枢纽建设运行后，黄河河口及近海关键期（4—6 月）径流量有了较大程度的提升，同时，降低了 100m³/s 以下小流量出现的天数，增加了中常洪水的频率和天数，对于恢复黄河河口失衡的水文径流过程、维持河口及近海生态系统的良性循环具有显著的积极意义。

8.3.3　对近海水体理化性质的影响

1. 评估指标与数据来源

由于 4—6 月近海生态系统需水敏感期入海水量增加，冲入的淡水会改变近海海域盐度。通过盐度指标 $E_{PCH,s}$ 评估近海海域盐度，根据式（4.3-33）进行量化。数据来源于 2015—2019 年实测数据。采用 2019 年表层海水盐度量化现状指标值；采用历史回溯法，对照指标值采用 2015 年表层海水盐度量化。

小浪底水利枢纽的调度改变了入海水量过程，对近海营养盐分布也会产生影响。由于人类活动输入（农业活动和工业污水排放等）对渤海近海营养盐浓度影响较大[139]，本研究不对小浪底水利枢纽对近海营养盐浓度变化的贡献进行定量评估，但会定量分析不同年份近海营养盐浓度的变化过程。

2. 盐度指标量化

由于冲入淡水的作用，黄河河口附近海水盐度最低，一般为 24‰（Practical salinity units，实用盐标），汛期下降至 15‰以下。春季低盐中心盐度值为 22‰以下，位于黄河河口外，低盐水舌沿莱州湾西部近岸向南扩展，等盐度线的走向大体与岸线相平行。高盐区盐度在 31‰以上，位于莱州湾湾沟外近海水域，其等盐度与岸边相交。在高低盐之间的近海区等盐度线分布稀疏，显示出由低盐区向高盐区扩展的趋势。秋季盐度为 17.0‰～32.4‰；低盐中心位于黄河口南，神仙沟外海区增高为 32.4‰，由此向西，盐度值又稍减低。黄河口外低温、低盐水舌扩展到总趋势仍是向东和东南，在黄河口低温水舌南北两侧，远岸高盐水逼向近岸。黄河口附近盐度跃层较强。表层的盐度变化范围为 17.3‰～32.6‰，底层盐度变化范围为 27.5‰～31.9‰。

调查结果显示，2015 年 5 月航次调查期间只施测了表层盐度，表层的盐度变化范围在 26.81‰～32.41‰之间，平均为 30.12‰，只能展现黄河入海淡水表层异轻羽状流向外扩散形态。监测时段利津流量为 150m³/s 左右，黄河入海径流在低流量期间对研究区影响较小。

2019 年 5 月，表层海水盐度范围为 21.34‰～28.44‰，平均值为 26.86‰，最低值出现在 51 站位，最高值出现在 14 站位；底层海水盐度范围为 26.25‰～28.64‰，平均值为 27.56‰，最低值出现在 27 站位，最高值出现在 56 站位。底层海水的盐度均值略高于表层海水盐度。表层海水温度范围为 16.5～21.9℃，平均值为 19.29℃，最低值出现在

55 站位，最高值出现在 10 站位；底层海水温度范围为 14.7～21.1℃，平均值为 18.25℃，最低值出现在 52 站位，最高值出现在 18 站位。底层海水的温度低于表层海水温度。

根据监测数据分析结果，近海盐度指标 $E_{PCH,S}$ 现状指标值为 26.86‰，对照指标值为 30.12‰，小浪底水利枢纽的调度大幅增加了 4—6 月入海淡水量，是近海盐度降低的最主要原因。

3. 营养盐浓度变化

黄河河口海域海水表层的硅酸盐含量在 0.2592～87.4390μmol/L 之间，底层硅酸盐含量在 0.373～1.820μmol/L 之间；表层磷酸盐含量在 0.0072～34.9865μmol/L 之间，底层磷酸盐含量在 11.6～36.2μmol/L 之间；表层的无机氮含量在 79.87～1451.10μmol/L 之间，底层无机氮含量在 130.6～768.3μmol/L 之间。

2015 年 5 月航次硅酸盐含量范围为 1.6723～49.4036μmol/L，平均值为 15.6745μmol/L；磷酸盐含量范围为 0.0072～34.9865μmol/L，平均值为 1.2974μmol/L；无机氮含量范围在 1.68～107.88μmol/L，平均值为 30.677μmol/L。

2019 年，黄河近海表层海水磷酸盐范围为 0.04～0.364μmol/L，平均值为 0.135μmol/L；底层海水中磷酸盐范围为 0.034～0.345μmol/L，平均值为 0.119μmol/L，底层海水的磷酸盐浓度略低于表层海水磷酸盐浓度。表层海水硅酸盐范围为 1.526～24.032μmol/L，平均值为 7.29μmol/L；底层海水中硅酸盐范围为 1.656～14.158μmol/L，平均值为 5.708μmol/L，底层海水的硅酸盐浓度略低于表层海水硅酸盐浓度。表层海水无机氮范围为 8.395～59.468μmol/L，平均值为 20.927μmol/L；底层海水中无机氮范围为 8.899～31.5μmol/L，平均值为 16.956μmol/L，底层海水的无机氮浓度略低于表层海水无机氮浓度。

无机氮中，表层海水铵盐范围为 0.054～5.21μmol/L，平均值为 1.32μmol/L；底层海水中铵盐范围为 0.055～4.26μmol/L，平均值为 1.44μmol/L。底层海水的铵盐均值略高于表层海水铵盐含量。表层海水亚硝酸盐范围为 0.362～3.381μmol/L，平均值为 0.928μmol/L；底层海水中亚硝酸盐范围为 0.42～1.368μmol/L，平均值为 0.726μmol/L，底层海水的亚硝酸盐均值略低于表层海水亚硝酸盐均值。表层海水硝酸盐范围为 6.883～57.104μmol/L，平均值为 18.681μmol/L；底层海水中硝酸盐范围为 7.25～29.272μmol/L，平均值为 14.787μmol/L，底层海水的硝酸盐浓度略低于表层海水硝酸盐浓度。

8.3.4　对近海生物多样性的影响

1. 评估指标和数据来源

通过调查海域游泳动物平均种类数来量化近海生物多样性指标 $E_{BIOO,D}$，数据来源于 2015—2019 年实测生物资料，站位分布与采样过程见 8.1.3 节。采用 2019 年实测资料量化现状指标值；采用历史回溯法，对照指标值采用 2015 年实测资料进行量化。

2. 近海生物多样性指标量化

基于游泳动物数据计算黄河近海海域生物多样性指数，结果显示调查海域 2015 年平均种类数为 7.89，变化范围为 1.00～14.00；物种丰富度指数为 1.055，变化范围为

0.000～1.690；均匀度指数为 0.702，变化范围为 0.252～0.883；多样性指数为 1.917，变化范围为 0.000～2.835。2018 年平均种类数为 10.25，变化范围为 5.0～18.0；物种丰富度指数为 1.413，变化范围为 0.532～2.690；均匀度指数为 0.732，变化范围为 0.360～0.986；多样性指数为 2.144，变化范围为 1.281～2.899。2019 年平均种类数为 14.90，变化范围为 10.0～19.0；物种丰富度指数为 1.635，变化范围为 1.175～2.123；均匀度指数为 0.784，变化范围为 0.638～0.909；多样性指数为 3.042，变化范围为 2.434～3.625。黄河近海海域不同年份生物多样性指数变化如图 8.3-3 所示。

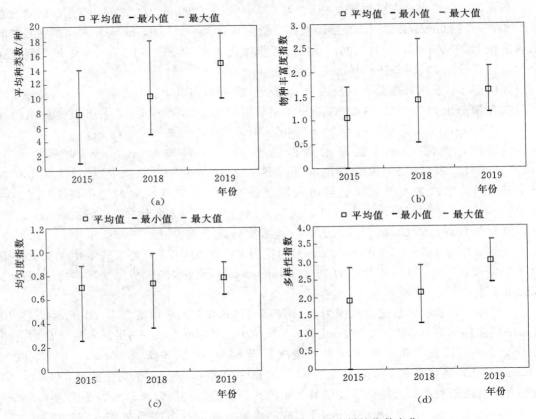

图 8.3-3　黄河近海海域不同年份生物多样性指数变化

根据生物调查结果，得到近海生物多样性指标 $E_{BIOO,D}$ 现状指标值为 14.90 种（2019年），对照指标值为 7.89 种（2015 年），小浪底水利枢纽的调度降低了近海盐度，为生物生存繁衍提供了有利条件。

3. 物种组成和优势种

2015 年 5 月调查的渔获量为 4030g，总尾数为 528 尾。经鉴定，渔获物种类共计 29种，其中以甲壳类的种类最多（11 种），占渔获种类的 38%；鱼类和贝类各 9 种，占渔获物种类的 31%。根据优势度计算结果，本次渔业资源调查优势种 3 种：短吻红舌鳎、扁玉螺和鹰爪虾。其中，短吻红舌鳎 52 尾，重量为 440.1g，出现频率为 41.7%；鹰爪虾203 尾，重量为 377.8g，出现频率为 50%；扁玉螺 57 尾，重量为 363.3g，出现频率为 25%。

2018 年调查的渔获量为 43174g，总尾数为 4548 尾。经鉴定，渔获物种类共计 35 种。其中，甲壳类的种类最多（13 种），占渔获物种类的 37.14%；其次为鱼类（11 种），再次为贝类（9 种），头足类最少（2 种）。根据优势度计算结果，本次渔业资源调查优势种 3 种：短吻红舌鳎、文蛤和日本关公蟹。其中，短吻红舌鳎 152 尾，重量为 890.23g，出现频率为 83.33%；文蛤 503 尾，重量为 337.8g，出现频率为 66.67%；日本关公蟹 357 尾，重量为 548.23g，出现频率为 41.67%。

2019 年调查的渔获量为 69887g，总尾数为 9545 尾。经鉴定，渔获物种类共计 46 种。其中，鱼类的种类最多（17 种），占渔获物种类的 36.96%；其次为甲壳类（15 种，占 32.61%），再次为贝类（10 种，占总种数的 21.74%），头足类最少（4 种，占总种数的 8.70%）。根据相对重要性指数 IRI，定义 IRI 大于 500 的为优势种；IRI 在 100～500 的为常见种；IRI 在 10～100 的为一般种；IRI 在 1～10 的为少见种；IRI 值小于 1 的鱼类为稀有种。本次调查优势种有 6 种，为口虾蛄、矛尾虾虎鱼、焦氏舌鳎、脊腹褐虾、日本鼓虾和扁玉螺；一般种有 11 种，依次为鲜明鼓虾、葛氏长臂虾、枪乌贼、日本蟳、方氏云鳚、短蛸、中华栉孔虾虎鱼、脉红螺、纵肋织纹螺、脊尾白虾。少见种和稀有种则分别有 22 种和 7 种。

8.3.5 对近海生物数量的影响评估

1. 评估指标和数据来源

通过调查海域渔获物平均重量密度来量化近海生物数量指标 $E_{BIOO,N}$，数据来源于 2015—2019 年实测生物资料。采用 2019 年实测资料量化现状指标值；采用历史回溯法，对照指标值采用 2015 年实测资料进行量化。

2. 近海生物数量指标量化

对调查结果进行统计分析，2015 年各监测站位渔获物的平均重量密度为 1102.8g/h、平均数量密度为 268.3ind./h。其中，鱼类的平均重量密度为 360.97g/h，甲壳类平均重量密度为 904.7g/h，数量密度为 578ind./h，贝类平均重量密度为 395.4g/h，数量密度为 116.3ind./h。

2018 年各监测站位渔获物的平均重量密度为 3278.76g/h、平均数量密度为 401.57ind./h。其中，鱼类的平均重量密度为 2645.94g/h，平均数量密度为 23.75ind/h；甲壳类平均重量密度为 208.11g/h，数量密度为 112.95ind./h；贝类平均重量密度为 427.66g/h，数量密度为 185.75ind./h。

2019 年各监测站位渔获物的平均重量密度为 3702.692g/h，最大值为 10036.182g/h，最小值为 1126.727g/h；各监测站位平均渔获尾数为 511.388ind./h，最大值为 2692.727ind./h，最小值为 125.455ind./h。

根据生物调查结果，得到近海生物数量指标 $E_{BIOO,N}$ 现状指标值为 3703g/h（2019 年），对照指标值为 1103g/h（2015 年）。

基于对近年来对近海水生生物同步监测成果的分析评估，发现小浪底水利枢纽生态调度后，近海水生生物物种组成、密度和生物量、生物多样性等指标均有不同程度的提升。

说明小浪底水利枢纽工程生态调度改善了河口近海水域浮游植物生长条件和鱼类的生存环境，对黄河河口的近海环境生态系统的修复起到了一定的积极作用，为近海渔业资源的改善和恢复提供了良好的生境条件，对于维持近海生态系统的健康具有重要作用。

8.4　河口生态补水产生的经济效益损失

小浪底水利枢纽自运用以来，直接承担着黄河下游流域内外的生态补水任务，尤其是对黄河三角洲地区的生态补水需要塑造出库大流量过程，超过了小浪底水轮发电机组的满发流量，造成了发电弃水，对小浪底水力发电造成了一定的不利影响。

以向黄河三角洲补水为代表，2010—2013 年间小浪底水利枢纽在调水调沙期平均每年向黄河三角洲补水 0.56 亿 m³，生态补水时段一般发生在 6 月下旬至 8 月上旬，同时需要塑造高流量条件以创造黄河三角洲具备生态补水的条件，对应利津断面流量需达到 2100m³/s 以上，小浪底水利枢纽出库流量达到 2500m³/s 以上。通过构建黄河下游小浪底发电模拟模型，分别计算 2010—2013 年间小浪底水利枢纽不进行黄河三角洲生态补水、6—9 月仅满足下游用水及利津断面流量需求情况下的发电量结果，黄河三角洲生态补水对发电的影响分析结果见表 8.4-1。

表 8.4-1　　　　　　　　　黄河三角洲生态补水对发电的影响分析

年份	月份	实际发电量 /(亿 kW·h)	无三角洲补水计算发电量 /(亿 kW·h)	增发电量 /(亿 kW·h)	电价 /[元/(kW·h)]	可增加年发电收入/万元
2010	6	7.16	7.39	0.23	0.3062	2511
	7	4.93	5.23	0.30		
	8	4.66	4.90	0.24		
	9	3.63	3.68	0.05		
	10	4.93	4.93	0.00		
2011	6	6.55	6.73	0.18	0.3062	2297
	7	3.73	4.05	0.32		
	8	2.48	2.69	0.21		
	9	4.16	4.20	0.04		
	10	8.19	8.19	0.00		
2013	6	10.30	10.39	0.09	0.3062	857
	7	6.71	6.88	0.17		
	8	6.90	6.92	0.02		
	9	3.96	3.96	0.00		
	10	6.50	6.50	0.00		

根据小浪底水利枢纽运用方式对电站发电的影响分析，对比不进行生态补水的常规调度，考虑黄河河口地区的生态调度后，2010 年、2011 年和 2013 年 6—9 月时段发电量累计减少 1.85 亿 kW·h，按最新上网电价为 0.3062 元/(kW·h)（参考价格为 2005 年 5

月起执行的《河南省发展和改革委员会关于实施煤电价格联动调整全省电价的通知》（豫发改价〔2005〕499号，后增值税率改后修订电价）计算，累计减少发电收入5665万元，均集中于6—8月的生态补水时段。

8.5　小结

本章评估了小浪底水利枢纽在河口及近海产生的生态效益。采用情景对比法进行评估，结果显示（见表8.5-1）：

（1）水文情势。小浪底水利枢纽通过调度改变了入海径流的时间分布，增加了河口及近海生物敏感期（4—6月）的入海水量。如果没有小浪底水利枢纽，2010—2016年间关键期入海水量的年均值将从37.59亿m³减少至13.14亿m³。此外，小浪底水利枢纽的调节还大幅减少了关键期入海小流量的持续时间。小浪底水利枢纽通过调水调沙为黄河三角洲湿地及近海海域塑造了生态补水条件，在2002—2015年调水调沙期间，每年有13.43d具备向黄河三角洲湿地补水的条件，而缺少小浪底水利枢纽调蓄时仅7.00d具备补水条件。

（2）理化性质。小浪底水利枢纽生态调度后，近海盐度均值由2015年的30.12‰减少到2019年的26.86‰，增大了近海生物生存繁衍所需的低盐区范围。

表8.5-1　　　　　小浪底水利枢纽在河口及近海的生态效益评估指标值

指标	指标内涵	指标值	
		现状指标值	对照指标值
近海生态补水指标 $E_{FLO,O}$	敏感期4—6月入海水量/亿m³	37.59	13.14
河口三角洲生态补水指标 $E_{FLO,D}$	调水调沙期间三角洲具备生态补水条件的天数/d	13.43	7.00
盐度指标 $E_{PCH,S}$	表层海水盐度/‰	26.86	30.12
河口三角洲生物多样性指标 $E_{BIOD,D}$	核心恢复区植物种数/种	63	17
河口三角洲生物数量指标 $E_{BIOD,N}$	芦苇沼泽面积/hm²	15194	11475
近海生物多样性指标 $E_{BIOO,D}$	游泳动物平均种类数/种	14.90	7.89
近海生物数量指标 $E_{BIOO,N}$	渔获物平均重量密度/(g/h)	3703	1103

（3）生物资源。依托小浪底水利枢纽工程开展的黄河三角洲自然保护区生态调水，有力改善了三角洲湿地特别是自然保护区湿地的生态水文条件，三角洲调查样地植物种数持续增加，从2010年的17种增加至2019年的63种，翅碱蓬群落和草本群落自2010年来植被群落平均高度持续增加，生物量增加明显，有效促进了三角洲陆生生态系统的维持和改善，对于促进三角洲陆生生态系统的正向演替具有十分重要的意义。有效遏制了三角洲湿地总面积及天然湿地面积迅速减小的趋势，芦苇沼泽的面积有了较为明显的增加，从2008年的11475hm²增加至2018年的15194hm²。小浪底水利枢纽生态调度后，近海水生生物物种组成、密度和生物量、生物多样性等指标均有不同程度的提升，调查海域游泳动

物平均种类数从 2015 年的 7.89 种增加至 2019 年的 14.90 种，渔获物平均重量密度从 2015 年的 1102.8g/h 增加至 2019 年的 3702.692g/h。说明小浪底水利枢纽工程生态调度改善了河口近海水域浮游植物生长条件和鱼类的生存环境，对黄河河口的近海环境生态系统的修复起到了一定的积极作用，为近海渔业资源的改善和恢复提供了良好的生境条件，对于维持近海生态系统的健康具有重要作用。

第9章

小浪底水利枢纽对下游引黄供水区的生态效益评估

小浪底水利枢纽一方面通过蓄水为周边引水塑造了良好的条件，另一方面通过工程调度为下游引黄供水区提供更好的引水条件。小浪底库区已建引水工程4项，年设计引水量7.37亿 m³，但目前库区引水仅用于农业灌溉、工业生产和城镇生活，没有直接用于河道外的生态环境。因此本章主要分析小浪底水利枢纽对下游引黄供水区的生态影响。下游引黄供水区包括两类：一类是位于黄河沿岸的河南、山东两省，直接从河道内取水；另一类是跨流域供水区，即供水区位于黄河流域外，需要通过跨流域调水工程从黄河引水，这里主要关注引黄济淀工程。

9.1 对河道外生态供水的影响评估

9.1.1 影响机制

水是生态之基，黄河下游沿岸引用黄河水不仅用于两岸社会经济发展，还支撑了两岸生态环境的改善。小浪底水利枢纽通过调蓄功能在汛期存蓄水资源，在枯水期增加下泄流量，为下游河道外塑造了引水条件。

首先，从黄河下游河道内引用的部分水资源直接被用作生态环境用水，用于河道外水景观塑造、园林绿化、河湖生态补水等。其次，在有条件引用黄河水前，部分供水区通过开采地下水满足本地生活和生产用水，造成地下水位下降、地面塌陷等生态问题；引用黄河水后，本地地下水开采量减少，从而遏制地下水位下降趋势、修复地下水漏斗，部分供水区地下水位有所回升。

9.1.2 评估指标与数据来源

本章评估区域主要包括下游沿黄供水区（即河南省和山东省引黄供水区）和白洋淀应急补水区。将两个供水区的生态供水指标分别记 A_{EWS1} 为和 A_{EWS2}。

下游沿黄供水区每年都引用黄河水作为河道外生态用水，将评估时段设置为2003—2017年。鉴于不同用途的生态环境用水量耗水系数不同，从河道中取水后退回河道的水量存在差异，这里用生态耗水量代替式（4.3-35）中的生态供水量。现状指标值根据实测数据量化；对照指标值采用水文替代法，用2003—2017年三门峡断面实测日径流量替代小浪底断面实测日径流，然后根据分析时段内下游实测区间入流量、取水量、退水量、水量损失等数据进行水量平衡计算，得到没有小浪底水利枢纽时下游沿黄供水区生态耗水量，从而量化对照指标值。

引黄济淀在白洋淀需要生态补水的年份实施跨流域补水，选择 2010—2011 年第四次引黄济淀作为典型年进行分析。将进入白洋淀的生态补水量作为式（4.3-35）中的生态供水量。现状指标值根据实测数据量化；对照指标值采用水文替代法，用 2010—2011 年第四次引黄济淀期间三门峡断面实测日径流量替代小浪底断面实测日径流，然后根据分析时段内下游实测区间入流量、取水量、退水量、水量损失等数据进行水量平衡计算，得到没有小浪底水利枢纽时引黄济淀补水入淀水量，从而量化对照指标值。

9.1.3　对下游沿黄供水区生态供水的影响

有小浪底水利枢纽时，2003—2016 年间水库下游沿黄供水区年生态耗水量为 1.22 亿~10.05 亿 m^3，平均耗水量为 6.41 亿 m^3（见图 9.1-1 和表 9.1-1）。如果没有小浪底水利枢纽，各年生态耗水量将减少 11.62%~36.34%，平均耗水量降至 5.01 亿 m^3，减少 22.46%。2010 年以来小浪底水利枢纽在河道外生态供水方面发挥的作用更加显著：2010—2016 年间，小浪底以下河道外生态耗水量为 7.27 亿 m^3；如果没有小浪底水利枢纽的调蓄作用，小浪底以下河道外生态耗水量将降至 5.55 亿 m^3，降幅为 23.25%。

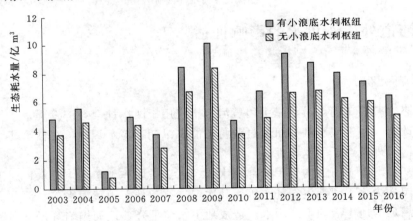

图 9.1-1　有无小浪底水利枢纽时下游引黄水生态耗水量变化

表 9.1-1　　　　　小浪底水利枢纽以下引黄水生态耗水量变化

年份	生态耗水量/亿 m^3		减少水量 /亿 m^3	减少比例 /%
	有小浪底水利枢纽	无小浪底水利枢纽		
2003	4.85	3.72	1.13	23.28
2004	5.58	4.62	0.96	17.23
2005	1.22	0.78	0.44	36.34
2006	4.98	4.40	0.58	11.62
2007	3.75	2.77	0.98	26.16

年份	生态耗水量/亿 m³		减少水量 /亿 m³	减少比例 /%
	有小浪底水利枢纽	无小浪底水利枢纽		
2008	8.41	6.69	1.72	20.44
2009	10.05	8.37	1.68	16.71
2010	4.70	3.76	0.94	20.01
2011	6.69	4.86	1.83	27.29
2012	9.28	6.55	2.73	29.43
2013	8.64	6.71	1.93	22.38
2014	7.95	6.12	1.83	23.03
2015	7.31	5.91	1.40	19.10
2016	6.30	4.95	1.35	21.48
均值	6.41	5.01	1.39	22.46
2010—2016 均值	7.27	5.55	1.72	23.25

综上所述，生态供水指标 A_{EWS1} 现状指标值为 7.27 亿 m³，对照指标值为 5.55 亿 m³。说明小浪底水利枢纽为下游河道外生态用水塑造了引水条件，增大了生态耗水量。

9.1.4　对应急补水区生态供水的影响

1. 白洋淀生态补水实施背景

白洋淀北距北京市 162km，东临天津市 155km，西离古城保定市 45km，西南至河北省省会石家庄市 189km[142]。白洋淀是华北平原最大、最典型的淡水浅湖型湿地，接纳海河流域大清河水系中的潴龙河、唐河、府河、漕河、瀑河、孝义河、拒马河等多条河流的来水。

白洋淀周边由千里堤、新安北堤、四门堤、淀南新堤等堤埝环护，当水位为 9.1m 时，淀区面积 366.4km²，其中安新县、容城县、雄县、高阳县和任丘市分别占淀区面积的 85.2%、1.3%、3.9%、0.1%、9.5%。淀内有纯水村庄 39 个，人口 10 万人，白洋淀周边经济区人口近 60 万人。淀区内沟壕纵横，由水乡村庄、园田、苇地将淀区分割为 143 个大小淀泊，其中万亩以上的大淀泊有本淀（白洋淀）、羊角淀、石塘淀、池鱼淀、马棚淀以及白沟引河下口的烧车淀等。

晚清至民国时期，白洋淀水面面积为 1000 多 km²，生态状况良好、水产资源丰富，淀边渔民多以捕鱼为生，曾流传"东湖（淀西人对白洋淀的俗称）鱼蟹不下船，保定鱼市不开张"和"西淀（指白洋淀）鲤鱼甲天下"的俗谚。

20 世纪 60 年代以前，白洋淀流域降水量丰沛，且上游河流无水库等拦蓄工程，汛期大量洪沥水下泄，使白洋淀年平均水位维持在 7.1~8.1m，水面面积多在 300km² 左右。白洋淀湿地物种资源丰富，构成了比较完整的水生生物资源体系。白洋淀在常年蓄水条件下，对调节局部气候、补充地下水，保持生物多样性和改善华北地区生态环境具有不可替代的作用。

20 世纪 60 年代以来白洋淀上游陆续修建 5 座大型水库和 1 座中型水库。其中潴龙河上游修建王快、横山岭 2 座大型水库，唐河上游修建了西大洋大型水库，漕河上游修建了龙门大型水库，瀑河上游修建了瀑河中型水库，拒马河上游修建了安各庄大型水库。随着上游水库的修建和白洋淀本流域水资源开发利用程度的提高，入淀水量逐渐减少。

白洋淀上游各大中型水库至白洋淀段的河道内均为 V 类或劣 V 类水体。白洋淀上游点、面污染源污水排放会把沿途污水和原淤积在河道内的各种污染物带入淀区恶化淀内水质，2006 年白洋淀发生"死鱼事件"后，牺牲农业灌溉用水从安各庄水库和王快水库向白洋淀补水 5672 万 m³，由于水库向白洋淀补水过程中途经孝义河，将高阳、蠡县等地原淤积在河道内的各种污水带入白洋淀，淀内水质并未因上游补水而改善。根据《河北省水资源公报》，白洋淀 2001—2003 年为干淀，2004—2008 年淀内水质为劣 V 类水体，2009 年淀内为 V 类水体。

如表 9.1-2 所示，白洋淀以上流域近 10 年平均水资源总量 23.16 亿 m³，地表、地下实际平均供水量为 38.43 亿 m³，远远大于水资源总量，水资源开发率达到 177%，开发利用程度十分惊人，白洋淀流域入淀水量已近枯竭。

表 9.1-2　　　　　　　　　白洋淀流域水资源开发利用统计表

年份	水资源总量 /亿 m³	供水量（地表水、地下水）/亿 m³	开发利用率 /%	年份	水资源总量 /亿 m³	供水量（地表水、地下水）/亿 m³	开发利用率 /%
2001	17.72	44.22	250	2007	23.67	35.81	151
2002	20.47	43.03	210	2008	36.50	36.79	101
2003	19.32	42.74	221	2009	23.47	34.65	148
2004	31.01	37.88	122	2010	22.94	34.92	152
2005	20.96	37.83	180	平均	23.16	38.43	177
2006	15.56	36.44	234				

自 20 世纪 80 年代以来，白洋淀发生多次干淀，干淀发生的原因是多方面的，主要为流域水资源供需矛盾日益尖锐的结果，其中有自然因素和人为因素两方面。自然因素主要是流域内基本属于枯水期天然降水量少；人为因素主要是上游修建大量蓄、引、提水工程，使水资源进行了区域重新分配，减少了山区径流入淀水量；平原地下水的开采改变了产汇流条件，使平、枯水年平原沥涝水入淀量减少；流域内用水量的逐年增加，使得入淀水量减少。

白洋淀湿地资源性缺水、水质性缺水和生态系统失衡的严重局面已引起国务院、水利部、海河水利委员会以及河北省有关部门领导、专家的高度重视，也逐步认识到水量不足是制约白洋淀湿地生态环境良性循环的瓶颈，保证湿地生态系统必要的符合一定水质要求的水量是现阶段白洋淀亟待解决的问题。因此在各级水利部门的努力下，自 20 世纪 80 年代至 2006 年有 19 年共 22 次通过海河流域的王快水库、安各庄水库、西大洋水库和岳城水库向白洋淀临时进行生态补水 7.9 亿 m³。这些措施对维持白洋淀生态湿地功能起到了重要作用，但上述水库与白洋淀均属于海河流域，基本同丰同枯，缺乏可靠的水源保证，很难向白洋淀长期补水，且这些均属于被动应急，缺乏生态补水长效机制。而正在建设的南水北调中线工程以城市生活、工业供水为主，未给白洋淀分配生态水量。

为了保持白洋淀湿地生态系统良性循环，2006—2007 年、2007—2008 年、2009—2010 年、2010—2011 年和 2011—2012 年实施了 5 次应急引黄济淀，大大改善了白洋淀生态环境。2015 年 12 月，引黄入冀补淀工程河南段开工；2017 年 11 月引黄入冀补淀工程主体工程基本完工，同月开始试通水。由于引黄入冀补淀工程通水时间较短，实施效果相关资料较少，因此这里对 2006—2012 年的 5 次应急引黄济淀工程的生态影响进行分析。

2. 对入淀水量的影响评估

引黄济淀工程路线为：黄河水→位山闸→三干渠→刘口闸（冀鲁交界）→清凉江→江河干渠→滏东排河→北排河→紫塔干渠→陌南干渠→古洋河→韩村干渠→小白河东支→小白河→任文干渠→白洋淀。

2006—2007 年、2007—2008 年、2009—2010 年、2010—2011 年和 2011—2012 年 5 次应急引黄济淀统计见表 9.1 - 3。引黄济淀补水时间主要在白洋淀水位较低的冬季和初春，入淀水量达到 5.45 亿 m³。

表 9.1 - 3   历次引黄济淀成果表

序号	补 水 时 间	补水水源	引水总量/亿 m³	入淀水量/亿 m³
1	2006 年 11 月 24 日—2007 年 2 月 28 日	黄河（位山）	4.79	1.00
2	2008 年 1 月 25 日—2008 年 6 月 17 日	黄河（位山）	7.21	1.58
3	2009 年 10 月 1 日—2010 年 1 月 15 日	黄河（位山）	9.86	1.11
4	2010 年 12 月 13 日—2011 年 5 月 10 日	黄河（位山）	6.69	0.93
5	2011 年 11 月 15 日—2012 年 2 月 6 日	黄河（位山）	4.69	0.83
合 计			33.24	5.45

以 2010—2011 年第四次引黄济淀补水为例分析小浪底水利枢纽在白洋淀应急补水中发挥的生态作用。这次引黄入冀应急调水自 2010 年 12 月 13 日 8 时开始，历时 149d，黄河渠首位山闸累计放水 6.69 亿 m³，河北省累计收水 2.78 亿 m³，向白洋淀送水 0.93 亿 m³，抬升白洋淀水位至 7.47m，较应急调水前水位升高 0.87m³，白洋淀水域面积由补水前的 82km² 扩大到 134km²。在没有应急补水的情况下，白洋淀水量从 12 月至次年 5 月间不断减少，平均水位下降 0.465m。

将三门峡站实测径流过程作为没有小浪底水利枢纽时进入下游的径流过程，因此 2010 年 12 月 13 日至 2011 年 5 月 10 日期间，有小浪底水利枢纽时进入下游的水量为 83.2 亿 m³，没有小浪底水利枢纽时进入下游的水量为 70.1 亿 m³。假设所有用水部门同比例缺水，按照进入下游的水量降幅对入淀水量进行折减，并计算补水前后水位和水面面积变化。

如表 9.1 - 4 所示，如果没有小浪底水利枢纽在枯水期增加下泄流量，2010—2011 年第四次引黄济淀补水入淀水量将减少 0.15 亿 m³，补水后水位将比实测值降低 0.22m，水面面积将比实测值减少 13km²。

根据武汉大学遥感信息工程学院 2017 年发表的研究成果分析白洋淀生态补水前后水面面积变化（见图 9.1-2）[143]。采用分辨率为 30m 的美国 Landsat 系列卫星遥感数据，经过辐射定标、大气和正射校正、目标区裁剪等预处理流程后进行水体提取。白洋淀周围的景观类型可分为明水面、沼泽、农田、居民地，其中沼泽主要是芦苇沼泽。芦苇沼泽与农田的光谱类似，导致在遥感影像上难以对两者进行区分，因此只对淀泊的明水面面积进行统计计算。1996 年 2 月 7 日、2002 年 10 月 5 日和 2011 年 1 月 15 日白洋淀明水水面遥感影像数据如图 5.4-2 所示。1996 年 2 月 7 日白洋淀水量丰沛，形成广阔、连通的水面；2002 年 10 月 5 日白洋淀几乎干涸，且水面的破碎化程度高；2011 年 1 月 15 日"引黄济淀"补水期间，白洋淀明水水面面积大幅恢复，中部和东部形成面积较大的水面，但水面的破碎化程度仍然较高。

表 9.1-4　　有无小浪底水利枢纽时 2010—2011 年第四次引黄济淀补水结果变化

情　景	入淀水量 /亿 m³	水位/m		水面面积/km²	
		补水前	补水后	补水前	补水后
有小浪底水利枢纽	0.93	6.60	7.47	82	134
无小浪底水利枢纽	0.78	6.60	7.25	82	121

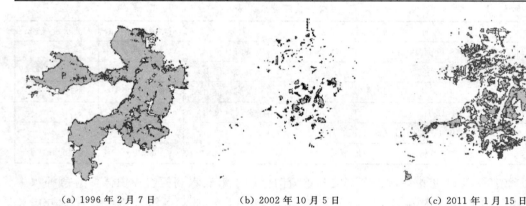

(a) 1996 年 2 月 7 日　　　　　(b) 2002 年 10 月 5 日　　　　　(c) 2011 年 1 月 15 日

图 9.1-2　　不同时期白洋淀水面面积变化[143]

综上所述，生态供水指标 A_{EWS2} 现状指标值为 0.93 亿 m³，对照指标值为 0.78 亿 m³。说明小浪底水利枢纽为引黄济淀塑造了良好的补水条件，增加了生态补水量。

9.2　对供水区地下水位的影响评估

9.2.1　影响机制

小浪底水利枢纽建设前，下游河道外供水得不到保障，地下水的持续大量开采，这一现象在引黄灌区尤为严重，造成引黄灌区部分地区地下水位持续下降，形成大范围地下水降落漏斗，产生一系列地质环境灾害。小浪底水利枢纽下游的河南省濮清南、温孟、商丘、许昌等 4 个沉陷漏斗区，面积已超过 1 万 km²，漏斗中心水位埋深超过 80m，地下水资源衰竭，地面沉降、泉水断流、湿地萎缩、土地沙化、地下水源贯通污染。小浪底水利枢纽修建后，为下游沿黄供水区提供了更好的引水条件，保障了水资源供给，置换了地下水。例如目前下游引黄补源灌区主要依靠引黄河水进行灌溉，既能减少地下水开采，灌溉用水下渗后又能补充地下水。

9.2.2　评估指标与数据来源

引黄济淀工程补充了输水线路沿线和白洋淀附近区域的地下水，但由于输水时间短、输水量相对较小，这里不分析引黄济淀工程对供水区地下水位的影响，主要分析黄河下游引黄补源灌区地下水位变化，将河南省商丘引黄补源区作为评估区域。

将地下水位的变化速率作为地下水位指标 A_{GWL}，计算公式见式（4.3 - 36）。选择研究区域内引黄补源灌区观测井数据量化现状指标值，采用临近区域非引黄补源灌区观测井数据量化对照指标值，观测井水位来自相关论文公开发表数据[144]。对照指标值的量化本质上采用了相关分析法，即假设如果没有引用黄河水进行灌溉，补源灌区和非补源灌区地下水位应维持一致的变化趋势。评价时段为 2006—2010 年。

9.2.3　对供水区地下水位的影响

河南省商丘引黄补源区位于河南省东部，地理坐标为东经 $114°49' \sim 116°39'$，北纬 $33°43' \sim 34°52'$ 之间，总面积为 1.07 万 km^2。人均水资源占有量 $280m^3$，是属于重度缺水地区。1997 年商丘市区规模迅速扩大，用水过快增长，超过了当地水资源的承载能力，造成地下水大量超采、水环境恶化等一系列生态环境问题，形成了以商丘市为中心的地下水超采区。

1958 年，经中央批准，河南、山东两省共同兴建三义寨引黄灌区。由于引黄灌溉控制工程不配套，有灌无排，地下水位升高，导致土壤大面积次生盐碱化，农业生产受到严重影响，1961 年 11 月第一次引黄蓄灌被迫停灌。1974 年商丘地区开始第二次引黄灌溉，但由于该工程存在引水困难，闸后无沉沙条件，总干渠淤积严重、开封和商丘两市地引水矛盾突出等问题，工程不能正常发挥效益，1985 年引黄被迫停止。为尽快解决商丘地区的水资源紧缺问题，河南省政府于 1992 年批准实施新三义寨引黄工程，引黄补源灌区规划面积 $196km^2$。

本次评估选择的引黄补源灌区观测井为梁园 1 号，非补源灌区观测井为睢阳 44 号。两个观测井近年来水位变化如图 9.2 - 1 所示。2006—2010 年间补源灌区梁园 1 号观测井地下水位以 2.32m/a 的速度快速上升，而非补源灌区睢阳 44 号观测井地下水位有微弱的下降趋势，下降速度为 $-0.06m/a$。

除商丘引黄补源区外，其他引黄补源区也观测到了类似的现象。例如，截至 2015 年年底，人民胜利渠共济卫及补源 113 亿 m^3。渠村、南小堤等灌区已向金堤以北补源区累计输水超过 40 亿 m^3，近十几年来年均补源水量超过 2 亿 m^3。据地下水位观测资料显示，补源区自 2000 年后地下水位开始止降回升，尤其清丰、南乐两县地下水回升较为明显，年回升达 0.15m 以上。

综上所述，地下水位指标 A_{GWL} 现状指标值为 2.32m/a，对照指标值为 $-0.06m/a$。说明小浪底水利枢纽为引黄济淀塑造了良好的补水条件，增加了生态补水量。

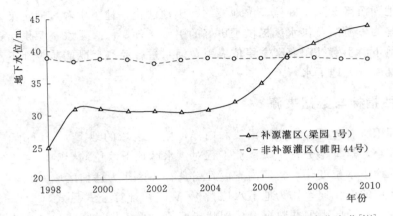

图 9.2-1　商丘引黄补源灌区和非补源灌区观测井地下水位变化[144]

9.3　对供水区生物资源的影响评估

9.3.1　影响机制

根据 9.1 节和 9.2 节内容可知，小浪底水利枢纽运行后，一方面通过塑造适宜的径流过程，增加了下游沿黄供水区和白洋淀应急补水区生态供水量，通过园林绿化、河湖水质净化、塑造水景观、湖泊湿地补水等形式提升供水区生物资源状况；另一方面，过置换水源和补给地下水修复了供水区地下水资源，改善了供水区植被生长条件。

9.3.2　评估指标与数据来源

供水区生物资源评估区域主要包括下游沿黄供水区和白洋淀应急补水区。由于下游沿黄供水区缺少系统的生物资源调查，本次评估通过遥感影像评估下游沿黄岸边带（河道岸边 5km）植被覆盖变化，用来反映岸边带植物数量的变化，总面积约 8000km^2。令供水区生物数量指标 $A_{BIO,N}$ 等于 NDVI，计算公式见式（4.3-11）。数据来自《黄河小浪底水利枢纽环境影响后评价报告》成果，采用 Landsat1-3MSS 和 Landsat4-5MSS 影像资料，现状指标值基于 2010 年 8 月影像资料量化；采用历史回溯法，基于 2000 年 8 月影像资料量化对照指标值。

白洋淀应急补水区有不同年份鸟类和鱼类种类调查资料，但缺少生物数量调查资料。将白洋淀淀内鱼类种类数和淀区鸟类种类数作为供水区生物多样性指标，分别记为 $A_{BIO,D1}$ 和 $A_{BIO,D2}$。白洋淀生物种类相关资料来自公开发表的论文[145]。基于 2008 年资料量化现状指标值；采用历史回溯法，基于引黄济淀工程运用前的 2004 年的资料量化对照指标值。

9.3.3　对下游沿黄供水区生物资源的影响

1. 岸边带植被覆盖变化评估

利用 2000 年和 2010 年 Landsat1-3MSS 和 Landsat4-5MSS 影像资料计算 NDVI。

NDVI 取值−1~1，负值表示地面覆盖为云、水、雪等，0 表示岩石或裸土等，正值表示有植被覆盖，且植被覆盖度越大 NDVI 值越大。如表 9.3−1 所示，与 2000 年相比，低植被覆盖度（NDVI≤0.1）面积减小 1061.63km²，NDVI 值在 0.2~0.3、0.3~0.4 及 0.5~0.6 区间内的土地面积有所增加，甚至出现了高植被覆盖度（NDVI>0.6）的土地。

表 9.3−1　　　　小浪底水利枢纽运行后下游岸边带 NDVI 值变化情况

NDVI	2000 年		2010 年	
	面积/km²	比例/%	面积/km²	比例/%
0~0.1	4030.33	50	2968.70	37
0.1~0.2	1047.88	13	1043.06	13
0.2~0.3	1047.88	13	1283.76	16
0.3~0.4	886.67	11	1364.00	17
0.4~0.5	725.46	9	722.12	9
0.5~0.6	322.43	4	561.65	7
0.6~0.7	0	0	80.24	1
NDVI 平均值	0.16		0.20	

综上所述，供水区生物数量指标 $A_{BIO,N}$ 现状指标值为 0.20，对照指标值为 0.16，反映了小浪底水利枢纽工程运行后岸边带植被覆盖度增加。

2. 河流沿岸景观格局变化

采用中国水利水电科学研究院的《黄河小浪底水利枢纽环境影响后评价报告》下游河流沿岸景观遥感解译结果，得到岸边带土地利用类型分布和面积（见表 9.3−2）。解译结果显示，2000—2010 年间，黄河下游沿岸耕地面积减少 2629.3km²，占比从 62.8% 降至 58.6%；而草地面积增加 1111.6km²，占比从 9.4% 增加至 11.2%，济南市附近河段草地面积增加极其显著；城市/工矿/居民用地面积增加 1478.1km²，占比从 12.2% 增加至 14.5%；此外林地面积略有减小，水域面积略有增加。

表 9.3−2　　　　小浪底水利枢纽运行后下游岸边带土地利用变化情况

分　　类		2000 年		2010 年	
一级类型	二级类型	面积/km²	比例/%	面积/km²	比例/%
耕地	水田	1755.1	2.8	2283.9	3.7
	旱地	37246.5	60.0	34088.4	54.9
	小计	39001.6	62.8	36372.3	58.6
林地	有林地	3684.3	5.9	3703.3	6.0
	灌木林地	1386.5	2.2	1198.0	1.9
	疏林地	601.9	1.0	605.3	1.0
	其他林地	254.7	0.4	290.0	0.5
	小计	5927.4	9.5	5796.6	9.3

续表

分　类		2000 年		2010 年	
草地	高覆盖度草地	3231.6	5.2	3654.5	5.9
	中覆盖度草地	1792.6	2.9	1687.7	2.7
	低覆盖度草地	829.0	1.3	1622.6	2.6
	小计	5853.2	9.4	6964.8	11.2
水域	河渠	873.2	1.4	1103.9	1.8
	湖泊	149.7	0.2	140.8	0.2
	水库坑塘	808.6	1.3	861.2	1.4
	滩涂	340.9	0.5	294.4	0.5
	滩地	529.3	0.9	476.4	0.8
	小计	2701.7	4.4	2876.7	4.6
城市/工矿/居民用地	城镇用地	1249.8	2.0	2144.5	3.5
	农村居民点用地	5622.2	9.1	6026.0	9.7
	工交建设用地	684.4	1.1	864.0	1.4
	小计	7556.4	12.2	9034.5	14.5
未利用土地	沙地	41.2	0.1	24.7	0.0
	盐碱地	789.6	1.3	778.7	1.3
	沼泽地	77.2	0.1	90.2	0.1
	裸土地	2.6	0.0	10.1	0.0
	裸岩石砾地	10.7	0.0	11.0	0.0
	其他	141.8	0.2	141.8	0.2
	小计	1063.1	1.7	1056.5	1.7
合　计		62103.4	100.0	62101.4	100.0

3. 下游沿黄供水区水景观及生物资源变化

通过下游沿黄供水区典型水景观定性分析生态供水对生物资源的提升效果。

（1）郑州北龙湖湿地公园。郑州引黄河水打造了总面积 16.4 万 m^2 的北龙湖湿地公园，其中水面面积 3.88 万 m^2、绿化面积 8.65 万 m^2，是目前郑州市区最大、具有自然水生态系统保护和修复功能的人工湿地，不断满足人民日益增长的优美生态环境需要。

（2）郑州黄河风景区。通过引黄灌溉，郑州黄河风景区目前林木总量达百万余棵，核心区域拥有林地 380 多万 m^2、草坪 6 万余 m^2，绿化率达 90% 左右，为生态郑州支撑起坚实的绿色屏障。

（3）黄河生态林。黄河下游沿岸引黄河水种植生态林，建设黄河下游生态长廊，发挥稳固堤防、防风固沙、改善沿黄生态人居环境等作用，在山东省济南段，黄河生态林从临河到背河依次种植了临河防浪林、堤顶行道林、淤背区适生林、背河护堤林，生态林带宽度为 200~220m，黄河堤防宜植树面积 3.24 万亩，树种主要以柳树、杨树等乔木为主，还有银杏、杜仲、黑松、雪松、法桐、红叶李、白蜡等美化树株，特别是 2000 亩银杏林，造氧量是普通树种的 3 倍以上，还非常具有观赏性，也是黄河下游最大的银杏林，截至 2014 年年底，济南市黄河堤防生态防护林全部树株保有量为 404.91 万株，形成了独具特色的生态景观，黄河生态景观线已初步建成，形成了济南市北部独特的绿色长廊。

（4）济南趵突泉。受城市人口激增、经济发展、持续干旱等影响，自 20 世纪 70 年代后，济南市泉水相继停喷。"引黄保泉"工程通过引黄河水补给地下水，同时用地表水置换地下水开发利用，缓解了济南市常年过度开发地下水的情况，使地下水位得以提升，以趵突泉为例，2003 年至今趵突泉始终保持喷涌，这很大程度上得益于黄河水。

（5）济南湿地公园。济西湿地公园、玫瑰湖湿地公园和白云湖湿地公园分别位于济南市长清区、平阴县和章丘区，这是济南市全部三处国家级湿地公园，均受益于黄河水的补给，其中济西湿地离市中心只有二十几千米，有助于调节和改善济南市的生态环境和区域气候，也给市民提供了一个休闲放松的好地方，园内植物种类高达 860 多种，动物 200 多种，其中鸟类 140 余种，包括天鹅、斑头雁、东方白鹤等稀有鸟类，鱼类 20 多种，均为野生繁殖生长，力争保持湿地最原始的状态。

9.3.4　对应急补水区生物资源的影响

白洋淀是华北平原上最大的淡水湿地，生物资源丰富，先后建立了白洋淀湿地省级自然保护区和白洋淀国家级水产种质资源保护区。

白洋淀省级湿地自然保护区建立于 2002 年，地理坐标为 $115°38'E\sim116°07'E$，$38°43'N\sim39°02'N$，总面积 36600hm²，核心区总面积 9740hm²，包括 4 个核心区：烧车淀核心区、大麦淀核心区、藻乍淀核心区、小白洋淀核心区。白洋淀湿地保护区物种资源十分丰富，常见的浮游植物 406 种，浮游动物 26 种，大型水生植物 47 种。底栖动物 38 种，鱼类 54 种，哺乳动物 14 种，国家保护动物 5 种。鸟类资源 198 种，其中国家一级保护鸟类 4 种，国家二级重点保护鸟类 26 种。白洋淀湿地自然保护区主要保护对象是湿地生态系统及鸟类。由于所处地理位置独特，白洋淀在涵养水源、缓洪滞沥、调节区域间小气候、维护生物多样方面起着重要作用，被誉为"华北之肾"。

白洋淀国家级水产种质资源保护区总面积 8144hm²，其中核心区面积 1063hm²，实验区面积 7081hm²。特别保护期为 4 月 1 日至 10 月 31 日。保护区位于河北省安新县，范围在 $115°57'09''E\sim116°07'20''E$，$38°46'25''N\sim38°58'43''N$ 之间。核心区分为 2 个，第一核心区位于烧车淀水域，范围在 $115°57'47''E\sim116°04'56''E$，$38°58'02''N\sim38°58'43''N$ 之间，面积 600hm²，主要作为乌鳢、鳜鱼的天然繁殖孵化区和育肥区。第二核心区位于前塘、后塘、泛鱼淀水域，范围在 $115°57'09''E\sim116°01'16''E$，$38°48'03''N\sim38°46'25''N$ 之间，面积 463hm²，其中前塘、后塘主要作为日本沼虾、黄颡鱼的天然繁殖孵化区，泛鱼淀主要作为黄颡鱼的天然繁殖孵化区。保护区内除核心区外为实验区，主要保护对象是青虾、黄颡鱼、乌鳢、鳜鱼，其他保护物种包括鳖、团头鲂、田螺、中华绒螯蟹等。

随着干旱和污染的双重威胁，白洋淀逐步退化、萎缩，并数次出现干淀现象，生物资源遭到毁灭性破坏，珍贵生物种群几近绝迹，白洋淀已由畅流动态的开放环境向封闭或半封闭环境转化。白洋淀兴衰存废不仅直接影响到淀区人民的生产生活，而且影响到华北地区经济社会发展和生态环境的平衡。2006 年年底引黄济淀生态补水工程的实施给白洋淀带来新的生机。引黄济淀使白洋淀蓄水量增加，淀区水位提升到 6.5～7.5m，水面开阔，水质变好，白洋淀的生态环境得到了明显改善，再现了水清、鱼肥、鸟鸣、苇绿、荷香的生态美景，一些曾经消失的鱼种和珍贵的禽鸟也重新出现。引黄济淀不仅使白洋淀度过了濒临干淀的水荒危机，而且有效地拯救了白洋淀的湿地环境，产生了巨大的生态效益。同时，也为淀区 30 万群众生产生活提供了必要的物质条件。

（1）引黄济淀对鱼类的影响。白洋淀鱼类具有江河平原动物区系和海河流域鱼类的共同特点。白洋淀鱼类种类变化如图 9.3-1 所示。白洋淀鱼类种群的变化与入淀水量、淀中水质等密切相关。20 世纪 60 年代以前，水体自然流动，白洋淀鱼类资源丰富，优质鱼比重大，1958 年淀内有鱼类 54 种，隶属 11 目 17 科 50 属，主要以鲤鱼、黑鱼、黄颡鱼为主，尚有溯河性鱼类青鱼、鲂鱼等。20 世纪 60 年代气候干旱，天然来水量减少，上游许多大型水工建筑物的修建不仅拦蓄了部分入淀水量，也阻断了溯河洄游性鱼类的通道，加之干淀和

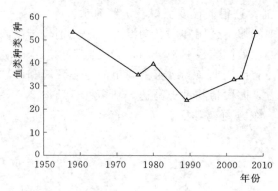

图 9.3-1　白洋淀鱼类种类变化

水质污染使鱼类品种急剧减少，优质鱼出现小型化、低龄化。1976 年调查发现鱼类 5 目 11 科 33 属 35 种，缺少鲻科、鳗鲡科等溯河性鱼类，种群组成仍以鲤科占优势，计 21 种，占总数的 60.0%。1980 年的调查结果为鱼类 40 种，隶属 8 目 14 科 37 属，鲤科计 25 种，占总数的 62.5%。1983—1987 年长期干淀，使淀中鱼类种群结构再次发生变化，1989 年调查共有鱼类 24 种，隶属 5 目 11 科 23 属，其中鲤科鱼类占总种数的 54.17%。2002 年调查鱼类共计 33 种，隶属 7 目 12 科 30 属，在自然组分中，鲤科种类占 51.15%。

2004 年实施了引岳济淀工程，淀内鱼类种群有所恢复，达到 17 科 34 种，其中一直绝迹的马口鱼、棒花鱼、鳜鱼等又重现白洋淀，一些濒临灭绝的水生植物也得到了恢复，如鸡头、菱角等又重现淀区。引黄济淀工程使得这一效果继续得以有效的保持，2008 年鱼类已增加到 54 种，以鲤鱼、黑鱼、黄颡鱼为主，数量和产量大的鱼种有鲤鱼、鲫鱼、黄鳝、鳊鱼等，其中以鲤科种类最多，共计 30 属 34 种，占白洋淀鱼类总种数的 62.96%。

（2）引黄济淀对水生植物的影响。白洋淀水生植物包括沉水植物、浮叶植物、漂浮植物和挺水植物等 4 类。不同时期的调查发现水生植物科、种有不稳定性变化。1958 年 15 科 30 种，1975 年 16 科 34 种，1982 年 15 科 32 种，1991 年 19 科 46 种，水生植物的优势种是芦苇。白洋淀水生植物具有较高经济价值的达 32 种，占总种数的 69.6%。芦苇是白洋淀的重要经济植物。20 世纪 60 年代，淀区种植了 5700～6300hm² 芦苇，年产芦苇约 2.5 万 t。自引黄济淀以来，种植面积为 5700～6500hm²，年产量 2.3 万～2.8 万 t。另外，水生植物可以吸收水体中过剩的营养盐，芦苇的适时收获对白洋淀污染控制有重要意义。

（3）引黄济淀对候鸟迁徙的影响。白洋淀是华北地区最大的淡水湖泊，是多种候鸟迁徙路线的交汇区，也是世界候鸟迁徙的重要中转站（西太平洋通道、东亚至澳大利亚通道

的必经之地），是众多珍稀鸟类在华北平原中部最理想的栖息地，在世界候鸟的迁徙中发挥着重要的湿地网络作用。淀内大量的水生生物为鸟类提供了丰富的食物，生长茂盛的芦苇和丛生的藕荷野蒿为鸟类提供了栖息和繁殖的自然环境。白洋淀鸟类种类变化如图 9.3-2 所示。

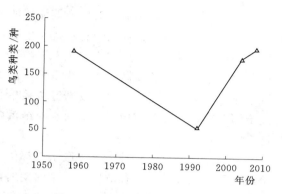

图 9.3-2　白洋淀鸟类种类变化

据有关资料记载，淀区原有鸟类 192 种。但是，白洋淀自 20 世纪 60 年代以来，屡遭缺水之苦，最长的一次是 1983—1988 年连续 5 年干淀，水生态环境遭到严重破坏，白洋淀独有的珍贵鱼种绝迹，大型猛禽金雕、赤狐等动物销声匿迹。有关部门的调查表明：1992 年鸟类仅剩 52 种。2004 年引岳济淀工程的实施，为水生动植物创造了良好的生存环境，动植物种群开始逐步恢复，白洋淀重获生机，淀区野生禽类已恢复到 180 多种，单个种群也在不断扩大，一些绝迹多年的水禽又回到芦苇丛中，灰鹤由 2003 年的 63 只增加到 2004 年的 216 只，豆雁由 105 只增加到 312 只。引黄济淀工程补水后，淀内水面开阔，水质好转，迁徙过路的鸟类大量增加，淀区生态环境和生物群落得到持续修复和改善，到 2008 年，随着罗纹鸭、针尾鸭等 6 种新鸟种被陆续发现，白洋淀野生鸟类资源已达 198 种。其中，夏候鸟 78 种，占白洋淀鸟类总种数的 40.6%；留鸟 19 种，占鸟类总数的 9.9%；旅鸟 88 种，占鸟类总种数的 45.83%；冬候鸟 7 种，占鸟类总种数的 3.65%。有国家一级重点保护鸟类 4 种，即丹顶鹤、白鹤、大鸨、东方白鹳；国家二级重点保护鸟类有白琵鹭、白额雁、蓑羽鹤、灰鹤、大天鹅、鹊鹞、长耳鸮等 26 种，有益的或有重要经济、科研价值的鸟类有 158 种。

随着 2017 年引黄入冀补淀工程开始通水，黄河对白洋淀的补水功能持续发挥，引黄入冀补淀工程 2018—2019 年年度调水工作向白洋淀提供生态补水约 8000 万 m³。黄河向白洋淀的补水工程使白洋淀生态环境明显改善，核心区绝迹多年的沉水植物和浮叶植物重现，一度大量死亡的野生鱼类也在快速恢复和繁殖，白洋淀重现美丽的风光。

（4）对雄安新区生态环境的影响。2017 年 4 月 1 日，中共中央国务院印发通知决定设立河北省雄安新区，这是继深圳经济特区和上海市浦东新区之后又一具有全国意义的新区，是千年大计、国家大事。雄安新区规划范围地处河北省腹地保定市，起步区面积约 100km²，中期发展区面积约 200km²，远期控制区面积约 2000km²，涵盖保定市的雄县、容城、安新 3 县及周边部分区域，占保定市域面积的 9.0%；而白洋淀位于雄安新区东部，是新区规划的核心区域，水域占雄县、容城和安兴 3 县总面积的 23.4%。随着雄安新区的设立，雄县、容城、安新 3 县及周边城市建设与经济发展将实现新的飞跃。中石油、大唐、神华等 80 余家央企和部分高校等已制定相应的发展策略和推进工作，预计近期将有 10 万余人陆续迁入，并在远期形成承载 200 万～250 万人口的 Ⅱ 型大城市。大量企业和人口的涌入将进一步增加流域生产生活取用水量。尽管南水北调工程在 2015 年后每年分配给保定市域 5.5 亿 m³ 的清洁水源，可缓解近期缺水压力，但预计远期水资源短缺形势仍不容乐观，人类活动对白洋淀流域的干预将更为凸显[146]。

雄安新区一大核心目标是"打造优美生态环境，构建水城共融的生态城市"，白洋淀作为雄安新区赖以持续发展的重要生态屏障，维系淀区稳定补水量、改善流域水环境状况及保证水生态系统健康发展显得尤为重要。但雄安新区位于我国严重缺水地区之一的海河流域华北平原保定地区。尽管雄安新区覆盖华北明珠——白洋淀地区，但是历史上白洋淀曾经干涸 5 次，目前跨流域引用黄河水对维系白洋淀湖泊的基本功能和改善雄安新区生态环境至关重要。

引黄济淀和引黄入冀补淀工程取水口都位于中原城市群。从大的空间尺度上来看，引黄济淀和引黄入冀补淀工程响应了国家的发展布局，实现了从中原城市群向雄安新区跨流域补水，为保障白洋淀水生态安全、打造优美生态环境的雄安新城提供了宝贵的水资源支撑。

综上所述，供水区生物多样性指标 $A_{BIO,D1}$（白洋淀内鱼类种类数）现状指标值为 54 种，对照指标值为 34 种；生物多样性评估指标 $A_{BIO,D2}$（白洋淀区鸟类种类数）现状指标值为 198 种，对照指标值为 180 种。现状指标值和对照指标值对比结果显示，引黄济淀工程修复了白洋淀生物资源，而 8.1 节评估结果显示小浪底水利枢纽的调度运行为引黄济淀工程引水塑造了较好的径流条件。

9.4　对供水区水资源节约集约利用的影响分析

小浪底水利枢纽建成后，通过蓄丰补枯调节，改善了下游引黄供水区的引水条件，为下游引黄供水区提供了优质水资源，提高了用水效率和用水效益，推进了下游水资源的节约集约利用，遏制了河口湿地和部分引黄灌区地下水位的下降趋势，保障了黄河下游的供水安全，为营造黄河成为造福人民的幸福河提供了优质的水质水量保障，打下了良好基础。

小浪底水利枢纽是黄河干流下游的骨干调蓄工程，利用兴利库容蓄丰补枯，实现了黄河下游一水多用，不仅承担着防洪、防凌、减淤、发电等开发任务，同时作为黄河下游河南省、山东省的主要供水调蓄工程。黄河水资源的节约集约利用主要是相对于以往的粗放用水而言，小浪底水利枢纽的建设运行对于推动黄河下游水资源节约集约利用主要体现在供水灌溉方面，可分别从节约用水、提高用水效率关系和集约用水、提高用水效益两个方面进行分析。

9.4.1　对水资源节约利用的影响

1. 通过小浪底水利枢纽径流调节，有利于精细化管理用水计划

（1）小浪底水利枢纽建设后稳定了下游供水。黄河小浪底水利枢纽至利津断面的下游河段共有引黄涵闸 90 多个，这些引水涵闸大部分属于河南、山东两省的引黄口门。根据水资源公报统计数据，统计 1989 年以来小浪底水利枢纽下游的取水过程，历年的地表水和地下水取水量情况如图 9.4-1 和图 9.4-2 所示。

1999 年前黄河尚未实施统一调度，部分年份下游取水量较大，如 1989 年；部分年份上中游过度用水，导致下游无水可用，如 1997 年。2000 年以前，小浪底水利枢纽以下年

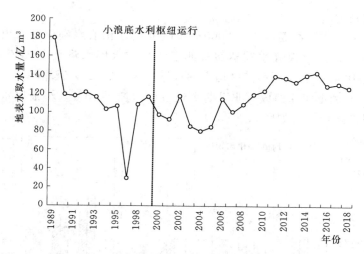

图 9.4-1　小浪底水利枢纽以下历年地表水取水量

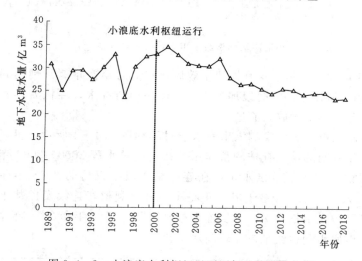

图 9.4-2　小浪底水利枢纽以下历年地下水取水量

均总取水量为 141 亿 m³，最大用水量 210 亿 m³。

2000 年小浪底水利枢纽投入运用以来，黄河下游地表水取水量整体呈现上升趋势，2011 年来逐渐趋于稳定，黄河下游用水得到保障。2000 年以来，小浪底水利枢纽以下年均用水量为 144 亿 m³，最大用水量 168 亿 m³。2011 年以来地表水年用水量稳定在约 135 亿 m³。与 1988—2000 年间地表用水量波动较大相比，小浪底水利枢纽建设后地表水取水的稳定性大大增强，这与小浪底水利枢纽径流调节的作用密不可分，小浪底水利枢纽在丰水年存蓄水量，在枯水年进行补水，从而避免干旱枯水年份发生严重缺水。

而从小浪底水利枢纽以下地下水取水量变化情况看出，随着地表水取水的稳定，地下水取水量呈较明显的下降趋势，2017 年地下水取水量比 2011 年减少 1 亿 m³。

（2）小浪底水利枢纽蓄丰补枯作用提高了供水保证率。三门峡断面位于小浪底水利枢纽上游，其流量可视为小浪底水利枢纽的入库流量。小浪底断面位于小浪底水利枢纽下游，其流量可被视为小浪底出库流量。

根据黄河水情网实测数据，统计 2000—2018 年的小浪底水利枢纽入出库水量及蓄水变化情况，2000 年以来小浪底水利枢纽实测多年平均入库水量 224.2 亿 m³，其中汛期 108.0 亿 m³，占比 48%。实测多年平均出库水量 238.3 亿 m³，其中汛期 82.5 亿 m³，占比 35%。小浪底水利枢纽库建成后非汛期水量占比增加了 13%。小浪底水利枢纽多年平均月入出库流量及水位过程如图 9.4-3 所示。

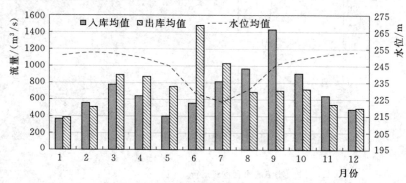

图 9.4-3　小浪底水利枢纽多年平均月入出库流量及水位过程

由图 9.4-3 可知，小浪底水利枢纽生效后，在 8 月至次年 2 月利用调蓄库容存蓄水量，在 3—5 月的下游用水高峰时段加大水库泄流向河道补水，并在 6 月底至 7 月初时段承担调水调沙任务，集中泄放大流量。

建立小浪底水利枢纽历年实测入出库水量过程如图 9.4-4 所示，可以看出，小浪底水利枢纽发挥了年际间的蓄丰补枯调蓄作用。在连续枯水段 2000—2002 年出库水量大于入库水量，提高枯水年的下游供水量，在连续枯水段结束后的 2003 年存蓄水量后，在 2004—2016 年间入出库水量交替上升，正是小浪底水利枢纽连续发挥蓄丰补枯调节作用的证明，对提高下游供水量及保证率发挥了重要作用。2017 年和 2018 年来水充沛，入出库蓄泄平衡，小浪底水利枢纽维持在较高水位。

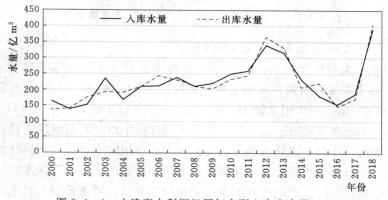

图 9.4-4　小浪底水利枢纽历年实测入出库水量过程

（3）小浪底水利枢纽出库匹配下游用水过程，减少弃水，提高了水资源利用率。由于 2011 年以来下游用水较稳定，统计 2011 年以来小浪底水利枢纽入库、出库过程与下游用水过程如图 9.4-5 和图 9.4-6 所示。未经过小浪底水利枢纽调节时（三门峡实测水量），下游来水过程与用水过程不匹配，7—10 月来水量较大，但在用水高峰期 3—6 月来水量较少，3 月来水量与下游用水量接近，4—6 月来水量已经低于下游用水量；经过小浪底水利枢纽调节后，出库水量与下游用水过程匹配，减小了汛期下泄流量，加大了用水高峰期下泄流量。

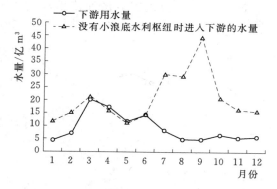

图 9.4-5　2011 年以来小浪底水利枢纽调节前水量过程与下游用水匹配关系

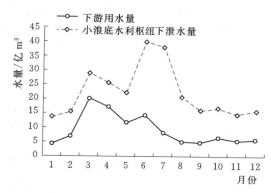

图 9.4-6　2011 年以来小浪底水利枢纽调节后水量过程与下游用水匹配关系

2. 小浪底水利枢纽清水下泄，有利于提高灌溉水利用系数

小浪底水利枢纽建设前，支流入黄含沙量大，对下游农田灌溉引水造成不利影响，1988—2018 年花园口断面实测历年含沙量变化如图 9.4-7 所示，2000 年以前汛期含沙量均值为 $50kg/m^3$，而 2000 年以后均值则迅速降低至约 $6kg/m^3$，含沙量区间仅为 $0.23\sim14.31kg/m^3$，说明小浪底水利枢纽建成后，拦沙减淤，实现了清水下泄、引水含沙量锐减，为黄河下游引黄灌区实施喷灌、滴灌等田间节水改造创造了条件。以黄河下游河南省人民胜利渠灌区和山东省位山灌区作为下游引黄灌区的典型灌区，其灌溉水利用系数由 2000 年的 0.4 左右，分别提高至 2016 年的 0.50 和 0.51。

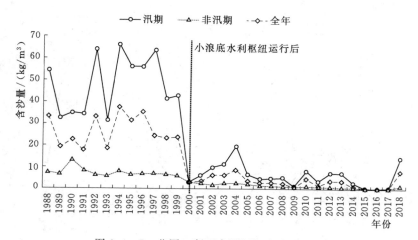

图 9.4-7　花园口断面实测历年含沙量变化

3. 工业供水得到较高保证率，促进工业节水措施和节水工艺改进，万元工业增加值稳步降低

通过小浪底水利枢纽的径流调节作用，下游用水保证率得到提高，促进了下游河南省与山东省的工业节水措施和节水工艺改进，结合用水定额管理后，取得了较好的工业节水效果，以历年万元工业增加值用水量为例，如图 9.4-8 所示，河南省万元工业增加值用水量从 2001 年的 189m³ 逐年降低至 2016 年的 31m³，山东省万元工业增加值用水量从 2001 年的 218m³ 逐年降低至 2016 年的 45m³。

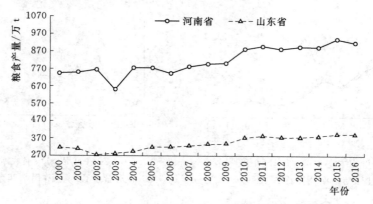

图 9.4-8　下游沿黄供水区历年万元工业增加值用水量

9.4.2　对水资源集约利用的影响

1. 小浪底水利枢纽对下游供水的量化影响

假定小浪底水利枢纽不进行下游来水（三门峡水量）的调蓄，以三门峡实测水量过程直接去匹配下游用水，所得到的供水缺口即视为小浪底水利枢纽在供水灌溉调度中发挥的成效。2000 年以来无小浪底水利枢纽调蓄的下游历年缺水量及年内缺水过程如图 9.4-9和图 9.4-10 所示。

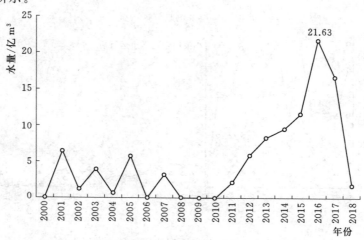

图 9.4-9　无小浪底水利枢纽调蓄的下游历年缺水量

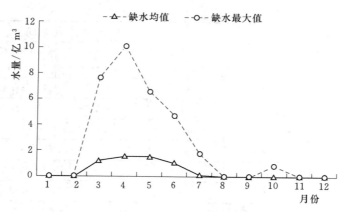

图 9.4-10　无小浪底水利枢纽调蓄的下游年内缺水过程

（1）无小浪底水利枢纽调蓄下，2000 年以来下游年均缺水量 5.5 亿 m³，累计缺水量 98.4 亿 m³，年最大缺水量 21.6 亿 m³，发生在 2016 年。由于 2011 以来用水幅度的增大，此时期年均缺水量为 9.7 亿 m³。

（2）从年内的缺水过程可以看出，主要缺水时段为下游用水高峰期 3—6 月，缺水量占全年的约 98%，此时期是小浪底水利枢纽充分发挥其调蓄库容、加大水库泄流向河道补水的时段，是小浪底水利枢纽充分发挥其水资源利用成效的关键期。

2. 粮食增产与灌溉效益

（1）粮食增产情况。黄河下游引黄灌区，是我国重要的农业生产基地，在我国国民经济发展中具有十分重要的战略地位。小浪底水利枢纽建成后，主要控制下游河南、山东两省的引黄灌区用水。对两省历年主要灌溉农作物种植面积和单位增产量进行统计，见表 9.4-1。粮食产量除 2002 年特枯年外，呈稳步上升趋势。河南、山东两省农作物单位产量自 2000 年以来不断提升，河南省 2016 年单位产量较 2000 年增幅达 17%，山东省 2016 年单位产量较 2000 年增幅达 43%，说明农业节水成效显著。

表 9.4-1　　　　　　　　河南山东两省粮食增产情况

年份	河南省			山东省		
	粮食作物面积/万亩	粮食产量/万 t	单位产量/(亩/kg)	粮食作物面积/万亩	粮食产量/万 t	单位产量/(亩/kg)
2000	2415	746	309	822	320	389
2001	2359	749	318	799	310	388
2002	2400	766	319	772	275	356
2003	2386	649	272	717	286	400
2004	2399	775	323	690	293	425
2005	2364	777	329	814	322	396
2006	2403	746	310	825	320	388
2007	2446	781	319	841	328	390

续表

年份	河南省			山东省		
	粮食作物面积/万亩	粮食产量/万 t	单位产量/(亩/kg)	粮食作物面积/万亩	粮食产量/万 t	单位产量/(亩/kg)
2008	2480	799	322	844	337	399
2009	2501	802	321	853	341	400
2010	2463	883	359	679	378	557
2011	2493	900	361	685	386	564
2012	2463	883	359	679	378	557
2013	2486	895	360	688	380	552
2014	2518	893	355	702	385	549
2015	2532	939	371	706	395	559
2016	2537	920	363	708	394	556

（2）灌溉效益计算。两省的灌溉效益采用适宜的计算方法进行逐年统计分析，灌溉效益采用水利分摊系数法计算。其中，产品价格根据《中国农产品价格调查年鉴》采用：小麦 2.5 元/kg、玉米 2.4 元/kg、其他粮食作物 3.7~5.2 元/kg；油料 5.3~13.2 元/kg、棉花 8.2 元/kg、其他经济作物 2.6~5.4 元/kg；果品 2.7 元/kg、牧草 0.4 元/kg。分类进行灌溉效益计算后，得到两省引黄灌区的 1999—2017 年农作物灌溉效益成果见表 9.4-2。各省区历年灌溉面积数据来源于《中国水利统计年鉴》。河南省、山东省引黄灌区代表性粮食作物历年种植面积及灌溉效益如图 9.4-11 所示。

表 9.4-2　　河南省、山东省引黄灌区 1996—2016 年农作物灌溉效益成果

年份	灌溉农作物种植面积/万亩						农作物增产量/亿 kg						增产效益/亿元	灌溉效益/亿元
	粮食作物			经济作物			粮食作物			经济作物				
	小麦	玉米	其他	棉花	油料	其他	小麦	玉米	其他	棉花	油料	其他		
1999	914.8	478.1	331.0	166.1	265.3	399.6	30.1	16.3	11.0	0.9	0.6	3.3	229.5	114.8
2000	913.2	477.2	330.4	165.8	264.9	398.8	30.0	16.3	11.0	0.9	0.6	3.3	229.1	114.6
2001	914.5	479.3	330.4	166.1	265.0	400.4	30.0	16.4	11.0	0.9	0.6	3.3	229.4	114.7
2002	903.8	468.4	328.5	163.7	262.8	392.0	29.8	15.9	11.0	0.9	0.6	3.2	226.9	113.5
2003	877.2	454.2	319.0	158.8	255.2	380.2	28.9	15.5	10.6	0.8	0.6	3.1	220.3	110.1
2004	883.4	465.5	318.2	160.7	255.6	388.4	29.0	15.9	10.6	0.8	0.6	3.2	221.5	110.8
2005	1034.9	579.0	360.1	191.8	293.5	478.3	33.2	20.1	11.7	1.0	0.7	3.9	258.4	129.2
2006	829.2	530.3	256.0	80.5	230.2	570.0	27.3	18.0	8.3	0.5	0.6	4.7	213.2	106.6
2007	854.9	546.0	263.7	82.6	237.5	588.1	28.2	18.5	8.6	0.5	0.6	4.8	219.7	109.8
2008	854.1	546.2	263.7	82.9	237.1	588.0	28.1	18.5	8.6	0.5	0.6	4.8	219.5	109.8
2009	861.7	553.6	266.9	85.1	238.4	594.9	28.3	18.8	8.7	0.5	0.6	4.9	221.8	110.9
2010	847.4	542.2	261.7	82.4	235.1	583.6	27.9	18.4	8.5	0.5	0.6	4.8	217.8	108.9
2011	850.1	543.5	262.5	82.7	235.9	585.4	28.0	18.5	8.5	0.5	0.6	4.8	218.5	109.3

续表

年份	灌溉农作物种植面积/万亩						农作物增产量/亿 kg						增产效益/亿元	灌溉效益/亿元
	粮食作物			经济作物			粮食作物			经济作物				
	小麦	玉米	其他	棉花	油料	其他	小麦	玉米	其他	棉花	油料	其他		
2012	757.1	483.7	233.5	73.2	210.3	520.9	25.0	16.4	7.6	0.4	0.5	4.3	194.6	97.3
2013	863.1	546.4	264.4	80.7	241.2	590.5	28.6	18.5	8.7	0.5	0.6	4.8	221.3	110.6
2014	882.3	558.9	270.5	82.7	246.4	603.9	29.2	18.9	8.9	0.5	0.6	5.0	226.2	113.1
2015	882.3	558.9	270.5	82.7	246.4	603.9	29.2	18.9	8.9	0.5	0.6	5.0	226.2	113.1
2016	891.2	564.5	273.2	83.5	248.9	610.0	29.2	19.1	8.9	0.5	0.6	5.0	228.5	114.3
2017	896.5	567.9	274.8	84.0	250.4	613.6	29.7	19.2	9.0	0.5	0.6	5.0	229.9	114.9

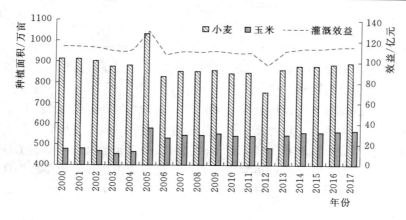

图 9.4 - 11　河南省、山东省引黄灌区代表性粮食作物历年种植面积及灌溉效益

3. 工业结构变化与工业供水效益

（1）产业结构调整，工业用水比例上升。2000 年以来下游沿黄供水区工农业用水比例见表 9.4 - 3，可以看出，两省农业用水比例呈下降趋势，工业用水比例呈上升趋势，说明产业结构对比 2000 年有较大变化，工业不断加大。

表 9.4 - 3　　　　　　　　　**下游沿黄供水区工农业用水比例**　　　　　　　　　　%

年份	河南省		山东省	
	农业用水比例	工业用水比例	农业用水比例	工业用水比例
2000	72	18	64	23
2001	73	17	53	30
2002	74	16	59	25
2003	70	18	50	31
2004	69	19	44	30
2005	67	20	55	25
2006	71	18	58	19

续表

年份	河南省		山东省	
	农业用水比例	工业用水比例	农业用水比例	工业用水比例
2007	65	23	56	21
2008	63	25	53	26
2009	63	25	53	22
2010	60	26	51	27
2011	62	24	50	25
2012	59	22	52	22
2013	59	22	47	25
2014	59	21	47	24
2015	60	21	49	24
2016	61	20	46	30

（2）工业综合供水效益计算。工业综合供水包括居民工业、日常生活用水、城镇公共及环境用水等非农业灌溉用水。

根据《水利建设项目经济评价规范》（SL 72—2013），工业供水经济效益采用分摊系数法计算，即按有、无供水工程对比，供水工程和工业技术措施等可获得的工业总增产值乘以供水效益分摊系数。参考相关成果，本次利用工业万元产值用水量和工业供水效益分摊系数推求工业供水单方水效益，再乘以工业供水量即为工业供水效益。综合生活供水经济效益按照工业供水效益计算方法计算。按照历年价格指数折算至 2016 年价格水平，计算成果见表 9.4-4。

表 9.4-4　　　　　　　　　　　下游引黄供水区及全河供水效益分析

年份	河南供水量/亿 m³	山东供水量/亿 m³	河北、天津供水量/亿 m³	合计供水量/亿 m³	下游引黄供水区供水效益/亿元	全河供水量/亿 m³	全河供水效益/亿元
1999	11.2	7.6		18.8	43.3	75.5	173.6
2000	13.2	8.8	6.3	28.3	71.4	86.1	217.0
2001	13.5	10.4	2.4	26.3	69.4	84.9	224.1
2002	14.1	10.1	3.5	27.7	85.0	88.9	272.9
2003	17.9	11.1	5.5	34.5	141.8	107.5	441.9
2004	17.7	12.9	3.8	34.4	170.3	105.9	524.4
2005	19.7	11.1	0.8	31.6	201.2	106.3	677.4
2006	20.6	13.9		34.5	251.9	115.7	845.8
2007	21.5	13.8		35.2	318.0	115.3	1041.2
2008	24.6	14.1	0.1	38.8	425.5	119.8	1314.9
2009	26.0	15.0	1.5	42.5	528.1	122.5	1521.7

年份	河南供水量/亿 m³	山东供水量/亿 m³	河北、天津供水量/亿 m³	合计供水量/亿 m³	下游引黄供水区供水效益/亿元	全河供水量/亿 m³	全河供水效益/亿元
2010	28.0	16.5	2.3	46.8	660.2	131.2	1849.8
2011	29.3	18.1	3.9	51.4	898.1	141.4	2470.8
2012	32.7	16.8	3.5	53.0	939.3	145.9	2587.3
2013	33.2	18.8	0.6	52.7	890.0	139.9	2365.0
2014	30.0	20.3	0.5	50.8	928.6	141.6	2590.1
2015	30.0	20.3	0.5	50.8	928.6	141.6	2590.1
2016	27.2	19.7	0.4	47.3	850.7	138.3	2490.0
2017	31.2	24.1	0.2	55.5	973.0	148.4	2600.0
合计	568.1	356.9	35.9	960.9	9735.2	2986.6	28115.4
2000年后均值	23.9	15.3	2.2	41.2	518.4	121.2	1479.1

注　数据来源《黄河水资源公报》。

由统计资料来看，1989—1999年间，黄河下游引黄供水区年工业综合供水量均值仅为20.0亿 m³；自2000年小浪底水利枢纽调度运行以来，年均向河南省工业综合供水23.9亿 m³，向山东省工业综合供水15.3亿 m³，向流域外河北省、天津市工业综合供水2.2亿 m³，合计年均供水量41.2亿 m³，较1989—1999年系列均值翻了一倍，年均供水效益可达518亿元，下游引黄供水区历年工业综合供水效益如图9.4-12所示。

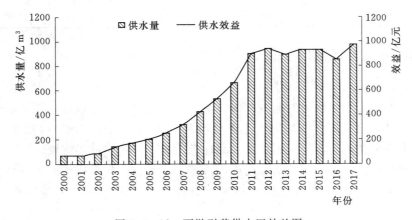

图9.4-12　下游引黄供水区效益图

4. 推进城镇化率提升，支撑下游引黄供水区GDP的增加

小浪底水利枢纽的灌溉供水调度，不仅满足了下游引黄供水区的需求，更直接推动了下游城市城镇化率的提升，支撑下游引黄供水区GDP的增长。经统计，河南省与山东省历年引黄供水区主要经济指标情况见表9.4-5，自2000年以来，两省城镇化率均不断提高，GDP逐年增加，发展迅速。

表 9.4 - 5   河南省与山东省历年引黄供水区主要经济指标情况

年份	河南省					山东省				
	人口 /万人	城镇人口 /万人	GDP /亿元	工业增加值 /亿元	城镇化率 /%	人口 /万人	城镇人口 /万人	GDP /亿元	工业增加值 /亿元	城镇化率 /%
2000	1673	400	1073	487	24	773	296	822	313	38
2001	1727	436	1178	534	25	770	310	908	343	40
2002	1738	462	1289	691	27	774	327	1015	388	42
2003	1747	488	1472	710	28	777	344	1197	491	44
2004	1756	514	1749	761	29	782	361	1416	526	46
2005	1710	523	2452	1264	31	788	380	1747	817	48
2006	1711	514	2628	1557	30	803	391	1981	986	49
2007	1705	541	3157	1939	32	808	399	2313	1145	49
2008	1717	572	3789	2465	33	812	408	2776	1374	50
2009	1728	602	4507	2812	35	816	417	3346	1586	51
2010	1709	632	5081	2985	37	771	349	3560	1384	45
2011	1706	651	4740	3278	38	775	353	3298	1959	46
2012	1727	654	6186	3209	38	779	355	4813	1909	46
2013	1728	676	6385	3240	39	783	365	5000	1927	47
2014	1751	732	6242	3745	42	789	385	5060	2008	49
2015	1759	762	6611	4123	43	794	402	5364	2258	51
2016	1769	793	7231	4441	45	802	420	5792	2405	52

9.4.3 对供水安全的影响

（1）有效保障黄河下游地区供水安全。小浪底水利枢纽是我国河南省、山东省黄河流域的主要供水调蓄工程，同时为流域外引黄灌区、青岛市、天津市等提供了水源保障，对社会稳定、经济社会发展、环境和卫生条件改善等起到了积极作用，提高了人民生活水平。小浪底水利枢纽多次实施引黄济津入冀应急调水，有效缓解了流域外河北省、天津市的工农业生产和城市生活用水的紧张局面，改善了河北省沧州、衡水地区农村缺水地区的人畜饮水水质和水源条件，促进这些地区经济社会的发展，保障了地区良好的水环境状况。

（2）提高农村供水能力和水平。受自然和经济、社会等条件制约，黄河流域内大多数农村供水设施主要靠村集体和农民自建，以传统、落后、小型、分散、简陋的供水设施为主。自来水普及率低，农村居民饮水困难和饮水安全问题长期存在。

自2005年实施农村饮水安全工程建设以来，流域内农村供水能力和水平得到显著提高。根据《中国水利统计年鉴2015》，截至2014年，河南省、山东省合计解决了1866万的饮水不安全人口，几乎全部是通过小浪底水利枢纽调蓄后的径流过程经引水口门解决的。农村饮水安全问题的解决，极大地改善了农村生活环境，农民健康水平和生活质量大大提高。

9.5 小结

本章评估了小浪底水利枢纽在下游河道内产生的生态效益。采用情景对比法进行评估，结果显示（见表9.5-1）：

（1）生态供水。2010—2016年间，有小浪底水利枢纽时下游河道外年均生态耗水量7.27亿 m³，如果没有小浪底水利枢纽下游河道外年均生态耗水量将减少1.72亿 m³，降幅23.25%，说明小浪底水利枢纽通过蓄泄调节，在来水充足的时段存蓄水资源，在下游需水高峰期增大下泄流量，为下游塑造更好的引水条件。以2010—2011年第四次引黄济淀补水为例，如果没有小浪底水利枢纽在补水期增加下泄流量，进入白洋淀的生态补水量将从0.93亿 m³ 降至0.78亿 m³，减少0.15亿 m³；白洋淀水面面积增幅将从52km² 降至39km²，减少13km²；说明小浪底水利枢纽为引黄济淀塑造了良好的补水条件，增加了生态补水量。

（2）地下水位。商丘引黄补源区典型观测井数据显示，2006—2010年间补源灌区观测井水位以2.32m/a的速度升高，非补源灌区观测井水位以−0.06m/a的速度降低，反映了引黄补源灌溉有效修复了灌区地下水资源，而小浪底水利枢纽工程为下游引黄补源区引用黄河水塑造了有利的引水条件。

（3）生物资源。小浪底水利枢纽运行后，岸边带植被覆盖有所提升，NDVI平均值从2000年的0.16增加至2010年的0.20，河道内生态水量的保障使得岸边带植物能够获得更多水资源，且小浪底水利枢纽增加了河道外生态供水，为岸边带植树造林提供了水源。引黄济淀补水后，淀内鱼类种类从补水前的34种（2004年）增加至54种（2008年），淀区鸟类种类从补水前的180种（2004年）增加到198种（2008年），说明小浪底水利枢纽增加的生态补水量改善了补水区生物栖息环境，增加了生物多样性，修复了补水区水生态系统。

表9.5-1　　小浪底水利枢纽在下游河道内的生态效益评估指标值

指　标	指　标　内　涵	指标值	
		现状指标值	对照指标值
生态供水指标 A_{EWS1}	下游沿黄供水区年均生态耗水量/亿 m³	7.27	5.55
生态供水指标 A_{EWS2}	典型年引黄济淀工程入淀水量/亿 m³	0.93	0.78
地下水位指标 A_{GWL}	商丘引黄补源灌区地下水位变化/(m/a)	2.32	−0.06
供水区生物多样性指标 $A_{BIO,D1}$	白洋淀内鱼类种类数/种	54	34
供水区生物多样性指标 $A_{BIO,D2}$	白洋淀鸟类种类数/种	198	180
供水区生物数量指标 $A_{BIO,N}$	下游黄河岸边带 NDVI	0.20	0.16

第10章

小浪底水利枢纽调度运行
优化策略与建议

10.1 负面生态影响分析

水利枢纽工程的建设人为改变了河流原有的自然演进和变化过程，进而改变了河流生态系统的生态功能，不可避免地产生一些负面的生态影响。小浪底水利枢纽规模庞大，在很多方面改变了河流生态系统，在发挥生态保护作用的同时也对河流生态系统产生了负面影响。

（1）大坝的阻隔作用破坏了河流连通性。河道首先是一条通道，是由水体流动形成的通道，为收集和转运河水和沉积物服务。河道不仅是水流的通道，而且是物质、能量、物种输移的通道，大坝的阻隔作用，改变了水体流畅的自然通道，特别是对于水生生物的输移和活动造成阻碍。小浪底水利枢纽没有配备过鱼设施，阻隔了鱼类洄游，导致洄游鱼类数量锐减。小浪底水利枢纽附近的新安峡里曾是北方铜鱼的重要产卵场所，但大坝的建成不仅破坏了水生生物的栖息场所，也造成黄河流域水体连通性下降阻断了大量洄游鱼类的通道，导致洄游性鱼类无法洄游生长，其数量明显下降，甚至绝迹。据调查，与20世纪80年代相比，淡水洄游鱼类减少了49%，最为典型的洄游鱼类如北方铜鱼，已近10年不见其踪迹，被专家列入灭绝物种目录。

（2）下泄低温水流改变了生物栖息环境。对于调节周期比较长的水库，特别是具有年调节和多年调节性能的水库，其库区水体内部等温面基本上呈水平分布，温差主要发生在水深方向，即沿水深方向上呈现有规律的水温分层特性。一些水温分层性的水库，运行下泄低温水，对下游河道的水生生物产生不利影响。小浪底水利枢纽也存在下泄低温水流的现象，改变了下游水生生物的栖息环境。

根据《黄河干支流重点河段功能性不断流指标研究》和2019年调查结果，对黄河下游河南段和山东段鲤鱼繁殖期间黄河干流各项水文指标对鲤、鲫鱼繁殖的影响进行分析，结果见表10.1-1。

黄河下游河南段和山东段产卵场生态环境因子调查分析表明：温度对黄河鲤亲鱼的繁殖和子稚鱼生长影响相对较大。4月下旬，河南段干流水温为7.2～9.9℃，山东段干流水温为14.2～15.8℃。受低温水影响，4月河南段干流鲤鱼类性腺处于停滞状态，山东段鲤鱼性腺基本正常。

204

表 10.1-1　　　　　　　　　各监测河段水文指标分析表

水文指标		最适范围 （2010 年）	2019 年		影响趋势
			4 月	5 月	
水温 /℃	河南	18～24	8.8	17.0	加重
	山东		14.8	24.0	不影响
溶氧 /(mg/L)	河南	8～10	10.54	9.00	降低
	山东		9.61	7.85	影响
pH	河南	6.5～8.5	8.12	7.95	不影响
	山东		8.28	8.38	不影响
流速 /(m/s)	河南	0.2～0.5	0.60 （产卵场 0.35）	1.26 （产卵场 0.48）	不影响
	山东		0.79	1.00	不影响
TDS /(mg/L)	河南	≤1000	995.1	988.6	不影响
	山东		998.3	1005.0	降低
水深 /cm	河南	50～125	20～80	20～150	不影响
	山东		40～125	40～125	不影响

根据监测结果分析，黄河干流河南段水温在一定范围内随距小浪底大坝距离的增加呈线性增长趋势，每百千米水温提升幅度为 0.77℃。如果以小浪底坝下 7.2℃作为估算的起始温度，要保证黄河花园口段的鱼类性腺正常发育，坝下水温应不低于 12℃，即 4 月在现有实测水温 7.2℃的基础上提高 5℃。

5 月下旬，河南段小浪底至花园口平均水温 17℃，山东段利津平均水温 24℃。黄河河南段花园口鲤鱼仍不能正常产卵，山东段此时不受影响。5 月每百千米水温提升幅度为 0.92℃，如果以小浪底坝下 15.1℃作为估算的起始温度，要保证黄河花园口河段的鲤鱼正常产卵，坝下水温应不低于 17℃，即 5 月在现有实测水温 15.1℃的基础上提高 3℃。

分析 2019 年鲤鱼的产卵时间情况，古柏渡和花园口鲤鱼产卵影响较大，该河段鲤鱼产卵延迟 1 个月以上，性腺因发水温低而发育迟缓，或长时间停留在第Ⅲ期，实际监测结果也发现鲤鱼性腺发育严重滞后。花园口产卵时间和自然条件下产卵时间（4 月中旬）基本延迟近 2 个月时间。以上不排除在古柏渡以上河段产卵场区域水温达到 18～20℃以上的个别区域，实际调查也证实该河段有个别区域有刚孵化的鲤、鲫鱼苗。总体上，花园口以上河段鲤鲫鱼亲鱼性腺发育严重滞后，可能会导致鱼类不能正常产卵。

（3）调水调沙塑造的高含沙水流导致鱼类死亡。小浪底水利枢纽调水调沙，下游出现了高含沙水流过程，导致鱼类窒息死亡，出现"流鱼"现象。据有关资料表明，当泥沙含量高达 200kg/m³ 时，就会出现鱼类窒息的现象。自 2002 年小浪底水利枢纽调水调沙开始，每年都会出现不同程度的"流鱼"现象，2012 年尤为显著，据调查，当时水中溶氧量只有 0.6mg/L 左右，死亡鱼类种类多，数量大，最大有 17 斤重的青鱼、80cm 长的草鱼。

10.2　调度运行优化策略

黄河是中华民族的母亲河，黄河治理历来是安民兴邦的大事。在新时代，落实生态文明思想，探索走出一条以生态优先、绿色发展为导向的高质量发展新路子，建设安澜、美丽、文化、活力、融合黄河，让黄河成为造福人民的幸福河，对实现"两个一百年"奋斗目标、实现中华民族伟大复兴的中国梦具有重要意义。小浪底水利枢纽是黄河水沙调控体系的骨干工程，具有承上启下的战略地位，是防治黄河下游水害、开发黄河水利、保护黄河生态的关键工程，在黄河流域生态保护与高质量发展中具有至关重要的地位。小浪底水利枢纽运行以来发挥了巨大的生态效益，但随着生态保护理念的发展和科技水平的提升，小浪底水利枢纽发挥的生态作用仍有提升空间。

（1）进一步明确小浪底水利枢纽生态定位和发展规划。在未来的发展中，小浪底水利枢纽的运行管理需全面贯彻落实党的十九大精神，以生态文明思想为指导，响应"让黄河成为造福人民的幸福河"的伟大号召，践行绿水青山就是金山银山的生态经济发展理念，坚持节约优先、保护优先、自然恢复为主的工作方针，处理好小浪底水利枢纽运行产生的经济效益与生态保护的关系，把生态环境保护放在重要位置，全面保障防洪和供水安全，维护健康水生态、打造宜居水生态，让黄河永葆生机活力，将小浪底水利枢纽打造成生态水利工程的典范。

加强战略统筹、规划引导，尽快明确小浪底水利枢纽生态保护目标和发展规划，科学谋划小浪底水利枢纽开发保护格局。总体规划、分步实施，对实现既定目标制定明确的时间表、路线图，稳扎稳打，分步推进。

（2）强化小浪底水利枢纽生态保护与黄河流域发展的衔接协调。以国家战略为指导，从整体出发，树立"一盘棋"思想，把小浪底水利枢纽生态文明建设融入黄河流域协同推进的大局之中，加强与其他区域的衔接协调，全面协调水库上下游、左右岸、陆上水上、地表地下进行整体保护、宏观调控、综合治理，支撑区域互动和高质量发展，实现错位发展、协调发展、有机融合，形成整体合力，增强流域生态文明建设的系统性整体性，引领带动全流域绿色可持续发展，形成流域上下游共同治理、共同保护、共同受益的良好格局。

（3）开展小浪底水利枢纽生态效益的经济价值评估。小浪底水利枢纽在发挥生态作用的同时不可避免地牺牲了部分经济效益，例如仅 2010 年、2011 年和 2013 年非汛期时段的生态补水就累计减少发电收入超 5000 万元。建议小浪底水利枢纽管理中心开展小浪底水利枢纽生态效益的经济价值评估研究，量化生态效益的货币价值，以便为未来的调度运行中更好地统筹生态效益、经济效益和社会效益，实现综合效益的最大化。当生态效益低于经济效益时，管理机构可以考虑向政府部分申请直接经济补偿、促进建立生态补偿机制等。

（4）完善水资源与生态保护功能，提升黄河下游生态安全保障能力。黄河下游是黄淮海平原的重要生态屏障，是水沙排泄的重要通道和河海连通的生态廊道，也是我国重要的工业、农业基地和交通枢纽。黄河下游滩区还是河南、山东两省 190 万人赖以生存的家园，长期受制于洪水威胁，经济发展缓慢，形成了沿黄贫困带。黄河三角洲拥有我国暖温带最广阔、最完整的原生湿地生态系统，是国家生物多样性保护高度敏感区域。

小浪底水利枢纽具有承上启下的战略地位，是防治黄河下游水害、开发黄河水利、保护黄河下游生态的关键工程，是唯一能够担负下游防洪、防凌并兼顾工农业生态供水、发电的综合水利枢纽，是黄河下游生态安全保障的控制性水利工程。在小浪底水利枢纽未来的发展中，需要进一步完善水资源与生态保护功能：强化对黄河水沙的调控能力，维护滩区安全，提升黄河下游防洪能力，推进下游生态廊道建设，形成黄淮海平原坚实的生态屏障；完善水库生态调度策略，增加生态水量，保障河道内外基本生态用水需求，实现生态系统良性维持；进一步提高水资源配置效率，保障水资源安全供给，支撑流域区域协调高质量发展。

（5）通过水库群联合调度筹集生态水量。水是生态之基，既不可或缺又无可替代，保障黄河下游生态水量是维持黄河健康生命的重要举措。黄河下游河道是流域洪水和泥沙排泄的重要通道，也是流域生物连通和遗传信息传输的生态廊道，下游河流生态系统及河口近海生态系统在整个黄河河流生态系统的良性维持中具有重要意义。黄河下游河道生态廊道的塑造和维持，是河流生态系统维持的首要功能表征，黄河河口及近海生态系统的良性维持是黄河健康生命的重要标志之一。

小浪底水利枢纽的调度运行保障了下游连续 21 年不断流，近十几年来下游控制断面不预警、生态基流基本满足、关键断面全年和关键期生态需水天数保证率提高，但河道内及黄河河口生态缺水的问题依然存在。利津断面 2016 年来非汛期生态需水再次出现缺口，2000—2016 年 4—6 月关键期有 31% 的时间无法满足最小生态需水、44% 的时间无法满足适宜生态需水；2010—2013 年间平均每年调水调沙期向黄河三角洲补水 0.56 亿 m³，但黄河三角洲生态需水量较大，当前补水量远低于年生态需水量下限值 2.8 亿 m³。

黄河流域水资源短缺问题十分严峻。黄河流域多年平均河川天然径流量 535 亿 m³，仅占全国的 2%，却承担占全国 15% 的耕地面积和 12% 人口的供水任务，人均和亩均水资源量仅为全国平均水平的 1/5 和 1/7，同时还有向流域外部分地区远距离调水的任务。另外，黄河流域用水量和需求却在不断增加，1980 年黄河流域用水量不足 450 亿 m³，2004 年增加到 506 亿 m³，2015 年用水量进一步达到 534 亿 m³。当前黄河流域水资源开发利用率在 70% 以上，远超过水资源承载能力，现状流域缺水量约 95 亿 m³，严重影响了河流健康。近 30 年来黄河天然来水量呈显著减少趋势，20 世纪 80 年代以前（1919—1975 年）多年平均天然径流量为 580 亿 m³；1980—2000 年黄河天然径流量为 535 亿 m³；2000—2010 年，黄河天然径流量仅为 440 亿 m³，减少了 17.2%，而同期用水量增长近 70 亿 m³，增长 14.8%。受人类活动和气候变化的综合作用与影响黄河径流将进一步减少，随着经济社会发展，近期用水需求不断增长，水资源供需矛盾将更加突出，预测 2030 年缺水将超过 140 亿 m³。

黄河流域严峻的水资源供需矛盾意味着仅凭小浪底水利枢纽的调度运行难以满足黄河下游河道内及黄河河口地区的生态需水。因此，需要开展水库群联合优化调度，通过多水库共同筹集水源。实施黄河下游生态调度，需要联合干流龙羊峡水利枢纽、刘家峡水利枢纽、万家寨水利枢纽、三门峡水利枢纽和小浪底水利枢纽 5 座骨干水库，加上干流青铜峡水利枢纽、海勃湾水利枢纽和支流故县水利枢纽、陆浑水利枢纽等的配合，精细调度、蓄丰补枯，在枯水期来临前提前筹措生态调度水源。此外，随着气候变化的影响，连续干旱发生概率增加，这种情况下需要利用龙羊峡水利枢纽的多年调节作用，在丰水年份存蓄水资源，在干旱年份根据黄河下游及黄河河口地区生态需水缺口及时下泄水量，经小浪底水利枢纽调节后为下游及黄河河口地区提供生态水量。

（6）优化分期汛限水位增加洪水资源利用。黄河径流年内、年际变化大，汛期径流量占全年的 60% 以上。三门峡断面汛期天然径流量占全年的 56% 以上，实测径流量占全年的 50% 以上。为了保护水库自身及下游防洪安全，汛期水库调度中需要将水位降至汛限水位以下，汛末存在无法蓄至正常蓄水位的风险，导致非汛期可供水量不足。面对黄河流域缺水问题和黄河下游生态水量不足的问题，可以考虑通过优化小浪底水利枢纽汛期运用方式增加洪水资源利用量，从而增加生态水量。

对水库汛期进行分期并设置不同的汛限水位可以增加水库汛末蓄水量，实现洪水资源利用。由于后汛期的洪水量级小于前汛期和年最大洪水，防御后汛期洪水的防洪库容小，因此后汛期水库的汛限水位一般高于前汛期。设置汛期分期点的意义即在于利用后汛期可以抬高汛限水位的特点，多蓄水兴利。因此，就单一水库而言，汛期分期点越前移，可能蓄水兴利的概率越大，洪水资源化程度越高。同时，也可通过增加分期点来逐级抬高汛限水位的方式实现洪水资源利用。

黄河流域洪水具有明显的季节性特征，为汛限水位分期提供了可能。小浪底水利枢纽拦沙期有效库容大，可满足水库防洪、调水调沙、供水、发电等综合要求，为汛限水位的优化与调整提供有利条件。"十二五"国家科技支撑计划项目"黄河流域旱情监测与水资源调配技术研究与应用"根据小浪底水利枢纽防洪、下游河道减淤、供水、灌溉、发电等要求拟定汛限水位方案，并确定方案计算相关边界条件；然后通过防洪调度模型、减淤调度模型对各方案进行计算，分析各方案对防洪的影响、下游河道减淤效果、供水及发电等综合效益；最后，通过防洪、减淤、供水、灌溉、发电等方面影响及效益进行多目标综合评价，提出推荐的汛限水位方案。研究成果显示：根据黄河中下游汛期洪水泥沙特征，经过优选将小浪底水利枢纽正常运用期汛期（7 月 1 日至 10 月 31 日）分为 4 期，分期点分别为 8 月 20 日、9 月 10 日和 10 月 10 日，各分期内汛限水位分别为 254m、260m、266m 和 271m，该分期方案能够抵御万年一遇洪水，对库区和下游河道冲淤影响不大，非汛期可增加供水量 7.6 亿 m^3。

（7）增强河道内生态用水与其他用水间的协作关系。河道内生态用水是一种非消耗性的用水，这一特性使河道内生态用水具有与其他用水部门共享同一份水资源的可能性，从而减小需水总量、减轻水资源供需矛盾。目前小浪底水利枢纽调水调沙期间进行黄河河口生态补水，将下游河道输沙用水与黄河河口生态用水结合起来：人为塑造的高流量过程一方面冲刷了下游河道，减轻了河道淤积、降低了洪水风险；另一方面水流到达黄河河口后为三角洲湿地和近海海域补充了大量淡水和营养盐。在小浪底水利枢纽未来的调度运行中，可以考虑增强河道内生态用水与其他用水间的协作关系，通过"一水多用"缓解下游经济社会与生态环境间严峻的供水矛盾。

1）河道内生态用水与河道外社会经济用水的协作。小浪底水利枢纽下泄的社会经济用水在被引走前可作为河道内生态用水。例如，3 月底至 5 月底是下游灌溉用水高峰期，4—6 月是鱼类繁衍的关键期，鱼类繁殖前需要塑造高流量脉冲过程塑造产卵场、刺激亲鱼繁殖，因此可将鱼类关键期生存繁衍所需的最小或适宜流量过程和高流量脉冲过程与灌溉用水过程相结合，水库下泄水量到达灌溉取水口前作为河道内生态用水，灌溉用水过程配合生态用水过程做出适当调整。

2）河道内生态用水和发电用水的协作。河道内生态用水和发电用水均不消耗水资源，因此水库发电调度中下泄的水量可以作为下游河道内生态用水。但下游河道内生态系统对流量过程的需求与发电需水过程间存在差异：下游水生生物和滨岸植被一般需要相对稳定的水文、水动力条件，但发电过程会导致下泄流量在一天内发生剧烈变化，造成流量、水位频繁波动，不利于生物生存繁衍。为了满足河道内生态需水过程，往往需要电调配合水调，造成发电损失。如何协调电调与水调的矛盾也是小浪底水利枢纽调度运行中亟待解决的一个问题。

（8）进一步发展生态经济和弘扬水文化。小浪底国家水利风景区 2019 年吸引游客数量为 70 万人，产生了巨大的生态旅游价值。但与我国顶级水利风景区相比，小浪底国家水利风景区吸引游客的能力仍有较大的提升空间。以三峡大坝旅游区为例，三峡大坝旅游区是国家 AAAAA 级风景区，既有秀丽的风景和名胜古迹，也有三峡水利枢纽工程，是水利工程、自然风光、人文历史相结合的典范。2017 年三峡大坝旅游区接待游客 245 万人，单位面积吸引游客的能力是小浪底国家水利风景区的 2.6 倍。因此，小浪底国家水利风景区的生态旅游价值仍待进一步挖掘。

在生态旅游业发展中，仍需加强文化遗产保护传承，挖掘黄河文化精髓，形成传承华夏文明的载体，增强文化传承活力，推动文化旅游深度融合，深化全社会对生态文明和水文化的认知，切实增强文化自信，打造既有民族文化底蕴又富有时代精神的旅游产品。

1）更加突出小浪底水利枢纽在治黄中的贡献。借助风景区独特的治黄文化、黄河文化、工程文化等特色人文资源，以及调水调沙、防洪防凌、供水等治黄功能，提升景区的文化底蕴、增强宣传力度，从治黄角度突出景区的特色，把景区打造成中国最具吸引力的治黄水利工程文化体验风景区，使景区成为一个具有深刻文化内涵的载体。

2）打造"山水林田湖草"生命共同体。景区内山水林田湖草并存，因此需要在确保水利工程安全运行的前提下，加大对景区内水资源、水生态和水环境的保护力度，营造更加优美的水库风光，突出库区的自然特性，统筹兼顾、整体施策、多措并举，把景区内的山水林田湖草融为一体，将景区打造成风景秀丽的休闲旅游胜地。

3）发挥动植物资源的优越性。景区内充分保留和利用了南北岸原有的湿地生境，构建了深水、浅水、滩涂等多样化的生境，孕育了丰富的动植物资源，为鱼类、两栖类、爬行类、鸟类、昆虫类等营造了适宜的栖息环境。景区在未来的发展中可充分利用丰富的生物资源，在保护动植物资源安全的前提下塑造人与动植物亲密接触的空间，通过自然生态资源吸引更多游客。

（9）在下游生物繁殖关键期增强对下泄水温的调控。天然情况下春末夏初水温升高，触发生物繁殖，并为鱼卵孵化提供适宜的水温。小浪底水利枢纽存在下泄低温水流的现象，改变了下游水生生物的栖息环境，导致部分生物繁殖时间延后。建议小浪底水利枢纽在生物繁殖关键期 4—6 月通过调整泄水位置加强对下泄水温的调控，减少对低温水的下泄，增加水温较高的表层水的下泄量。

（10）探索调水调沙期间水生生物避难所的构建。调水调沙期间人工塑造的高含沙水流导致水体中溶解氧含量下降，造成水生生物窒息死亡。建议小浪底水利枢纽联合下游水资源管理机构，探索在下游干支流通过工程或非工程措施构筑水生生物避难所，在调水调沙期间塑造小范围的低含沙量、高溶解氧的缓流区，减少调水调沙期间生物死亡量。

（11）通过地表水置换和补给地下水，修复华北平原地下水漏斗。由于黄河下游两岸水资源紧缺，加之长期以来开发利用地下水缺乏统一规划和管理，随着经济发展和人口增长，有限且可供开采的地下水资源已不能满足日益增大的需水要求，例如下游引黄灌区 2010 年有效灌溉面积约 4000 万亩，农业需水量庞大，导致地下水超采问题严重。地下水的超量开采不仅给工农业生产和人民生活造成了较严重的影响，同时带来了一系列生态、地质和环境问题：地下水位大幅度下降，形成大面积的地下水降落漏斗、地面沉降、泉水断流、水质恶化等一系列环境地质问题，例如河南省濮清南、温孟、商丘、许昌等 4 个沉陷漏斗区面积已超过 1 万 km^2，漏斗中心水位埋深超过 80m；在滨海地区则引发了严重的海咸水入侵灾害，加剧了本来已经十分尖锐的水资源供需矛盾。

地下水的超采已经成为影响下游沿黄区域经济社会可持续发展的重要制约因素。为有效保护好地下水资源，保证黄河下游沿黄区域乃至华北平原水资源可持续利用，实现经济社会可持续发展，减少地下水开采、修复华北平原地下水漏斗已刻不容缓。为了解决水资源超采问题，黄河下游部分超采区通过引黄补源灌溉补充地下水，近年来已取得一些生态效果：以河南省商丘引黄补源灌区为例，2006—2010 年间补源灌区梁园 1 号观测井地下水位以 2.32m/a 的速度快速上升，而非补源区睢阳 44 号观测井地下水位有微弱的下降趋势。但引黄补源对地下水的修复作用仍十分有限，亟须加大对地下水的保护力度，提升地下水安全保障能力。

针对下游沿黄区域地下水超采引发的一系列社会经济和生态环境问题，从减少开采量和增加补给量两方面提出小浪底水利枢纽调度优化建议：首先，建议小浪底水利枢纽通过提升水资源配置效率，增加下游河道外供水量，用地表水置换地下水，同时结合用水区的节水和水资源高效利用措施，从而减少下游沿黄区域地下水开采量，避免华北平原地下水漏斗进一步扩大；其次，建议配合下游沿黄省区地下水人工回灌补源工程体系，合理规划小浪底水利枢纽存蓄的水资源，在有余水的时期向具备补源能力的地区提供水资源用于回补地下水，从而增加地下水补给量，达到抬升地下水位、修复地下水漏斗的目的。

（12）延缓水库淤积速度，充分发挥工程长期生态效益。小浪底水利枢纽工程在防洪、防凌、减淤、供水、发电等方面的生态效益发挥都是通过水库调度来实现的，而足够的调控库容是工程发挥生态效益的关键。以防洪调度为例，在设计阶段，小浪底水利枢纽工程的防洪任务主要是防御洪峰流量为 10000m^3/s 以上的大洪水，以确保黄河下游两岸大堤安全，设计防洪库容为 40.5 亿 m^3，分布在高程 254m 以上，且需要长期保持。然而，小浪底水利枢纽工程建成后，黄河下游滩区仍居住着约 190 万人，随着社会经济的发展，洪水漫滩不仅带来严重的生命财产损失，还会对滩区生态环境造成重大影响。因此，防御流量为 4000～10000m^3/s 的中小洪水，减少洪水漫滩淹没损失，成了小浪底水利枢纽工程新的防洪任务。与防御大洪水不同，中小洪水防御主要依靠水库高程254m以下的剩余拦沙库容，通过水库调度，尽量消减洪峰流量至下游河道最小平滩流量以下，避免或减少洪水的漫滩。但随着水库的持续淤积，剩余拦沙库容将不断减小，水库削峰滞洪能力减弱，遇到相同量级洪水时，下游漫滩概率将逐步增大，漫滩的范围和影响也将进一步增加。因此，为充分发挥工程的长期生态效益，延缓水库的淤积速度，延长其拦沙期年限是非常必要的。加强水库自身的排沙调度，以及完善流域水库群联合调度，是延缓小浪底水利枢纽淤积的主要途径。

1）充分利用上中游洪水过程，加强汛期水库排沙调度。水库运用初期，由于剩余库容大，淤积三角洲顶点距离大坝较远，水库以异重流、浑水水库排沙为主，总体排沙效率偏低，多年平均排沙比约21%。至2019年4月，小浪底库区已累计淤积泥沙34.50亿m³，占设计拦沙库容的46%，进入了拦沙后期运用阶段，淤积三角洲顶点推进至距大坝7.7km处，起调水位210m以下剩余库容仅1.03亿m³，基本具备降低水位排沙的有利条件。且下游河道现状最小平滩流量已达4300m³/s，稳定高效的排洪输沙通道业已形成，有利于大流量过程输沙入海，而不易造成下游河道的漫滩淤积。

2018年7月3—27日，小浪底水利枢纽将库水位降至210m附近，进行低水位排沙运用，不仅将入库沙量全部排出库外，还利用入库洪水过程冲刷库区，出库沙量累计达到3.63亿t，水库排沙比为237%。利用洪水期冲刷排沙，抵消了平水期库区淤积，使得2018年度水库冲淤基本达到平衡，大大缓解了水库的淤积速度，保护了水库珍贵的拦沙库容。

2）完善流域水沙调控体系，发挥水库群联合调度的综合优势。一方面，应加快推进黄河黑山峡、古贤、东庄等骨干水库的建设工作，完善黄河流域水沙调控体系，利用新建水库拦截部分泥沙，减少小浪底水利枢纽入库沙量，分担其拦沙压力，节约宝贵的拦沙库容，延长拦沙年限；另一方面，可深入研究流域水库群联合调度运用方式，通过梯级水库群联合调度，塑造有利于小浪底库区冲刷排沙和黄河下游河道输沙的"人造洪水过程"，为小浪底水利枢纽排沙提供水流动力，并让出库挟沙水流顺利输沙入海，以达到缓解小浪底水利枢纽淤积、更好发挥水库生态效益的目的。

（13）推进黄河下游二级悬河治理，减少洪水威胁，巩固黄淮海地区生态屏障。黄河下游河道是世界上著名的地上"悬河"，堤内河床普遍高于堤外地面，堤防决口往往给两岸广大地区的生态环境带来灾难。20世纪80年代中期以来，黄河下游中常洪水减少，加上生产堤约束，中水河槽迅速淤积萎缩，致使平滩水位明显高于两岸滩面，形成了主槽高于大堤临河侧滩面、临河侧滩面高于背河侧地面的"二级悬河"局面，进一步加剧了洪水对于两岸堤防的威胁，进而威胁黄淮海地区生态安全。

小浪底水利枢纽工程位于黄河水沙进入下游河道的关键节点，可通过水库调节，塑造长历时、大流量洪水过程，冲刷下游河道主河槽，降低河床高程；也可利用中游洪水冲刷小浪底水利枢纽库区淤积泥沙，人工塑造含沙量较高的洪水过程，并研究利用引水枢纽、输沙渠道等有计划地在下游滩区进行自流放淤，淤填滩区低洼地带、串沟等。淤滩与刷槽同步进行，减小主河槽与滩地的高差，从而缓解二级悬河发展态势，避免洪水无序漫滩带来的生态影响，减小洪水对两岸堤防的威胁，更好地保护区域生态安全。

10.3　对生态水利工程的借鉴意义

生态水利工程既是经济高效的水利基础设施，也是河湖生态功能维护的重要手段，更是生态文化传承和弘扬的物理载体，在生态文明建设中发挥着重要作用。建设运行 20 年来，小浪底水利枢纽实现了经济效益、社会效益和生态效益的持久统一，有效发挥了生态水利工程的作用，为新时期生态水利工程的建设运行提供了借鉴。

（1）与时俱进，不断完善水利工程的生态保护功能。生态水利工程的建设与运行应以国家战略为指导，不断更新、与时俱进，为国家生态文明建设提供助力。小浪底水利枢纽的运行过程正是水利工程生态保护功能不断完善的过程。在规划设计阶段，小浪底水利枢纽的开发任务是以黄河下游防洪（包括防凌）、减淤为主，兼顾供水、灌溉、发电，除害兴利，综合利用，并没有明确制定生态环境保护任务。但在小浪底水利枢纽运行过程中，随着我国对生态环境保护的不断重视和黄河生态文明建设的不断推进，小浪底水利枢纽逐渐具备并不断完善了生态保护功能（见图 10.3-1）：①自小浪底水利枢纽投入运行以来，在为下游供水的同时保障了下游河道连续 21 年不断流；②小浪底水利枢纽通过调度运行增加了河道外生态供水量，利用黄河水打造河道外水景观、增加植被覆盖，改善了河道外生态环境和人居环境；③2002 年开始实施调水调沙，在调水调沙期间向黄河河口近海海域输送大量淡水和营养盐，降低了河口近海海域盐度、改善了近海生物栖息环境；④2004 年来下游控制断面低于预警流量的现象鲜有发生，下游控制断面生态基流天数保证率和关键期生态需水天数保证率显著提高；⑤2006 年起开始通过调水工程向白洋淀生态补水，增加了白洋淀水面面积，避免了干淀风险，修复了白洋淀生态环境；⑥2008 年起在调水调沙期间向黄河三角洲进行生态补水，使黄河三角洲湿地地下水位上升、生物多样性增加。

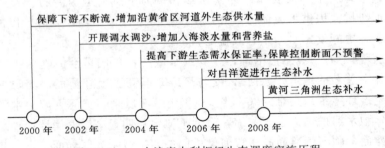

图 10.3-1　小浪底水利枢纽生态调度实施历程

目前小浪底水利枢纽已经成了黄河下游生态调度中必不可少的组成部分，对黄河下游河道内、黄河三角洲湿地、近海海域、下游沿黄供水区和流域外生态补水区均具有重要的生态保护作用。

小浪底水利枢纽生态调度的发展历程对于生态水利工程的运行具有重要的借鉴意义。单个水利工程生态保护作用的发挥与国家和区域生态保护政策、区域生态环境状态息息相关。改革开放 40 年来，我国生态保护政策在不断发展和完善。20 世纪 80 年代，我国确立环境保护为基本国策；20 世纪 90 年代，我国开始推进可持续发展；2007 年党的十七大报告首次提出建设生态文明；党的十八大以来，我国加快了生态文明体制改革的步伐，大力推进生态文明建设；近期黄河流域生态保护和高质量发展座谈会提出了"幸福河"目标。随着生态保护政策、措施的转变及经济社会的发展，区域生态环境也在不断变化。因此生态水利工程需要紧密结合国家和区域生态保护政策，立足区域生态现状，不断更新生态保护目标，在目标引导下及时调整工程运行方式，发挥最佳的生态保护效果。

（2）统筹兼顾、系统治理，重视生态整体性和区域协调性。山水林田湖草是生命共同体，要统筹兼顾、整体施策、多措并举，全方位、全地域、全过程开展生态文明建设。小浪底水利枢纽在推进生态保护的过程中，考虑了生态的整体性、流域的系统性，统筹山水林田湖草等生态要素，协调河道内外、流域内外进行整体保护、综合治理。

1）对于不同生态要素：①小浪底水利枢纽向河流、近海和湖泊生态系统提供常规生态水量和应急生态补水，维护了水生态系统的健康生命；②小浪底水利枢纽向下游沿黄湿地和黄河三角洲湿地提供生态水量，有效改善了湿地生态系统；③小浪底水利枢纽向下游沿黄供水区提供生态水量，增加了植被覆盖，改善了陆生生态系统；④小浪底水利枢纽调控黄河下游泥沙，减少了下游泥沙淤积，改善防洪态势，塑造了黄淮海平原的生态屏障，并在调水调沙期间调节入海营养盐；⑤小浪底水利枢纽为下游两岸引黄灌区提供灌溉用水，减少了两岸地下水开采，有效遏制了地下水位下降态势。

2）对于不同地域：①小浪底水利枢纽通过蓄泄调节在关键期和枯水期下泄生态水量，保障了下游不断流，提升了生态需水天数保证率。②小浪底水利枢纽调水调沙塑造高流量向黄河三角洲湿地进行补水，且将大量淡水和营养物质被输送到近海海域，改善了湿地及近海生态环境。③小浪底水利枢纽的运行增加了下游沿黄地区河道外生态环境用水量，增加了沿黄植被覆盖和水景观，改善了城乡居住环境，塑造了黄河下游绿色生态屏障。④小浪底水利枢纽的运行为下游向流域外调水塑造了水文条件，增加了流域外应急补水量，显著改善了补水区生态环境。

共享一河水，黄河使血脉相连的中国大地更加紧密联结。小浪底水利枢纽对生态的整体性、流域的系统性的统筹兼顾对生态水利工程的运行具有重要的借鉴意义。生态水利工程需要充分考虑生态的整体性、流域的系统性，坚持山水林田湖草整体保护、系统修复、区域统筹、综合治理，全面协调上下游、左右岸、陆上水上、地表地下等进行整体保护、宏观调控、综合治理，建立统一的空间规划体系和协调有序的生态保护格局。

（3）注重水利工程建设的原地保护与修复，维护原始生态环境。小浪底水利枢纽的建设过程遵循了"避免破坏-降低破坏-生态修复"的生态保护原则，最小化了对当地自然生态环境的负面影响（见图 10.3－2）。首先采取优化方案设计等措施避免不必要的生态破坏；对于不可避免的生态破坏，通过选择本地材料、采用先进技术等方法将生态破坏最小化；在施工过程中和工期结束后，在原地对生态环境进行修复。

1）避免生态破坏：利用天然地貌结构。小浪底水利枢纽建设过程中，利用坝体上游产生的天然铺盖和泥沙淤积作为防渗手段，避免了部分防渗工程的修建。当天然地形地貌有利于水利工程建设时，可以加以利用，一方面可以减少工程量，另一方面可以有效保留河流本身的原始生态环境。

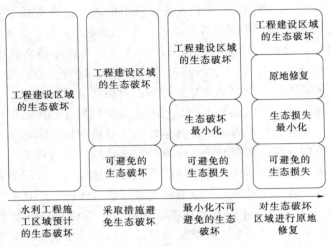

图 10.3 - 2　水利工程设计和施工中减轻生态破坏的层次

2）将生态破坏最小化：利用当地材料，施工与保护同步进行。小浪底水利枢纽所使用的材料主要为就地取材，充分利用当地的土石料、坝体开挖料作为工程的主要材料，减少筑坝材料运输成本及运输中产生的生态环境破坏、节省了人力和物力，而且天然的工程材料与当地自然环境保持着和谐统一。

小浪底水利枢纽施工过程中生态环境保护与工程建设同步进行，利用先进技术及时处理施工中产生的污染物及水土流失，将工程建设造成的生态环境破坏最小化。小浪底水利枢纽施工过程中采取了植物护坡、挡土墙、植树造林等多种措施，减少了库区及周边水土流失；采用生物处理系统、隔油池、湿钻等多种方式控制了施工区水污染、大气污染、固体废弃物污染和噪声污染。

3）原地修复：重建绿水青山。小浪底水利枢纽规划阶段制定了详细的水土保持和生态环境建设方案，在方案指引下施工期和工程运行阶段通过土地平整、植树造林等手段增加库区周边植被覆盖，修复并提升生态环境。小浪底水利枢纽修建前库区周边 NDVI 平均值为 0.28（1990 年），工程修建使 NDVI 平均值下降到 -0.13（2000 年）；经过原地修复 2010 年 NDVI 平均值已经恢复到 0.32，说明库区周边植被覆盖已经高于建库前水平。

小浪底水利枢纽的建设历程及取得的生态环境保护效果对生态水利工程的建设具有重要的借鉴意义。在水利工程设计与施工过程中，首先要尽可能保留原有的生态环境，与天然生态环境有机结合，通过优化设计避免不必要的生态破坏；对于无法避免的破坏，考虑采用新技术、新材料、新设计等把工程建设造成的生态破坏降到最低；对于施工中造成的生态破坏，要在施工过程中和工程结束后在原地进行修复，尽量恢复原有的生态环境。另外，对于无法修复的生态破坏，可以考虑在异地进行生态补偿。

（4）因地制宜发展生态旅游，推动绿色发展，传承历史文化和生态文明。随着我国经济社会发展，人民的物质财富不断积累，对优美生态环境的需要不断增长，生态旅游业不断发展壮大。水是一种重要的自然旅游资源：首先，水具有娱乐功能，人们通过垂钓、游泳、划船、漂流等娱乐休闲活动放松心情、愉悦身心，进而获得精神、情感上的满足；其次，水具有审美功能，水是人类的一种审美对象，早在先秦时期，中国人民就赋予水以崇高的美学内涵，使得水成为历代文人与画家反复表现的题材，留下无数以水为主题的著作；最后，水具有教育功能，水是文明的一部分，人们在观水的时候，常会基于水的自然特性，抽象地上升到对社会、人生乃至宇宙的思考，例如"上善若水，水善利万物而不争""逝者如斯夫，不舍昼夜""水能载舟，亦能覆舟"等。

水库蓄水后形成大面积水面，使水库具有发展生态旅游业的优越条件。小浪底国家水利风景区依托小浪底水利枢纽及其配套工程——西霞院反调节水库，是国家 AAAA 级风景区。小浪底国家水利风景区充分利用了工程自身特点和当地自然环境特征（见图 10.3-3）。

　　　　（a）九曲桥　　　　　　　　　　　　　（b）黄河飞瀑

图 10.3-3　小浪底国家水利风景区景观

1）基于坝下静水水面打造黄河故道景观。小浪底水利枢纽建成后，在原有的黄河河道上形成了 272 亩的平静湖面，在此湖面上设置了一座九曲桥，与湖心岛相连。九曲桥亲水性较强，游人在桥上可以观赏周边自然及生物景观。

2）改造沙石料材料厂打造翠绿湖景观。翠绿湖原为小浪底水利枢纽建设期间的沙石料采料场，工程完工后，经过多年的生态恢复和水土保持建设，该区域东部已经形成天然的湿地景观，生物资源丰富；中部水面宽阔、湖水清澈，滨湖木栈道亲水性强，可供游人垂钓。

3）凭借水库调水调沙调度打造黄河飞瀑景观。黄河调水调沙不仅是解决泥沙淤积的重要措施，也是黄河特有的景观。作为调水调沙中最重要的一个水库，小浪底水利枢纽是观看异重流的最佳场所，每年调水调沙期间都能吸引大量游客前来观景。

4）基于小浪底水利枢纽打造水利工程景观。水利工程是水利风景区的主体之一，在发挥自身设计功能的同时，也成为水利风景区的象征。小浪底水利枢纽工程是水利工程史上极具挑战的工程，其规模庞大、气势雄伟，大坝、进水塔、出水口、消力塘等建筑成了风景区的特色景观。

5）基于工程建设历程打造人文景观。小浪底水利枢纽从开发建设到投入运行的发展历史具有特殊的科普教育意义，基于这一历史打造了小浪底爱国主义教育基地、小浪底文化馆、工程文化广场、雕塑广场、黄河微缩景观、老神树、移民故居等景观，传承爱国主义思想，传播小浪底精神，彰显人民治黄的伟大成就。

小浪底水利枢纽的生态旅游业对生态水利工程的建设和运行具有重要的借鉴意义。生态水利工程可利用自然优势与工程优势发展生态旅游业，实现绿色发展，推动生态文明建设：一方面发挥生态环境优势，在工程建设和运行过程中注重生态保护，打造绿水青山，通过优美的水景观和丰富的生物资源吸引游客，提供亲近自然的条件；另一方面发挥水利工程自身优势，水利工程一般规模庞大、气势宏伟、经济社会效益显著且建设难度大、经历曲折，因此要挖掘水利工程自身的审美作用与科教作用。不能仅将生态水利工程的旅游作用单纯定义为休闲娱乐，更要打造集观光、娱乐、人文、科教、审美等于一体的综合性水利风景区，挖掘水文化精髓、升华中华民族优秀传统文化，深化全社会对生态文明和文化的认知，打造既有民族文化底蕴又富有时代精神的旅游产品。

（5）努力提升河道防洪标准，构建区域生态安全屏障。对于有洪水风险的河流，建议通过水利工程提升河道防洪标准、构建起区域生态安全屏障，保障两岸生态系统的稳定性。

黄河是世界上闻名的多泥沙河流，年均天然沙量为 16 亿 t，导致黄河下游河道逐年淤积抬升，使之成了著名的"地上悬河"。历史上黄河洪水灾害频繁，堤防决口，水沙俱下，不仅造成大量生命财产损失，对黄淮海地区生态环境的破坏也是灾难性的。提升黄河下游的防洪标准，对于区域生态环境保护具有战略意义。

小浪底水利枢纽工程是黄河下游防洪工程体系的主体，联合三门峡、陆浑、故县、河口村 4 座水库，构建以小浪底水利枢纽为核心的中游五库联合防洪调度体系，加上下游两岸堤防，以及北金堤、东平湖两处蓄滞洪区，形成"上拦、下排、两岸分滞"的全面防洪布局，大幅度改善了黄河下游地区防洪形势。小浪底水利枢纽工程运用后，下游河道防洪标准由原来的近 60 年一遇，提升至近 1000 年一遇，进一步巩固了黄河下游岁岁安澜的大好局面，为两岸广大区域树立坚固的生态安全屏障。另外，工程投入运用后，考虑到黄河下游滩区居住人口众多、生态环境脆弱的实际情况，充分利用拦沙期剩余库容较大的有利条件，对中小洪水进行了有效控制，兼顾了滩区的生态保护。

1）2003 年 9 月，花园口断面洪峰流量为 6310m³/s（水库群调度前），经中游水库群联合调度后，洪峰消减为 2980m³/s，消减比例为 53%。

2）2005 年 10 月，花园口断面洪峰流量为 6180m³/s（水库群调度前），经中游水库群联合调度后，洪峰消减为 2780m³/s，消减比例为 55%。

3）2010 年 7 月，花园口断面洪峰流量为 7800m³/s（水库群调度前），经中游水库群联合调度后，洪峰消减为 3100m³/s，消减比例为 60%，小于当时黄河下游的最小平滩流量（4000m³/s），未发生洪水漫滩，有效保护了滩区人民生命财产及区域生态环境。与本次洪峰流量相近的 1996 年 8 月的洪水，其洪峰流量为 7860m³/s，却造成了 1374 个村庄被淹没，118.80 万人受灾，淹没耕地 16.51 万 hm²，造成滩区生态环境的巨大破坏。

4）2011 年 9 月，花园口断面洪峰流量为 7560m³/s（水库群调度前），经中游水库群联合调度后，洪峰消减为 3220m³/s，消减比例为 56%。

5）2012 年 9 月，花园口断面洪峰流量为 5320m³/s（水库群调度前），经中游水库群联合调度后，洪峰消减为 3350m³/s，消减比例为 37%。

小浪底水利枢纽工程的建成运用，提升了下游河道防洪标准，对各级洪水进行全面控制，不仅实现了防洪保安全，同时构建了区域生态环境安全屏障，间接发挥了工程巨大的生态效益，具有重大的借鉴意义。

（6）改善防凌形势，消除凌汛对区域生态环境的威胁。对于有凌汛的河流，建议水利工程在凌汛期进行防凌调度，改善防凌形式，避免工程下游发生冰凌洪水，消除凌汛对区域生态环境的威胁。

黄河下游河道自西南流向东北，由于纬度的差异，山东省河段（下段）封河时间较河南省河段（上段）更早，开河时间却比河南省河段晚，导致封河期因冰凌阻水，泄流不畅而增加河道槽蓄水量；至开河期，河南段先开，冰水及前期槽蓄水量一起下泄，下段尚未解冻，则容易形成冰塞、冰坝，导致水位升高过快，造成凌汛，引发洪水，淹没滩区，甚至造成两岸堤防决口，威胁滩区及沿河两岸地区生态安全。

通过中游水库调度可以有效缓解下游防凌形势，需防凌库容约 35 亿 m^3。小浪底水利枢纽承担了其中的 20 亿 m^3，且优先使用，剩余 15 亿 m^3 则由三门峡水利枢纽承担。即利用水库调度，在下游封河期适当加大下泄流量，形成封河的高冰盖，增大冰下过流能力；稳封期确保下泄流量过程稳定，维持冰下过流畅通；开河期间则通过水库拦蓄，适当减小下泄流量，形成"文开河"，避免发生冰凌洪水，导致滩区淹没或堤防缺口等，间接保护了黄河下游区域生态环境。

1）2000—2001 年凌汛期，黄河下游气温较常年偏低，防凌形势严峻，在封河前期，小浪底水利枢纽持续以 $500 m^3/s$ 的流量向下游补水，使封河形势得到缓解，开创了严寒之年下游河道不封河的先例。

2）2003—2004 年凌汛期，济南、北镇站 1 月上旬平均气温为 1970 年以来同期最低值，黄河下游出现"两封两开"且最大封冻长度达 330.6km 的严重凌情。小浪底水利枢纽通过控泄流量至 $120\sim170 m^3/s$ 范围内，实现了全线"文开河"。

3）2005—2006 年凌汛期，虽然发生了罕见的"三封三开"现象，也未出现严重凌汛灾害，充分显示了小浪底水利枢纽库防凌运用对减小凌汛成灾的效果。

4）2008—2009 年度，受较强冷空气侵袭，黄河下游河段凌情特点是高村以下河段同时全线流凌，流凌当日即封河，封河流量较小；通过水库调度，使得封、开河发展平稳，封开河期间河道流量稳定，没有出现严重的冰塞现象，水位表现平稳。

5）2011—2012 年凌汛期，黄河下游河段冬季气温偏低，冷空气势力偏强，但由于受小浪底水利枢纽运用影响，下游河道流量大，输冰能力较强，虽然流凌密度最高达 70%，但未形成封河。成为黄河下游有资料记录以来第 9 个未封冻年份，也是小浪底水利枢纽运用以来第二个未封冻年份。

6）2012—2013 年凌汛期，黄河下游出现了 2 次流凌过程。进入凌汛前，小浪底水利枢纽蓄水量较大、水位较高。在确保下游防凌安全的前提下，为探索水库调度措施控制下游凌情变化的有效性，整个凌汛期小浪底水利枢纽出库流量维持在 $550\sim1500 m^3/s$。下游河道流量较大，输冰能力较强，虽然流凌密度最高达 75%，但未形成封河。

7）2013—2014 年凌汛期，黄河下游有 5 次较强冷空气来袭，出现了 4 次流凌过程，累计流凌时间为 19d，最大流凌密度一度达 60%，但下游河道未封河。

8）2014—2015 年凌汛期，黄河下游河段未封河，是 2011—2012 年度以来连续第 4 个未封河年度，先后出现 2 次短暂流凌过程，最长一次持续时间 2d，为有记载以来的最短时间。

9）其他年份，通过小浪底水利枢纽调度，凌汛期下游河道均未出现严重的冰塞、冰坝等凌汛险情。

对于冬季气候寒冷且冰凌灾害频发的河流，通过新建水库，对凌汛期水流过程进行合理的蓄泄调节，保证河道凌汛期的平顺过渡，避免了冰凌洪水灾害的发生，有效保护了区域生态环境。

（7）完善水沙调控体系，维持中水河槽，为生物提供稳定栖息环境。对于多沙河流，建议水利工程调度运行中紧紧抓住水沙关系调节这个"牛鼻子"，通过工程拦沙和调水调沙调度，协调下游的水沙关系，进而遏制河道淤积、维持稳定的中水河槽，从而降低下游洪水威胁、保护区域生态安全。

小浪底水利枢纽工程控制了约 90％的黄河径流和几乎全部的泥沙，处在控制黄河水沙进入下游的关键部位，在黄河水沙调控体系中居于战略地位。随着工程的建成运用，其巨大的水沙调控能力弥补了黄河中游万家寨、天桥、三门峡等水利枢纽调控能力不足的短板，完善了黄河中下游水沙调控工程体系。通过精心调度，成功地塑造了人工异重流，减少了小浪底水利枢纽的淤积，并充分利用塑造的长历时大流量水流过程冲刷下游河道，恢复主河槽过流能力，遏制了下游河道持续淤积抬升的趋势，缓解了二级悬河的发育，主河槽断面趋于窄深，河势趋于稳定，为河道生物提供了稳定的栖息环境。

1）2000 年以来，以小浪底水利枢纽为核心，共组织实施了 19 次调水调沙调度，包括 3 次调水调沙试验和 16 次调水调沙生产实践。分别提出了"小浪底水利枢纽单库为主""空间尺度水沙对接""干流水库群水沙联合调度"三种调水调沙调度模式，不仅丰富了黄河水沙调控理论，积累了大量水沙调控实践经验，还缓解了二级悬河发展态势，扩大了主河槽过洪能力，减少了洪水上滩淹没概率，改善了下游河道边界条件，形成了稳定的河道及滩区生物栖息场所。

2）2002 年，基于小浪底水利枢纽单库调节为主的原型试验。本次试验以小浪底水利枢纽为主，总历时 11d，该期间小浪底水利枢纽综合排沙比为 17.4％，下游河道冲刷泥沙 0.33 亿 t，实现了全河段主槽冲刷的试验目标。下游各河段主槽平滩流量均有所增大，夹河滩以上增大 240～300m³/s，夹河滩至孙口增大 300～500m³/s，孙口至利津增大 80～90m³/s，利津至河口增大约 200m³/s。

3）2003 年，基于空间尺度水沙对接的原型试验。以小浪底水利枢纽为主的四库水沙联调，有效地利用支流伊洛河、沁河的清水，与小浪底水利枢纽下泄的较高的含沙量水流进行水沙"对接"，在下游河道冲刷或不发生淤积的前提下，最大限度地排出小浪底水利枢纽的泥沙，减少小浪底水利枢纽的淤积。本次试验历时 12d，该期间小浪底水利枢纽利用异重流和浑水水库进行排沙，排沙比为 128％，下游河道冲刷量为 0.46 亿 t，各河段主槽平滩流量增加 150～400m³/s，河道最小平滩流量恢复至 2100m³/s。

4）2004 年，基于干流水库群联合调度、人工异重流塑造和泥沙扰动的原型试验。依靠梯级水库蓄水，精确调度万家寨、三门峡、小浪底等水利枢纽工程，在小浪底库区塑造人工异重流，辅以人工扰动措施，调整其淤积形态，同时加大小浪底水利枢纽排沙量；利用进入下游河道水流富余的挟沙能力，在黄河下游"二级悬河"及主槽淤积最为严重的河段实施河床泥沙扰动，扩大主槽过洪能力。试验历时 24d，该期间小浪底水利枢纽排沙比为 10.2%，下游河道全线冲刷，总冲刷量为 0.67 亿 t，黄河下游河道平滩流量平均增加约 240m³/s，最小平滩流量恢复至 2730m³/s。

5）2005—2007 年，调水调沙由原型试验转入生产运行。2005 年汛前调水调沙历时 21d，小浪底水利枢纽排沙比为 5.0%，下游河道总冲刷量 0.65 亿 t，黄河下游河道平滩流量平均增加 140m³/s，最小平滩流量恢复至 3080m³/s。2006 年汛前调水调沙历时 28d，小浪底水利枢纽排沙比为 36.6%，下游河道总冲刷 0.60 亿 t，河道主河槽最小平滩流量恢复至 3500m³/s。2007 年汛前调水调沙历时 14d，小浪底水利枢纽排沙比为 43.4%，下游冲刷 0.29 亿 t，河道主河槽最小平滩流量恢复至 3630m³/s；汛期调水调沙历时 9d，小浪底水利枢纽排沙比为 52.8%，下游冲刷量为 0.11 亿 t，主河槽最小平滩流恢复至 3700m³/s。

6）2008 年，调水调沙增加了生态相关的调度目标，要求促进黄河三角洲生态系统的良性维持，努力实现生态调度与调水调沙的有机结合。调水调沙历时 14d，小浪底水利枢纽排沙比为 89.1%，下游河道冲刷 0.20 亿 t，主河槽最小平滩流量恢复至 3810m³/s，并向河口自然保护区 15 万亩淡水湿地人工补水 1355.6 万 m³。

7）2009 年，汛前调水调沙要求继续促进黄河三角洲生态系统的良性维持，努力实现生态调度与调水调沙的有机结合，通过洪水自然漫溢和引水闸引水，使三角洲滨海区湿地和生态保护区生态环境明显改善。调水调沙历时 14d，小浪底水利枢纽排沙比为 7.3%；下游河道冲刷 0.3869 亿 t，主河槽最小平滩流恢复至 3880m³/s。

8）2010 年，开展了 3 次调水调沙，其中，汛前 1 次、汛期 2 次。历时分别为 19d、6d 和 12d，各次调水调沙期间小浪底水利枢纽排沙比分别为 137%、34.6%、53.8%，下游河道分别冲刷 0.21 亿 t、0.05 亿 t 和 0.12 亿 t，初步实现了全下游主槽平滩流量恢复至 4000m³/s 的目标。

9）2011—2015 年，各次调水调沙维持或继续扩大了黄河下游河道主槽最小过流能力，最小平滩流量进一步扩大至 4200m³/s。调水调沙期间，小浪底水利枢纽大量排沙，减缓了水库的淤积速度。2011 年汛前调水调沙出库总沙量 0.38 亿 t，排沙比 145.4%；2012 年 2 次调水调沙，出库沙量分别为 0.66 亿 t 和 0.79 亿 t，水库排沙比分别为 148%和 85%；2013 年汛前调水调沙出库沙量为 0.65 亿 t，水库排沙比为 167%；2014 年汛前调水调沙出库沙量 0.26 亿 t，水库排沙比 42%；2015 年汛前调水调沙要求满足下游 7 月上旬抗旱用水，并留有余地，水库运用水位较高，异重流未能顺利出库，水库排沙比为 0。

对于多沙河流而言，水沙关系不协调是导致河道不断淤积、河槽持续萎缩、河势散乱的根本原因。完善水沙调控体系，利用水库拦沙和调水调沙，塑造相对和谐的水沙关系，是实现河道减淤、恢复河槽过流能力、保持河势稳定的重要途径；形成适宜的中水河槽形态，可为河道生物提供了稳定的栖息场所。通过调度，实现调水调沙与生态供水的有机结合，可进一步拓展水利枢纽的生态作用。

（8）尊重自然，实现经济效益和生态效益的统一。水利工程运行管理中要重视生态环境，将生态效益作为工程效益的重要组成部分，统筹考虑经济效益和生态效益，力争实现综合效益的最大化。

　　小浪底水利枢纽建造之初的主要功能是防洪、防凌、减淤、供水、灌溉、发电，生态属于次要功能。其中，发电属于小浪底水利枢纽最为重要的经济效益产出点，支撑着小浪底水利枢纽的日常安全运行和维护。然而随着社会对生态环境重视程度逐渐增大，黄河三角洲湿地的常态补水、流域外应急生态补水情况时有发生，以及 2019 年"黄河流域生态保护和高质量发展"重大国家战略的提出，小浪底水利枢纽的生态功能一直在拓展和加强，并上升为和防洪、防凌、减淤、供水、灌溉、发电等并驾齐驱的主要功能。小浪底水利枢纽尊重自然，主动放弃非汛期部分发电效益，承担生态补水任务，实现经济效益和生态效益的统一。

　　1）发电和减排效益。小浪底水电站首台机组自 2000 年开始发电，截至 2018 年年底，累计发电量超过 1000 亿 kW·h，按照 2017 年的价格水平，小浪底水电站累计直接发电效益超过 452 亿元，节能减排效益 181 亿元。同时作为水电清洁能源，相当于减少标准煤耗 3310 万 t、减排 CO_2 约 9068 万 t、减少 SO_2 排放量 81 万 t、减少烟尘排放量 34 万 t、减少 NO_x 排放量 69 万 t。

　　2）牺牲非汛期发电效益保证生态补给。小浪底水利枢纽自 2010 年以来，主动承担着黄河下游流域内外的生态补水任务，尤其是黄河三角洲地区的生态补水需要塑造出库大流量过程，超过了小浪底水轮发电机组的满发流量，造成了发电弃水，对小浪底水利枢纽水力发电造成了一定的不利影响。以向黄河三角洲补水为代表，2010—2013 年间小浪底水利枢纽平均每年在调水调沙期向黄河三角洲补水 0.56 亿 m^3，生态补水时段一般发生在 6 月下旬至 8 月上旬，同时需要塑造高流量条件创造黄河三角洲生态补水条件，对应利津断面流量需达到 2100 m^3/s 以上，小浪底水利枢纽出库流量达到 2500 m^3/s 以上。通过分析计算仅 2010 年、2011 年和 2013 年非汛期时段的生态补水就累计减少发电收入超 5000 万元。小浪底水利枢纽对黄河三角洲湿地及近海海域的生态补水，改善了湿地及近海生态环境，取得了良好的生态效果。

10.4　小结

　　小浪底水利枢纽一方面发挥了巨大的生态保护作用，另一方面也不可避免地存在一些负面生态影响。为了使小浪底水利枢纽的生态保护作用得以进一步提升，本章从明确生态定位、重视区域协调、开展生态效益货币价值评估等方面提出了小浪底水利枢纽调度运行的优化策略。针对小浪底水利枢纽的成功经验，总结提炼了小浪底水利枢纽建设运行对生态水利工程的借鉴意义，提出了不断完善生态保护功能、重视生态整体性和区域协调性、发展生态旅游等借鉴方案。

第11章

成 果 与 建 议

11.1 主要成果

本书采用方法创建与案例研究相结合的方法,解析了新时期生态水利工程的概念内涵,采集了生物基础数据,建立了大型水利枢纽工程生态效益评估指标体系与评估方法,定量评估与定性分析了小浪底水利枢纽在不同时空尺度上发挥的生态效益,提出了小浪底水利枢纽调度运行的优化策略并总结提炼了其对水利工程发挥生态效益的借鉴作用。取得主要成果如下:

(1)剖析了大型水利枢纽工程对生态环境的影响机制。分析了河流生态系统的主要组成要素、结构特征与生态功能;从工程建设、工程自身和工程调度等方面解析了大型水利枢纽工程对河流及相关生态系统的影响方式,剖析了大型水利枢纽工程在不同时空尺度上对水文情势、地貌形态、理化性质、生物资源等生态要素的影响机制。

(2)提出了新时期生态水利工程判定标准。分析了国内外生态水利工程建设运行理念及典型实践案例,总结提炼了生态水利工程相关概念和内涵;梳理了我国生态文明、黄河流域生态保护与高质量发展、幸福河等相关政策战略,有机融合了新时期江河治理理念与生态水利工程理论,发展了新时期生态水利工程的概念与内涵,剖析了生态水利工程在经济社会发展和生态环境保护中的任务,建立了新时期生态水利工程判定标准。

(3)构建了黄河干流及河口近海水生生物长系列基础数据库。通过遥感解译建立了20世纪80年代至2018年黄河下游河流湿地和三角洲湿地面积和土地利用类型数据集;2018—2019年开展了黄河下游鱼类资源及栖息生境同步监测,显著延长了黄河下游鱼类资源数据系列长度;围绕黄河三角洲水文-地下水-土壤-植被响应关系,在三角洲设立了80个生态监测站位,开展了野外植物生态调查和实验室分析,建立了2010—2019年黄河三角洲湿地恢复区植被种类和植物群落高度数据集;根据黄河水沙对近海的影响特点及规律,布设了66个近海水生态监测站位,通过采集水样、渔船拖网等方式对水文、水质、水生生物等开展调查,建立了2015—2019年近海浮游生物、底栖生物和鱼类种类、密度和生物量数据集。

(4)建立了大型水利枢纽生态效益综合评估方法。全口径分析了大型水利枢纽工程建设、工程自身及生态、供水、防洪、减淤、发电等不同调度方式对生态环境的影响范围和影响要素,识别了大型水利枢纽工程影响下反映生态变化的关键生态因子,设计了全口径、多要素的生态效益评估指标体系，评估范围涵盖了工程周边、下游河道内、河口、近海和流域内外供水区等，评估要素包括水文、气象、泥沙、生物、水质等；建立了有无大型水利枢纽工程的情景对比方法，采用数值模拟、水文替代、相关分析等方法模拟没有大型水利枢纽工程情景下的生态状态，通过与实测生态现状对比，精准量化了大型水利枢纽工程对生态变化的贡献；建立了模糊逻辑评估模型，采用模糊推理处理评估中的复杂性、非线性问题，实现了生态效益的综合评估。

（5）评估了小浪底水利枢纽的生态效益。系统梳理了小浪底水利枢纽规划设计、建设施工与调度运行的历程，分析了各阶段的生态保护措施，总结提炼了小浪底水利枢纽在各阶段的生态理念；采用项目建立的大型水利枢纽生态效益评估方法，厘定了小浪底水利枢纽建设运行对影响区域内生态环境变化的贡献，定量评估与定性分析了小浪底水利枢纽在库区周边、下游河道内、河口及近海、下游沿黄供水区和流域外生态补水区生态环境改善中发挥的效益及作用，明确了小浪底水利枢纽发挥了保障下游连续 21 年不断流、塑造河口及近海生态补水条件、使下游河道从年均淤积泥沙 0.51 亿 t 转变为年均冲刷泥沙 1.57 亿 t、将下游防洪标准提升至近千年一遇、减少碳排放量 9873 万 t、降低库区周边气温 0.6℃ 等生态效益。

（6）提出了小浪底水利枢纽调度运行的优化策略。依据生态文明和新时代江河治理保护理念，借鉴其他生态水利工程的成功经验，结合流域、区域和小浪底水利枢纽的特征，分析了当前小浪底水利枢纽生态保护中存在的短板，从生态定位、发展规划、衔接协调、联合调度、泄水模式、技术提升等方面提出了小浪底水利枢纽调度运行的优化策略；总结提炼了小浪底水利枢纽在生态保护方面的成功经验，形成了生态水利工程的方向借鉴。

11. 2　主要创新

本书在生态水利工程理论、生物数据库构建、大型水利枢纽工程生态效益综合评估方法等方面均取得重大突破。取得的创新性成果包括：

（1）建立了生态水利工程判定标准。系统梳理了国内外水利工程功能转变的历程，分析了生态水利工程的理论进展和典型案例，结合新时期生态文明思想和江河治理理念，从经济、社会、生态、文化等方面，发展了新时期生态水利工程的概念，阐述了生态水利工程的内涵，提出了生态水利工程在生态保护、安全保障、资源开发、环境改善、文化传承等方面的功能目标，建立了生态水利工程判定标准。

（2）构建了全口径、多要素的大型水利枢纽工程生态效益综合评估指标体系，建立了大型水利枢纽工程对生态变化影响贡献的定量分析技术。剖析了大型水利枢纽工程对生态系统的影响机制，明确了在工程建设、调度运行、水文循环等作用下大型水利枢纽工程全口径时空影响范围，识别了不同时空尺度下的关键生态因子，基于关键生态因子演变特征建立了大型水利枢纽工程生态效益综合评估指标体系；创新提出了大型水利枢纽工程对生态变化影响贡献的定量分析技术，建立了无大型水利枢纽工程的生态对照情景，实现了大型水利枢纽工程生态效益的精准剥离分析；采用现场调研、数值模拟、水文替代、相关分析等方法量化评估指标，建立了模糊逻辑评估模型实现大型水利枢纽工程生态效益综合评估。

（3）综合运用现场调查、实地采样和实验室分析等多种方法，首次构建了黄河干流及河口近海水生生物长系列基础数据库。基于遥感解译、野外调查和室内分析等方法，建立了 20 世纪 80 年代至 2018 年黄河下游河流湿地和三角洲湿地面积和土地利用类型数据集；基于对历史系列的补充延长，形成了自 20 世纪 60 年代以来典型年份黄河下游鱼类资源数据集；在三角洲及近海专门设立 146 个监测站位，开展了长期信息采集，建立了 2010—2019 年黄河三角洲湿地恢复区植被种类和植物群落高度数据集、2015—2019 年近海水生生物种类和生物量数据集。运用上述建立的水生生物长系列基础数据库，解析了黄河下游、河口及近海生态系统生物演替和健康状态变化过程，为开展大型水利枢纽生态效益评估提供了生物数据支撑。

（4）全面评估了小浪底水利枢纽的生态效益，提出了小浪底水利枢纽生态保护功能的综合提升策略。量化了现状情景和对照情景下关键生态因子状态，系统全面地评估了小浪底水利枢纽建设运行以来在工程周边、下游河道内、河口及近海、下游沿黄供水区和流域外生态补水区的生态效益，揭示了小浪底水利枢纽在防止下游断流、保护河口生态、保障防洪安全、生产清洁能源等方面的贡献，为小浪底水利枢纽明确其在黄河流域生态保护与高质量发展中的生态定位和发展规划提供了支撑；解析了小浪底水利枢纽生态保护中的短板，依据国家和流域生态保护战略，结合工程自身和影响区域特征，从整体布局、联合调度、生态补偿等方面提出了小浪底水利枢纽生态保护功能的提升策略。

11.3　主要建议

（1）开展水利枢纽工程生态效益评估，明确工程生态保护定位。及时对水利枢纽发挥的生态作用进行评估，量化水利枢纽发挥的生态效益；结合国家政策、区域规划和工程生态保护现状，明确水利枢纽工程的生态保护作用定位，以目标和需求为导向，编制生态保护能力提升规划，制定明确的时间表、路线图，稳步提升水利枢纽工程的生态效益。

（2）在水利枢纽工程建设运行中不断完善其生态保护功能。水利枢纽工程生态保护作用的发挥与国家和区域生态保护政策、区域生态环境状态息息相关，随着生态保护政策、措施的转变及经济社会的发展，区域生态环境也在不断变化，因此生态水利枢纽工程需要紧密结合国家和区域生态保护政策，立足区域生态现状，不断更新生态保护目标，在目标引导下及时调整工程运行方式，发挥最佳的生态保护效果。

（3）在水利枢纽工程建设运行中重视生态整体性和区域协调性。生态水利枢纽工程需要充分考虑生态的整体性、流域的系统性，坚持山水林田湖草整体保护、系统修复、区域统筹、综合治理，全面协调上下游、左右岸、陆上水上、地表地下等进行整体保护、宏观调控、综合治理，建立统一的空间规划体系和协调有序的生态保护格局。

（4）依托水利枢纽工程因地制宜发展生态旅游业。水利枢纽工程一般规模庞大、气势宏伟、经济社会效益显著且建设难度大、经历曲折，建设过程中产生了大量值得赞颂的人物和故事；工程所在区域一般远离闹市、青山环绕、绿水荡漾，自然环境优美。要挖掘水利枢纽工程自身的审美作用与科教作用，结合自然环境优势，打造集观光、娱乐、人文、科教、审美等于一体的综合性水利风景区，挖掘水文化精髓、升华中华民族优秀传统文化，深化全社会对生态文明和文化的认知，为人民群众提供休闲娱乐场所。

（5）在水利枢纽工程防洪、防凌、减淤等兴利除害调度中充分挖掘生态作用。水利枢纽工程在兴利除害中也能够发挥生态效益，如水利枢纽工程能够通过防洪发挥巨大的生态保护作用。洪水灾害是河流沿岸经常面临的自然灾害，给两岸经济社会和自然环境造成巨大破坏；通过水利枢纽工程对凌汛期水流过程进行合理的蓄泄调节，保证河道凌汛期的平顺过渡，避免发生冰凌洪水，导致滩区淹没或堤防缺口等，从而保护区域生态环境；利用水库拦沙和调水调沙，塑造相对和谐的水沙关系，是实现河道减淤、恢复河槽过流能力、保持河势稳定的重要途径。

（6）在水利枢纽工程调度运行中最大化综合效益。水利枢纽工程的经济效益、社会效益和生态效益常存在冲突，需要统筹考虑多种效益，力求实现工程综合效益最大化。

参 考 文 献

[1] Stewardson M J, Shang W, Kattel G R, et al. Environmental water and integrated catchment management [M]//Horne A C, Webb J A, Stewardson M J, et al. Water for the environment. 1st. London: Academic Press, 2017: 519-536.

[2] 《中国水利百科全书》编辑委员会, 中国水利水电出版社. 中国水利百科全书 [M]. 2版. 北京: 中国水利水电出版社, 2006.

[3] 邵学军, 王兴奎. 河流动力学概论 [M]. 2版. 北京: 清华大学出版社, 2013.

[4] Poff N L, Olden J D. Can dams be designed for sustainability? [J]. Science, 2017, 358 (6368): 1252-1253.

[5] 樊启祥. 梯级水利枢纽多维安全管理框架与重大挑战 [J]. 科技通报, 2018, 63 (26): 2686-2697.

[6] 中华人民共和国国家经济贸易委员会. 水电枢纽工程等级划分及设计安全标准: DL 5180—2003 [S]. 北京: 中国电力出版社, 2003.

[7] 林继镛. 水工建筑物 [M]. 5版. 北京: 中国水利水电出版社, 2009.

[8] Maavara T, Chen Q, Van Meter K, et al. River dam impacts on biogeochemical cycling [J]. Nature Reviews, 2020, 1: 103-116.

[9] 中华人民共和国水利部. 中国水利统计年鉴 2018 [M]. 北京: 中国水利水电出版社, 2018.

[10] 张志会, 贾金生. 水电开发国际合作的典范——伊泰普水电站 [J]. 中国三峡, 2012 (3): 69-76.

[11] 国家环境保护总局, 中华人民共和国水利部. 环境影响评价技术导则 水利水电工程: HJ/T 88—2003 [S]. 北京: 中国环境科学出版社, 2003.

[12] 陈海旭. 白石水库水环境影响后评价 [J]. 水土保持应用技术, 2019 (2): 25-28.

[13] 李森, 王冬梅, 刘淑萍. 卧虎山水库增容对周边环境影响分析 [J]. 山东水利, 2020 (2): 1-2.

[14] 秦建桥, 凡宸, 白玉杰. 惠州龙颈水电站的建设对水生生态环境的影响研究 [J]. 广东化工, 2019, 46 (24): 78-80.

[15] 尚文绣, 王远见, 贾冬梅. 基于天然水文情势的水库调度规则研究 [J]. 人民黄河, 2019, 41 (6): 34-37.

[16] Baltz D M, Moyle P B. Invasion Resistance to Introduced Species by a Native Assemblage of California Stream Fishes [J]. Ecological Applications, 1993, 3 (2): 246-255.

[17] Bunn S E, Arthington A H. Basic Principles and Ecological Consequences of Altered Flow Regimes for Aquatic Biodiversity [J]. Environmental Management, 2002, 30 (4): 492-507.

[18] Hancock P J, Boulton A J. The Effects of an Environmental Flow Release on Water Quality in the Hyporheic Zone of the Hunter River, Australia [J]. Hydrobiologia, 2005, 552 (1): 75-85.

[19] Poff N L, Allan J D, Bain M B, et al. The natural flow regime: a paradigm for river conservation and restoration [J]. BioScience, 1997, 47 (11): 769-784.

[20] Olden J D, Poff N L. Redundancy and the choice of hydrologic indices for characterizing streamflow regimes [J]. River Research and Applications, 2003, 19 (2): 101-121.

[21] Richter B D, Baumgartner J V, Powell J, et al. A method for assessing hydrologic alteration within ecosystems [J]. Conservation Biology, 1996, 10 (4): 1163-1174.

[22] Richter B D, Baumgartner J V, Braun D P, et al. A spatial assessment of hydrologic alteration within a river

network [J]. Regulated Rivers: Research & Management, 1998, 14 (4): 329 – 340.

[23] Assani A A, Quessy J O, Mesfioui M, et al. An example of application: The ecological "natural flow regime" paradigm in hydroclimatology [J]. Advances in Water Resources, 2010, 33 (5): 537 – 545.

[24] 马真臻. 基于河流天然流量过程的生态评价及其用水调度研究 [D]. 北京: 清华大学, 2012.

[25] Ma Z Z, Wang Z J, Xia T, et al. Hydrograph – based hydrologic alteration assessment and its application to the Yellow River [J]. Journal of environmental informatics, 2014, 23 (1): 1 – 13.

[26] 张鑫, 丁志宏, 谢国权, 等. 水库运用对河流水文情势影响的 IHA 法评价——以伊河陆浑水库为例 [J]. 水利与建筑工程学报, 2012, 10 (2): 79 – 83.

[27] 张飒, 班璇, 黄强, 等. 基于变化范围法的汉江中游水文情势变化规律分析 [J]. 水力发电学报, 2016, 35 (7): 34 – 43.

[28] 段唯鑫, 郭生练, 王俊. 长江上游大型水库群对宜昌站水文情势影响分析 [J]. 长江流域资源与环境, 2016, 25 (1): 120 – 130.

[29] 杜河清, 王月华, 高龙华, 等. 水库对东江若干河段水文情势的影响 [J]. 武汉大学学报 (工学版), 2011, 44 (4): 466 – 470.

[30] King J, Cambray J A, Impson N D. Linked effects of dam – released floods and water temperature on spawning of the Clanwilliam yellowfish Barbus capensis [J]. Hydrobiologia, 1998, 384 (1 – 3): 245 – 265.

[31] 宋策, 周孝德, 唐旺. 水库对河流水温影响的评价指标 [J]. 水科学进展, 2012, 23 (3): 419 – 426.

[32] van Vliet M T H, Franssen W H P, Yearsley J R, et al. Global river discharge and water temperature under climate change [J]. Global Environmental Change, 2013, 23 (2): 450 – 464.

[33] 苗雨池. 大型水库分层取水方式对下游河道鱼类生态环境影响研究 [J]. 水利规划与设计, 2020, 4: 158 – 163.

[34] 邓伟铸, 徐婉明, 刘斌, 等. 大型水库不同取水方式对下游鱼类生态环境影响研究——以贵州省夹岩水利枢纽工程为例 [J]. 人民珠江, 2019, 40 (8): 57 – 62.

[35] 刘尚武, 张小峰, 吕平毓, 等. 金沙江下游梯级水库对氮、磷营养盐的滞留效应 [J]. 湖泊科学, 2019, 31 (3): 656 – 666.

[36] 秦延文, 韩超南, 郑丙辉, 等. 三峡水库水体溶解磷与颗粒磷的输移转化特征分析 [J]. 环境科学, 2019, 40 (5): 2153 – 2159.

[37] 翟婉盈, 湛若云, 卓海华, 等. 三峡水库蓄水不同阶段总磷的变化特征 [J]. 中国环境科学, 2019, 39 (12): 5069 – 5078.

[38] 周涛, 程天雨, 虞宁晓, 等. 乌江中上游梯级水库氮磷滞留效应 [J]. 生态学杂志, 2018, 37 (3): 707 – 713.

[39] 焦剑, 刘宝元, 杜鹏飞, 等. 密云水库上游流域水体营养物质季节变化特征分析 [J]. 水土保持学报, 2013, 27 (1): 167 – 171.

[40] 吴念, 刘素美, 张桂玲. 黄河下游调水调沙与暴雨事件对营养盐输出通量的影响 [J]. 海洋学报, 2017, 39 (6): 114 – 128.

[41] 许尔琪, 张红旗. 密云水库上游流域土地利用与地表径流营养物的关系 [J]. 应用生态学报, 2018, 29 (9): 2867 – 2878.

[42] 王耀耀, 吕林鹏, 纪道斌, 等. 向家坝水库营养盐时空分布特征及滞留效应 [J]. 环境科学, 2019, 40 (8): 3530 – 3538.

[43] Poff N L, Schmidt J C. How dams can go with the flow [J]. Science, 2016, 353 (6304): 1099 – 1100.

[44] Rolls R J, Wilson G G. Spatial and Temporal Patterns in Fish Assemblages Following an Artificially Extended Floodplain Inundation Event, Northern Murray – Darling Basin, Australia [J]. Environ-

mental Management, 2010, 45 (4): 822-833.

[45] Gordon E, Meentemeyer R K. Effects of dam operation and land use on stream channel morphology and riparian vegetation [J]. Geomorphology, 2006, 82 (3-4): 412-429.

[46] Connor E J, Pflug D E. Changes in the Distribution and Density of Pink, Chum, and Chinook Salmon Spawning in the Upper Skagit River in Response to Flow Management Measures [J]. North American Journal of Fisheries Management, 2004, 24 (3): 835-852.

[47] Kiernan J D, Moyle P B, Crain P K. Restoring native fish assemblages to a regulated California stream using the natural flow regime concept [J]. Ecological Applications, 2012, 22 (5): 1472-1482.

[48] Reinfelds I V, Walsh C T, Van Der Meulen D E, et al. Magnitude, frequency and duration of in-stream flows to stimulate and facilitate catadromous fish migrations: Australian bass (Macquaria Novemaculeata Perciformes, Percichthyidae)[J]. River Research and Applications, 2013, 29 (4): 512-527.

[49] Koster W M, Amtstaetter F, Dawson D R, et al. Provision of environmental flows promotes spawning of a nationally threatened diadromous fish [J]. Marine and Freshwater Research, 2017, 68 (1): 159-166.

[50] 雷欢, 谢文星, 黄道明, 等. 丹江口水库上游梯级开发后产漂流性卵鱼类早期资源及其演变 [J]. 湖泊科学, 2018, 30 (5): 1319-1331.

[51] Wang H, Wang H, Hao Z, et al. Multi-objective assessment of the ecological flow requirement in the Upper Yangtze National Nature Reserve in China using PHABSIM [J]. Water, 2018, 10: 326.

[52] Theodoropoulos C, Skoulikidis N, Rutschmann P, et al. Ecosystem-based environmental flow assessment in a Greek regulated river with the use of 2D hydrodynamic habitat modelling [J]. River research and applications, 2018, 34 (6): 538-547.

[53] 黄月群, 蔡德所, 杨培思, 等. 漓江枯水期流量变化对鱼类栖息地的影响模拟 [J]. 生态科学, 2018, 37 (2): 147-152.

[54] Wang P, Shen Y, Wang C, et al. An improved habitat model to evaluate the impact of water conservancy projects on Chinese sturgeon (Acipenser sinensis) spawning sites in the Yangtze River, China [J]. Ecological Engineering, 2017, 104: 165-176.

[55] Nikghalb S, Shokoohi A, Singh V P, et al. Ecological regime versus minimum environmental flow: comparison of results for a river in a Semi Mediterranean Region [J]. Water resources management, 2016, 30 (13): 4969-4984.

[56] 李建, 夏自强. 基于物理栖息地模拟的长江中游生态流量研究 [J]. 水利学报, 2011, 42 (6): 678-684.

[57] 袁永锋, 李引娣, 张林林, 等. 黄河干流中上游水生生物资源调查研究 [J]. 水生态学杂志, 2009, 2 (6): 15-19.

[58] King A J, Gwinn D C, Tonkin Z, et al. Using abiotic drivers of fish spawning to inform environmental flow management [J]. Journal of Applied Ecology, 2016, 53 (1): 34-43.

[59] Shan X, Sun P, Jin X, et al. Long-Term Changes in Fish Assemblage Structure in the Yellow River Estuary Ecosystem, China [J]. Marine and Coastal Fisheries, 2013, 5 (1): 65-78.

[60] 温静雅, 陈昂, 曹娜, 等. 国内外过鱼设施运行效果评估与监测技术研究综述 [J]. 水利水电科技进展, 2019, 39 (5): 49-55.

[61] 蔡露, 张鹏, 侯轶群, 等. 我国过鱼设施建设需求、成果及存在的问题 [J]. 生态学杂志, 2020, 39 (1): 292-299.

[62] 蔡露, 金瑶, 潘磊, 等. 过鱼设施设计中的鱼类行为研究与问题 [J]. 生态学杂志, 2018,

37 (11)：3458－3466.

[63] 张艳艳，熊德迟，李添，等. 广州流溪河梯级闸坝工程鱼道布局研究 [J]. 人民珠江，2016，37 (2)：83－87.

[64] 白音包力皋，郭军，吴一红. 国外典型过鱼设施建设及其运行情况 [J]. 中国水利水电科学研究院学报，2011，9 (2)：116－120.

[65] 李安俊. 丹江口水库生态旅游发展模式研究 [D]. 武汉：华中师范大学，2016.

[66] 黄强，赵梦龙，李瑛. 水库生态调度研究新进展 [J]. 水力发电学报，2017，36 (3)：1－11.

[67] Wu M，Chen A. Practice on ecological flow and adaptive management of hydropower engineering projects in China from 2001 to 2015 [J]. Water Policy，2017，20 (2)：336－354.

[68] Arthington A H，Bhaduri A，Bunn S E，et al. The Brisbane declaration and global action agenda on environmental flows (2018) [J]. Frontiers in Environmental Science，2018，6.

[69] 尚文绣，王忠静，赵钟楠，等. 水生态红线框架体系和划定方法研究 [J]. 水利学报，2016，47 (6)：99－107.

[70] 尚文绣，彭少明，王煜，等. 面向河流生态完整性的黄河下游生态需水过程研究 [J]. 水利学报，2020，51 (3)：367－377.

[71] 方子云. 中美水库水资源调度策略的研究和进展 [J]. 水利水电科技进展，2005，25 (1)：1－5.

[72] Richter B D，Thomas G A. Restoring environmental flows by modifying dam operations [J]. Ecologyand Society，2007，12 (1)：12.

[73] 王学敏，周建中，欧阳硕，等. 三峡梯级生态友好型多目标发电优化调度模型及其求解算法 [J]. 水利学报，2013，44 (2)：154－163.

[74] 胡和平，刘登峰，田富强，等. 基于生态流量过程线的水库生态调度方法研究 [J]. 水科学进展，2008，19 (3)：325－332.

[75] 尹正杰，杨春花，许继军. 考虑不同生态流量约束的梯级水库生态调度初步研究 [J]. 水力发电学报，2013，32 (3)：66－70.

[76] Shiau J，Wu F. Pareto－optimal solutions for environmental flow schemes incorporating the intra－annual and interannual variability of the natural flow regime [J]. Water Resources Research，2007，43：W6433.

[77] Yang N，Mei Y，Zhou C. An Optimal Reservoir Operation Model Based on Ecological Requirement and Its Effect on Electricity Generation [J]. Water Resources Management，2012，26 (14)：4019－4028.

[78] 胡春宏. 我国多沙河流水库"蓄清排浑"运用方式的发展与实践 [J]. 水利学报，2016，47 (3)：283－291.

[79] 李勇，窦身堂，谢卫明. 黄河中游水库群联合调控塑造高效输沙洪水探讨 [J]. 人民黄河，2019，41 (2)：20－23.

[80] 傅菁菁，李嘉，芮建良，等. 叠梁门分层取水对下泄水温的改善效果 [J]. 天津大学学报（自然科学与工程技术版），2014，47 (7)：589－595.

[81] 王家彪，雷晓辉，王浩，等. 基于水库调度的河流突发水污染应急处置 [J]. 南水北调与水利科技，2018，16 (2)：1－6.

[82] 郭赐觊，叶坚，廖雅芬，等. 广东省封开县贺江水污染事件应急处置效果分析 [J]. 职业卫生与应急救援，2015，33 (6)：458－460.

[83] 黄旭蕾，李天宏，蒋晓辉. 基于大型底栖无脊椎动物指数的黄河水质评价研究 [J]. 北京大学学报（自然科学版），2015，51 (3)：553－561.

[84] Frissell C A，Liss W J，Warren C E，et al. A hierarchical framework for stream habitat classification：viewing streams in a watershed context [J]. Environmental management，1986，10 (2)：199－214.

［85］ Cobb D G，Galloway T D，Flannagan J F. Effects of Discharge and Substrate Stability on Density and Species Composition of Stream Insects ［J］. Canadian Journal of Fisheries & Aquatic Sciences，1992，49 (9)：1788 – 1795.

［86］ Ward J V，Tockner K，Schiemer F. Biodiversity of floodplain river ecosystems：ecotones and connectivity ［J］. Regulated Rivers：Research & Management，1999，15 (1)：125 – 139.

［87］ Kobayashi T，Ryder D S，Gordon G，et al. Short – term response of nutrients，carbon and planktonic microbial communities to floodplain wetland inundation ［J］. Aquatic Ecology，2009，43 (4)：843 – 858.

［88］ Propst D L，Gido K B. Responses of Native and Nonnative Fishes to Natural Flow Regime Mimicry in the San Juan River ［J］. Transactions of the American Fisheries Society，2004，133：922 – 931.

［89］ 赵萌萌. 黄河兰州段枯水期和丰水期水体理化性质变化及细菌群落结构 ［D］. 兰州：兰州交通大学，2018.

［90］ 董哲仁. 河流生态修复 ［M］. 北京：中国水利水电出版社，2013.

［91］ 赵进勇，董哲仁，翟正丽，等. 基于图论的河道-滩区系统连通性评价方法 ［J］. 水利学报，2011，42 (5)：537 – 543.

［92］ Ward J V. The Four – Dimensional Nature of Lotic Ecosystems ［J］. Journal of the North American Benthological Society，1989，8 (1)：2 – 8.

［93］ 董哲仁，孙东亚，赵进勇，等. 河流生态系统结构功能整体性概念模型 ［J］. 水科学进展，2010，21 (4)：550 – 559.

［94］ Ortlepp J，Mürle U. Effects of experimental flooding on brown trout (Salmo trutta fario L.)：The River Spöl，Swiss National Park ［J］. Aquatic Sciences，2003，65 (3)：232 – 238.

［95］ Lind P R，Robson B J，Mitchell B D. Multiple lines of evidence for the beneficial effects of environmental flows in two lowland rivers in Victoria，Australia ［J］. River Research and Applications，2007，23 (9)：933 – 946.

［96］ Humborg C，Ittekkot V，Cociasu A，et al. Effect of Danube River dam on Black Sea biogeochemistry and ecosystem structure ［J］. Nature，1997，386 (6623)：385 – 388.

［97］ Bednarek A T，Hart D D. Modifying dam operations to restore rivers：Ecological responses to Tennessee River dam mitigation ［J］. Ecological Application，2005，15 (3)：997 – 1008.

［98］ Bukaveckas P A. Effects of Channel Restoration on Water Velocity，Transient Storage，and Nutrient Uptake in a Channelized Stream ［J］. Environmental Science & Technology，2007，41 (5)：1570 – 1576.

［99］ New T，Xie Z. Impacts of large dams on riparian vegetation：applying global experience to the case of China's Three Gorges Dam ［J］. Biodiversity and Conservation，2008，17 (13)：3149 – 3163.

［100］ Norton S B，Cormier S M，Smith M，et al. Can biological assessments discriminate among types of stress? A case study from the Eastern Corn Belt Plains ecoregion ［J］. Environmental Toxicology and Chemistry，2000，19 (4)：1113 – 1119.

［101］ Barton B A. Stress in fishes：a diversity of responses with particular reference to changes in circulating corticosteroids ［J］. Integrative and comparative biology，2002，42 (3)：517 – 525.

［102］ Conrad Lamon E，Qian S S. Regional Scale Stressor – Response Models in Aquatic Ecosystems ［J］. Journal of the American Water Resources Association，2008，44 (3)：771 – 781.

［103］ Jansson R，Nilsson C，Dynesius M，et al. Effects of river regulation on river – margin vegetation：a comparison of eight boreal rivers ［J］. Ecological applications，2000，10 (1)：203 – 224.

［104］ Rood S B，Gourley C R，Ammon E M，et al. Flows for Floodplain Forests：A Successful Riparian Restoration ［J］. BioScience，2003，53 (7)：647 – 656.

［105］ Siebentritt M A，Ganf G G，Walker K F. Effects of an enhanced flood on riparian plants of the

River Murray, South Australia [J]. River Research and Applications, 2004, 20 (7): 765 - 774.

[106] Lamouroux N, Olivier J, Capra H, et al. Fish community changes after minimum flow increase: testing quantitative predictions in the Rhone River at Pierre - Benite, France [J]. Freshwater Biology, 2006, 51 (9): 1730 - 1743.

[107] Korman J, Kaplinski M, Melis T S. Effects of Fluctuating Flows and a Controlled Flood on Incubation Success and Early Survival Rates and Growth of Age - 0 Rainbow Trout in a Large Regulated River [J]. Transactions of the American Fisheries Society, 2011, 140: 487 - 505.

[108] Shafroth P B, Wilcox A C, Lytle D A, et al. Ecosystem effects of environmental flows: modelling and experimental floods in a dryland river [J]. Freshwater Biology, 2010, 55 (1): 68 - 85.

[109] Robinson C T, Uehlinger U. Experimental floods cause ecosystem regime shift in a regulated river [J]. Ecological Applications, 2008, 18 (2): 511 - 526.

[110] Beyers D W, Rice J A, Clements W H. Evaluating biological significance of chemical exposure to fish using a bioenergetics - based stressor - response model [J]. Canadian Journal of Fisheries and Aquatic Sciences, 1999, 56 (5): 823 - 829.

[111] Raulings E J, Morris K, Roache M C, et al. Is hydrological manipulation an effective management tool for rehabilitating chronically flooded, brackish - water wetlands? [J]. Freshwater Biology, 2011, 56 (11): 2347 - 2369.

[112] Millennium Ecosystem Assessment. Ecosystems and human well - being: a framework for assessment [M]. Washington: Island Press, 2003.

[113] International Institute For Environment Development. The Vittel payments for ecosystem services: a "perfect" PES case [R]. International Institute for Environment and Development, London, UK, 2006.

[114] 葛颜祥, 王蓓蓓, 王燕. 水源地生态补偿模式及其适用性分析 [J]. 山东农业大学学报 (社会科学版), 2011 (2): 1 - 6.

[115] 王兆印, 刘成, 余国安, 等. 河流水沙生态综合管理 [M]. 北京: 科学出版社, 2014.

[116] Petts G E. Long - term consequences of upstream impounds [J]. Environmental Conservation, 1980, 7 (4): 325 - 332.

[117] 彭少明, 尚文绣, 王煜, 等. 黄河上游梯级水库运行的生态影响研究 [J]. 水利学报, 2018, 49 (10): 1187 - 1198.

[118] 卢金友, 朱勇辉. 水利枢纽下游河床冲刷与再造过程研究进展 [J]. 长江科学院院报, 2019, 36 (12): 1 - 9.

[119] 胡春宏, 张晓明. 论黄河水沙变化趋势预测研究的若干问题 [J]. 水利学报, 2018, 49 (9): 1028 - 1039.

[120] 陈庆伟, 刘兰芬, 刘昌明. 筑坝对河流生态系统的影响及水库生态调度研究 [J]. 北京师范大学学报 (自然科学版), 2007, 43 (5): 578 - 582.

[121] 毛战坡, 王雨春, 彭文启, 等. 筑坝对河流生态系统影响研究进展 [J]. 水科学进展, 2005, 16 (1): 134 - 140.

[122] 蒋晓辉, 何宏谋, 曲少军, 等. 黄河干流水库对河道生态系统的影响及生态调度 [M]. 郑州: 黄河水利出版社, 2012.

[123] 周洁超. 水体对居住小区局地气候调节作用研究 [D]. 广州: 广东工业大学, 2014.

[124] 程莉, 孔芳霞, 周欣, 等. 中国水电开发对碳排放的影响研究 [J]. 华东理工大学学报 (社会科学版), 2018 (5): 75 - 81.

[125] 徐斌, 陈宇芳, 沈小波. 清洁能源发展、二氧化碳减排与区域经济增长 [J]. 经济研究, 2019 (7): 188 - 202.

[126] 周迪, 刘奕淳. 中国碳交易试点政策对城市碳排放绩效的影响及机制 [J]. 中国环境科学, 2020, 40 (1): 453-464.

[127] 段红东, 王建平, 李发鹏. 国外生态水利工程建设理念、实践及其启示 [J]. 水利发展研究, 2019, 7: 64-67.

[128] 杨龙. 基于生态水利工程的河道规划设计初步研究 [D]. 西安: 长安大学, 2015.

[129] 左其亭. 新时代中国特色水利发展方略初论 [J]. 中国水利, 2019 (12): 3-6, 15.

[130] 杨晴, 张建永, 邱冰, 等. 关于生态水利工程的若干思考 [J]. 中国水利, 2018 (17): 1-5.

[131] 董哲仁. 试论生态水利工程的基本设计原则 [J]. 水利学报, 2004, 10: 1-6.

[132] 段红东. 生态水利工程概念研究与典型工程案例分析 [J]. 水利经济, 2019, 37 (4): 1-4, 75.

[133] 姜翠玲, 王俊. 我国生态水利研究进展 [J]. 水利水电科技进展, 2015, 35 (5): 168-175.

[134] 汪安南. 以都江堰为典范 "深研生态水利" [J]. 中国水利, 2020, 3: 1-2.

[135] 霍堂斌. 嫩江下游水生生物多样性及生态系统健康评价 [D]. 哈尔滨: 东北林业大学, 2013.

[136] 唐文家, 崔玉香, 赵霞. 青海省澜沧江水系水生生物资源的初步调查 [J]. 水生态学杂志, 2012, 33 (6): 20-28.

[137] 刘露雨, 屈凡柱, 栗云召, 等. 黄河三角洲滨海湿地潮沟分布与植被覆盖度的关系 [J]. 生态学杂志, 2020, 39 (6): 1830-1837.

[138] 李珊. 丹江口水库河南省水源区生态系统服务价值评估 [D]. 郑州: 郑州大学, 2017.

[139] 谢高地, 张彩霞, 张雷明, 等. 基于单位面积价值当量因子的生态系统服务价值化方法改进 [J]. 自然资源报, 2015, 30 (8): 1243-1254.

[140] 蒋晓辉, 王洪铸. 黄河干流水生态系统结构特征沿程变化及其健康评价 [J]. 水利学报, 2012, 43 (8): 991-998.

[141] 顾家伟. 黄河营养盐输送与河口近海生态健康研究进展 [J]. 人民黄河, 2018, 40 (2): 81-87.

[142] 孟梦, 田海峰, 邬明权, 等. 基于 Google Earth Engine 平台的湿地景观空间格局演变分析: 以白洋淀为例 [J]. 云南大学学报 (自然科学版), 2019, 41 (2): 416-424.

[143] 张文, 贾祎琳, 崔长露, 等. 基于多源数据的白洋淀水域变化分析 [J]. 水利信息化, 2017 (5): 39-45.

[144] 白芳芳. 商丘引黄灌区水盐动态与地下水观测网络优化 [D]. 北京: 中国农业科学研究院, 2014.

[145] 王文林, 吴新玲, 王占峰. 引黄济淀对白洋淀的生态效益分析 [J]. 水利建设与管理, 2011 (7): 37-39.

[146] 夏军, 张永勇. 雄安新区建设水安全保障面临的问题与挑战 [J]. 中国科学院院刊, 2017, 32 (11): 1199-1205.